서울特別市全圖
지도 찾아보기
양주시
일산서구
고양시
덕양구
일산동구
김포시
고촌읍
인천광역시
계양구
부천시
부평구
강서구
김포국제공항
양천구
구로구
광명시
시흥시
인천광역시
남동구
은평구
서대문구
마포구
영등포구
동작구
금천구
관악구
한강

서울특별시전도

서울特別市全圖

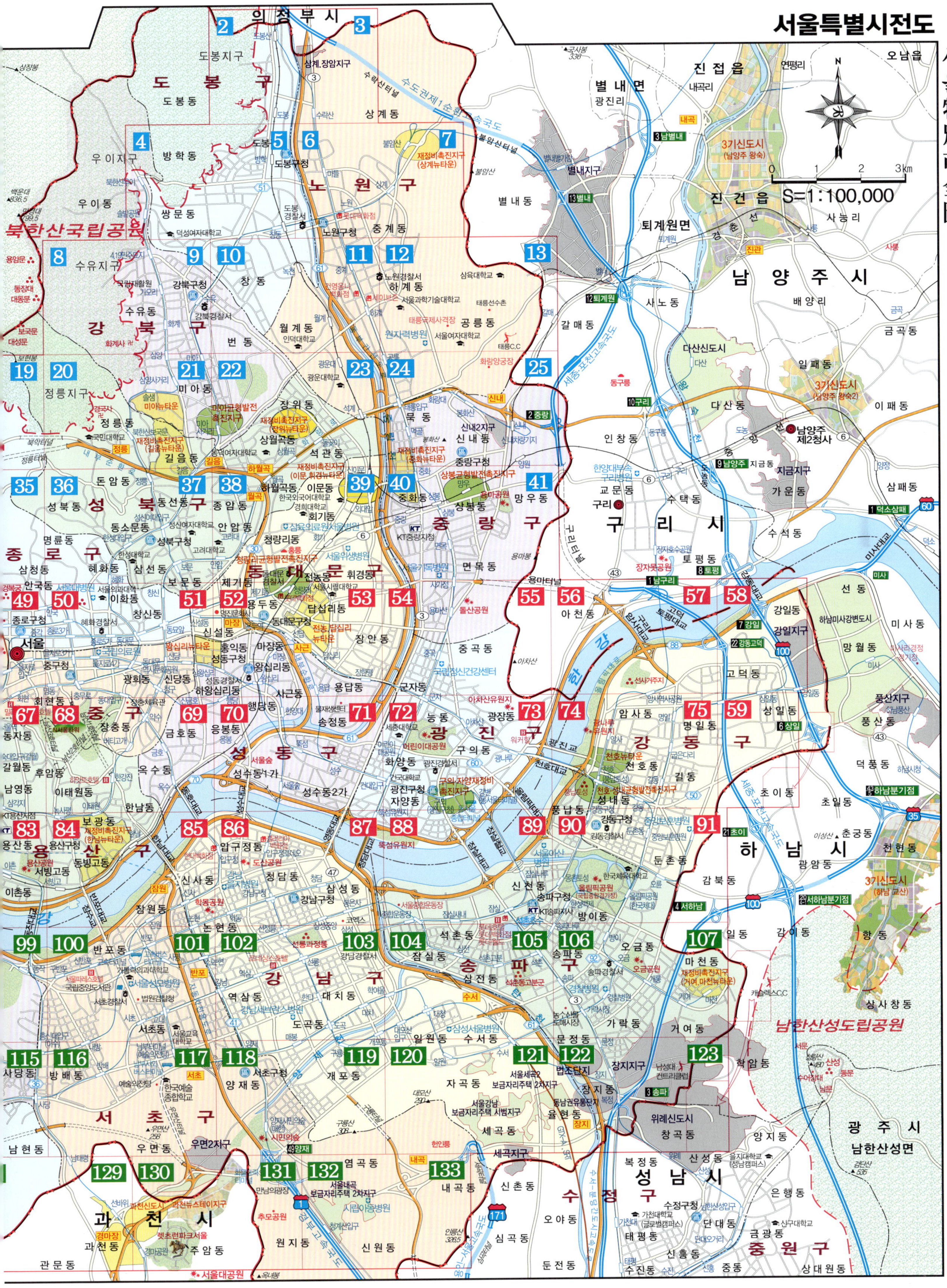

S=1:100,000

0 1 2 3km

도봉구
도봉동
방학동
도봉구청
쌍문동
창동
우이동
수유동
미아동
강북구
강북구청
번동
송중동
노원구
노원구청
하계동
중계동
상계동
월계동
공릉동
성북구
성북구청
정릉동
돈암동
안암동
보문동
삼선동
동소문동
길음동
종암동
종로구
혜화동
삼청동
안국동
이화동
창신동
신설동
동대문구
전농동
답십리동
제기동
청량리동
회기동
휘경동
이문동
장안동
용신동
면목동
중랑구
중랑구청
신내동
묵동
망우동
상봉동
중화동
동대문구
성동구
성동구청
왕십리동
금호동
옥수동
행당동
응봉동
마장동
사근동
송정동
용답동
성수동
성수동1가
성수동2가
광진구
구의동
자양동
화양동
군자동
중곡동
광장동
능동
중구
중구청
회현동
신당동
황학동
광희동
용산구
용산구청
한남동
이태원동
한강로동
청파동
서빙고동
보광동
후암동
갈월동
원효로동
이촌동
남영동
강동구
강동구청
명일동
상일동
고덕동
암사동
천호동
성내동
길동
둔촌동
강일동
광진구
구리시
남양주시
다산동
가운동
지금동
호평동
별내면
진접읍
진건읍
퇴계원면
오남읍
하남시
감북동
감일동
신장동
덕풍동
창우동
풍산동
서초구
서초구청
반포동
방배동
서초동
양재동
내곡동
우면동
잠원동
강남구
강남구청
역삼동
논현동
신사동
압구정동
청담동
삼성동
대치동
도곡동
개포동
일원동
수서동
세곡동
송파구
송파구청
잠실동
신천동
풍납동
가락동
문정동
장지동
거여동
마천동
오금동
방이동
석촌동
삼전동
과천시
과천동
문원동
갈현동
주암동
관문동
중원구
성남시
수정구
수정구청
태평동
신흥동
단대동
복정동
창곡동
양지동
산성동
광주시
남한산성면
남한산성도립공원
위례신도시
북한산국립공원
남한산성도립공원
서울대공원
서울특별시전도

차 례

서울·수도권 정밀지도

영진문화사

지도보기

1만 범례

고속국도	철도	우체국	교회	능·묘	스키장
고속화도로	전철·지하철	대학교·학교	백화점	버스정류장	자연휴양림
주요도로	공원·녹지	은행	KT(전화국)	세무서	산
기타도로	시의상징(마크)	도서관	쇼핑·마트	여객터미널	지시점
고가차도	구의상징(마크)	극장	시장	약수	공공건물
지하차도	동주민센터	온천	화물터미널	폭포	상가·백화점건물
특별·광역시·도계	읍사무소	병원	공항	유원지·공원	아파트건물
시·군·구계	면사무소	호텔	버스터미널	사찰	토지지번
법정동계	경찰서·지구대	주유소·LPG	장애인·노약자승강장	명승지	아파트(동)
행정동계	소방서·119안전센터	주차장	공동묘지·비석	골프장	교차로

道峰洞

호원동
호원1동
서울인강학교
청소차량기지
레포츠랜드
도봉재활용품
음식물중간처리장
경기도(의정부시)
서울특별시
도봉지구
윗다락원
도봉공영버스주차장
환승주차장
서울교통
네트워(주)
도봉산 경로당
도봉재
방학기약수터
쌍룡사
도봉숲속마을
(어택캠프)
도봉공원
아진교통
버스정류장
호정빌라트 서울가든아파트
천주교
도봉산성당
도봉고교
도봉산
도봉산리벤아움아파트
화진빌라
정불회관 농협
한영빌딩
또봉시
광륜사
탐방지원센터
삼성빌라
한사랑빌딩
도봉구
화진빌라
도봉동
도봉1동
북한산국립공원
도봉1동우체국
장미연립
양평문수
북서울중학교
산신각회
한양연립
상가 농협
도봉래미안
신도봉아파트
도봉1파출소
럭키아파트
윗무수골
도봉초등교
해태음료
이인산묘비
도봉1동
도봉역
도봉숲아뜨리움아파트
하늘빛
어린이집
서울북부지방법원
동해사
무수천
청산여대생활관
(난향병원)
서울북부
지방검찰청
현대성우
아파트
성황당
삼육문화센터
제일정형외과
무수골탐방지원센터
광륜절길
방학2동
방학동
도봉성당
오봉초등교
도봉동성당
도성교회

범례
고속국도
고속화도로
주요도로
시의상징(마크)
구의상징(마크)
동주민센터
경찰서·치안센터
소방서·119안전센터
대학교·학교
우체국·우편취급국
도서관
숙박시설

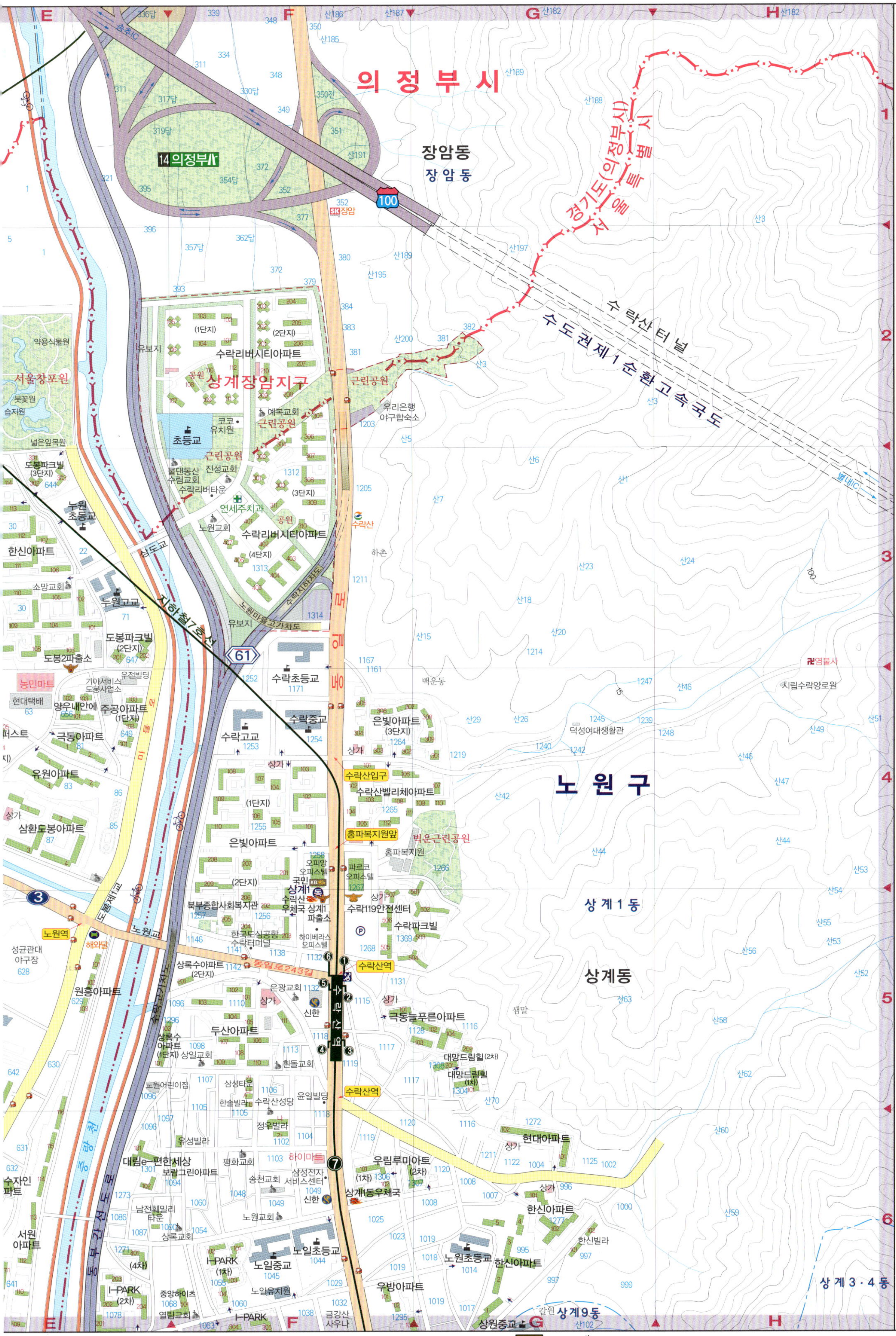

■ 찾아보기 ■

◎주요기관

◎동주민센터

◎학교

◎기타

의정부시
장암동
장암동

노 원 구

상 계 1 동

상계동

수락산터널
수도권제1순환고속국도

상계장암지구

수락리버시티아파트
(1단지)
(2단지)
(3단지)
(4단지)

수락산역
상계 3 · 4 동
상계9동

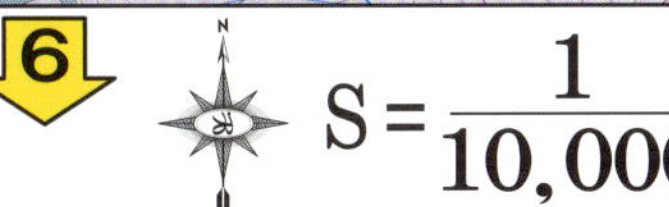

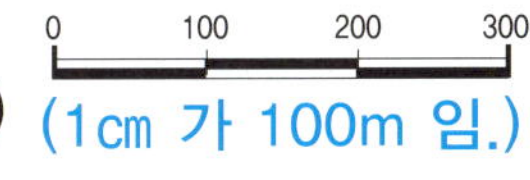

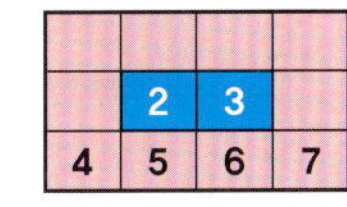

牛耳·放鶴·雙門洞

범례

고속국도	시의상징(마크)	경찰서·치안센터	우체국·우편취급국
고속화도로	구의상징(마크)	소방서·119안전센터	도서관
주요도로	동주민센터	대학교·학교	숙박시설

放鶴·雙門洞

S = 1/10,000 (1cm 가 100m 임.)
의료기관
버스정류장
지시점
주유소
고속터미널 교차로명
공공건물
상가·백화점건물
아파트(동)수
지번

上溪洞

범례

	고속국도
	고속화도로
	주요도로
	시의상징(마크)
	구의상징(마크)
	동주민센터
	경찰서·치안센터
	소방서·119안전센터
	대학교·학교
	우체국·우편취급국
	도서관
	숙박시설

주요 지명 및 시설

상계동 · 상계1동 · 상계2동 · 상계2·3동 · 상계5 · 상계6·7동 · 상계8동 · 상계9동 · 상계10동

도봉구 · 노원구 · 도봉동 · 방학동 · 방학1동 · 창동 · 창1동 · 창4동

상계주공아파트 (9단지 · 10단지 · 11단지 · 12단지 · 13단지 · 14~16단지 · 2단지 · 4단지 · 5단지 · 6단지 · 7단지 · 19단지)

상계11~13단지 · 상계14~16단지 · 상계2,6단지

I-PARK (1차) · I-PARK (2차) · I-PARK (3차) · 노원I-PARK

한신아파트 · 우방아파트 · 대동황토방 · 희락아파트 · 상원중교 · 신동아아파트 · 금호어울림아파트 · 보람아파트 · 현대아트빌 · 한성빌라 · 상계꿈에그린 (2020.12) · 성원아파트 · 대림아파트 · 주공아파트 · 비콘드림힐아파트 · 현대아파트 · 센트럴타워 · 우성아파트 · 동양메이저아파트 · 노원스마트요양병원 · 쌍용아파트 · 동아청솔아파트 · 동아청솔상가 · 삼성래미안 · 대상타운 · 자운아파트 · 코오롱아파트 · 한양아파트 · 상수초등교 · 신상중교 · 신일모닝빌아파트 · 중앙하이츠 · 신이모닝빌아파트 · 삼성래미안아파트 · 창동주공아파트

노일중교 · 노일유치원 · 노일초등교 · 노원초등교 · 상경초등교 · 상경중교 · 상원초등교 · 청원중교 · 청원고교 · 청원여고교 · 청원초등교 · 온곡초등교 · 온곡초교입구 · 온곡중교 · 상곡초등교 · 동일초등교 · 노원성당 · 노원고교 · 용화여자고교 · 상월초등교 · 노원문고 · 상계초등교 · 상계고교 · 상계중교 · 서울문화고교 · 창도초등교 · 창동중교 · 자운고교 · 자운초등교 · 창일중교

대창센터 · 참포도나무교회 · 열림교회 · 금강산사우나 · 효성빌딩 · 늘푸른아파트 · 중앙하이츠 · 세림빌딩 · 숙명어학원 · 동성빌딩 · 서원어학원 · 서림아파트 · 서원아파트 · 성산교회 · 도봉구청 · 우리 · 도봉일등상가 · KB국민 · 농협

상록스토어 · 신한 · 체육관 · 하나울교회 · 상계8치안센터 · 갈말근린공원 · 갈울근린공원 · 우편취급국 · 관리실 노인정 · 한국씨티 · 경로당 · 임광아파트 · 성음교회 · 아이다유치원 · 관리사무소 · 온세교회 · 온수교회 · 제일교회 · 한성여객 · 푸른어린이집 · 금호스포츠센터 · 진로마트 · 노원역 · 미도빌딩 · 도봉운전면허시험장 · 창동차량기지 · 창동문화체육센터 · 게이트볼장 · 실내테니스장 · 시립창동운동장 · 축구장 · 배드민턴장 · 로봇과학관 (2021년) · 창동견인차량보관소 · 도봉경찰서 · 창동씨티월드 · 백상빌딩 · 노원세무서 · 하이마트 · 제일빌딩 · 다모아빌딩 · 창동문화한마당 · 양진철의원 · 한국마사회 · 이마트 (창동점) · 우편취급국 · 동아아파트

한국전력 (도봉지사) · 노원구의회 · 노원구청 · 보건소 · 노원구보건소 · 국민건강보험공단 · 미래에셋생명 · 교보생명 · 리츠호텔 · 노블레스관광호텔 · 롯데백화점 (노원점) · 아웃백 · 주차빌딩 · 상계자동차매매센터 · 정일빌딩 · 성민장복지관 · 순복음노원교회 · 천주교 · 상계동성당 · 양지유치원 · 상계제일교회 · 꽃동산교회 · 관리사무소 · 근흥빌딩 · 고려빌딩 · KT · 노원연금관리사무소 · 경로당 · 상계6·7동우체국 · KEB하나 · 노원문고 · 삼성생명 · 노원청일교회 · 일신프라자 · 성화유치원 · 윤이비인후과의원 · 신천교회 · 원터근린공원 · 노원중교 · 상계백병원 · 한국성서대학교 · 성명여중교 · 상명초등교 · 성원상떼빌아파트 · 상명중교 · 창명여중교 · 당현초등교

수락산로 · 노원로 · 상계로 · 노해로 · 동일로227길 · 동일로216길 · 동일로215길 · 동일로214길 · 노해로69길 · 노해로70길 · 노해로107길 · 한글비석로

지하철4호선 · 지하철7호선 · 마들역 · 노원역 · 창동역 · 상계역

■ 찾아보기 ■

◎주요기관

◎동주민센터

◎학교

◎기타

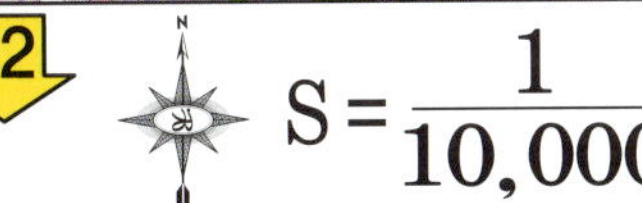

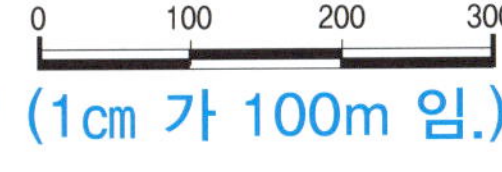

水踰洞

용암문
우이동
북한산성
동장대
이시영선생묘
수유지구
성도사
이준열사묘
고양시
덕양구
대동문
경기도(고양시)
서울특별시
북한산국립공원
세형빌라
강북청소년수련관
선일교통
삼일운수
대보빌라
신성빌라
파인빌라
현대빌라
전시관
보관
후생관
통일교육원
고촌관
생활관
호텔아카데미하우스
수유동
인수동
도선암
영락기모원
조병옥박사묘
성북구
정릉동
정릉4동
정릉3동

범례
고 속 국 도
고 속 화 도 로
주 요 도 로
시의상징(마크)
구의상징(마크)
동주민센터
20
경찰서·치안센터
소방서·119안전센터
대 학 교·학 교
우체국·우편취급국
도 서 관
숙 박 시 설

水踰洞

4
21
도봉구
강북구
우이동
수유2동
쌍문동
쌍문1동
쌍문3동
수유3동
번동
번1동
수유1동
삼양동
미아동
한신대학교
신학대학원
국립재활원
강북구청
강북경찰서
성신여자대학교
(운정그린캠퍼스)
서울사이버대학교
4.19로
덕릉로
삼각산로
우이천로

■ 찾아보기 ■

◎ 주요기관
강북경찰서 ············ H4
강북구청 ············ H3
강북구의회 ············ F3
강북청소년수련관 ············ D1
구세군강북종합복지관 ············ F6
국립재활원 ············ E3
강북문화예술회관 ············ E3
서울영어마을(수유캠프) ············ E3
수유동우체국 ············ F2
통일교육원 ············ D2

◎ 동주민센터
미아동주민센터 ············ H6
수유1동주민센터 ············ G4
수유2동주민센터 ············ G2
수유3동주민센터 ············ H3
쌍문1동주민센터 ············ H1
우이동주민센터 ············ F1
인수동주민센터 ············ E3

◎ 학교
서울사이버대학교 ············ H5
한신대학교신학대학원 ············ F4
강북중교 ············ H2
서울정인학교 ············ E5
수유초등교 ············ G5
수유중교 ············ E5
신일고중교 ············ H6
쌍문초등교 ············ H1
우이초등교 ············ F3
유현초등교 ············ E5
인수초등교 ············ E2
인수중교 ············ E2
한빛맹학교 ············ F6
혜화여고교 ············ F5
화계중교 ············ E5

◎ 기타
4.19국립묘지 ············ E1
강북종합시장 ············ H2
궁전회관 ············ H6
대한병원 ············ H4
새마을금고중앙연수원 ············ E3
수유북부시장 ············ F4
수유시장 ············ H5
수유중앙시장 ············ G3
수유프라자 ············ H5
신일병원 ············ G4
우이시장 ············ G1
엘리제웨딩홀 ············ G4
호텔아카데미하우스 ············ D3
화계사 ············ E5

의료기관
버스정류장
지시점
주유소
고속터미널 교차로명
공공건물
상가·백화점건물
아파트(동)수
지번
S = 1/10,000
(1cm 가 100m 임.)
0 100 200 300m

倉·樊洞

범례

고속국도	시의상징(마크)	경찰서·치안센터
고속화도로	구의상징(마크)	소방서·119안전센터
주요도로	동주민센터	우체국·우편취급국
		대학교·학교
		도서관
		숙박시설

Major area labels on the map:

쌍문동 · 쌍문1동 · 쌍문3동 · 수유동 · 수유3동 · 창1동 · 창2동 · 창3동 · 창동 · 도봉구 · 번1동 · 번동 · 번2동 · 번3동 · 강북구 · 미아동 · 미아 동

Parks: 초안산근린공원 · 오동근린공원 · 비석골근린공원 · 북서울꿈의숲

Schools / institutions: 성신여자대학교(운정그린캠퍼스) · 서울사이버대학교 · 강북경찰서 · 강북소방서 · 강북구보건소 · 서울북부고용노동지청 · 한일병원 · 서울현대병원 · 도봉종합사회복지관 · 도봉문화정보도서관 · 강북구민운동장

上溪·中溪·下溪洞

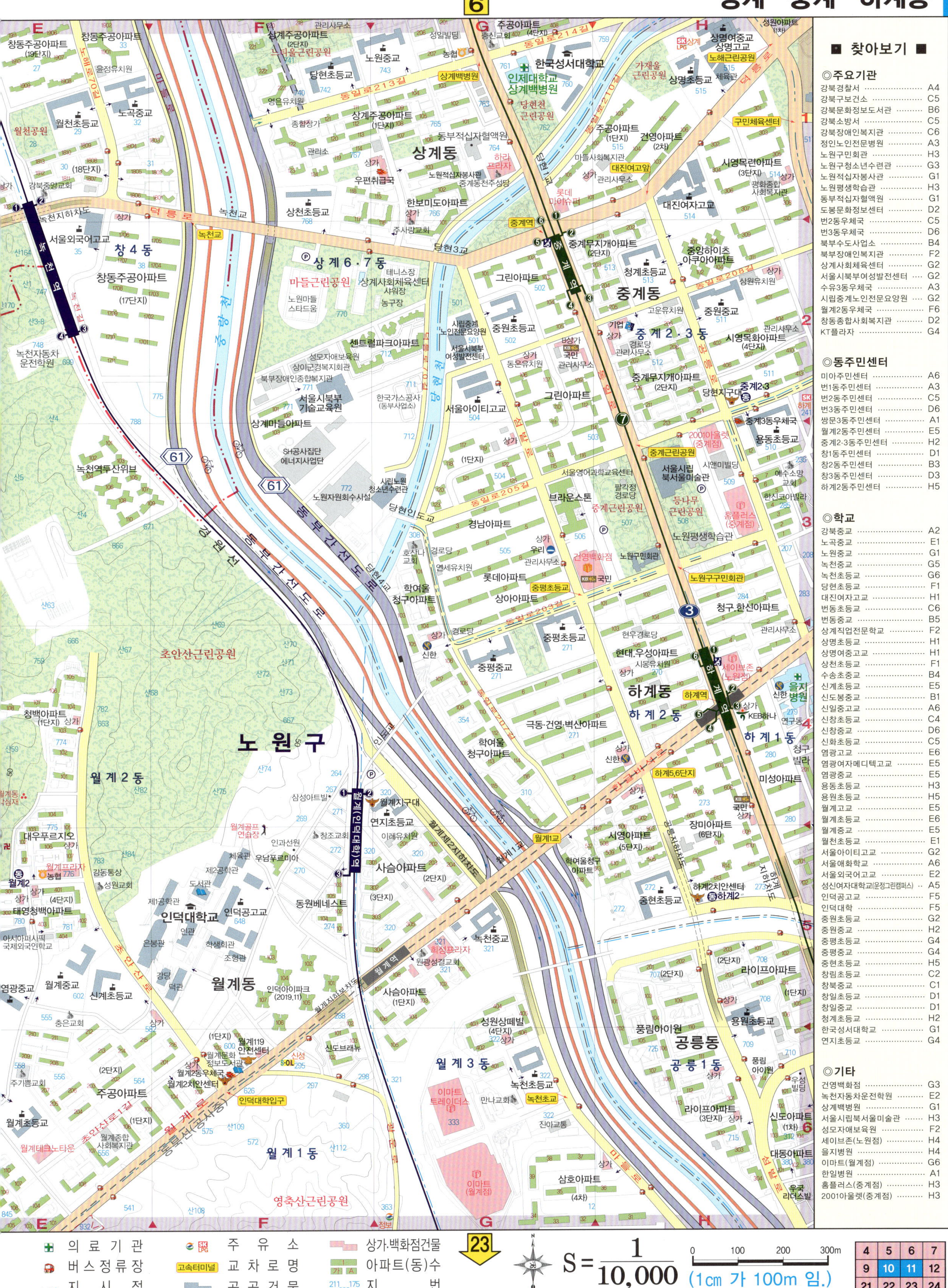
노원구
상계동
중계동
하계동
월계동
공릉동
창4동
상계6·7동
중계2·3동
하계2동
하계1동
월계2동
월계3동
월계1동
초안산근린공원
영축산근린공원

■ 찾아보기 ■

◎주요기관
강북경찰서 ······ A4
강북구보건소 ······ C5
강북문화정보도서관 ······ B6
강북소방서 ······ C5
강북장애인복지관 ······ C6
정인노인전문병원 ······ A3
노원구민회관 ······ H3
노원구청소년수련관 ······ G1
노원적십자봉사관 ······ G1
노원평생학습관 ······ H3
동부적십자혈액원 ······ G1
도봉문화정보센터 ······ D2
번2동우체국 ······ C5
번3동우체국 ······ D6
북부수도사업소 ······ B4
북부장애인복지관 ······ F2
서울시북부여성발전센터 ······ G2
수유3동우체국 ······ A3
시립중계노인전문요양원 ······ G2
월계3동우체국 ······ F6
창동종합사회복지관 ······ G2
KT플라자 ······ G4

◎동주민센터
미아동주민센터 ······ A6
번1동주민센터 ······ A3
번2동주민센터 ······ C5
번3동주민센터 ······ D6
쌍문3동주민센터 ······ A1
월계3동주민센터 ······ E5
중계2·3동주민센터 ······ H2
창1동주민센터 ······ D1
창3동주민센터 ······ B3
창3동주민센터 ······ D3
하계2동주민센터 ······ H5

◎학교
강북중교 ······ A2
노곡중교 ······ E1
노원중교 ······ G1
녹천중교 ······ G5
녹천초교 ······ G6
당현초교 ······ F1
대진여자고교 ······ H1
번동초교 ······ C6
번동중교 ······ B5
상계직업전문학교 ······ F2
상명초교 ······ H1
상명여자고교 ······ H1
상천초교 ······ F1
수송초교 ······ B4
신계초교 ······ E5
신도봉중교 ······ B1
신일중교 ······ A6
신창초교 ······ C4
신창중교 ······ D6
신화초교 ······ C5
염광고교 ······ E6
염광여자메디텍고교 ······ E5
염광중교 ······ E6
용동초교 ······ H3
용원초교 ······ H5
월계고교 ······ E6
월계중교 ······ E5
월천초교 ······ E1
서울아이티고교 ······ G2
서울애화학교 ······ A6
서울외국어고교 ······ E2
성신여자대학교(운정그린캠퍼스) ······ A5
인덕고교 ······ F5
인덕대학 ······ F5
중원초교 ······ G2
중원중교 ······ H2
중평초교 ······ G4
중현초교 ······ H5
창림초교 ······ C2
창북중교 ······ C1
창일초교 ······ D1
창일중교 ······ H2
한국성서대학교 ······ G1
연지초교 ······ G4

◎기타
건영백화점 ······ G3
녹천자동차운전학원 ······ E2
상계백병원 ······ G1
서울시립북서울미술관 ······ H3
성모자애보육원 ······ F2
세이브존(노원점) ······ H4
을지병원 ······ H4
이마트(월계점) ······ G6
한일병원 ······ A1
홈플러스(중계점) ······ H3
2001아울렛(중계점) ······ H3

S = 1/10,000
(1cm 가 100m 임.)

의료기관   주유소   상가·백화점건물
버스정류장   고속터미널   교차로명   아파트(동)수
지시점   공공건물   지번

中溪·下溪洞

범례

고속국도	시의상징(마크)	경찰서·치안센터
고속화도로	구의상징(마크)	소방서·119안전센터
주요도로	동주민센터	대학교·학교
		우체국·우편취급국
		도서관
		숙박시설

노원구

중계1동
중계2·3동
중계동
중계본동
하계1동
하계동
공릉1동
공릉동

서울과학기술대학교
서울여자대학교
서울시립과학관
노원경찰서
노원소방서
원자력병원
을지대학교
을지병원

孔陵洞

남양주시
별내면
E F G H
783 672 669 657 661 694 625 683 625 605 4105
불암동 바깥불암 604
산125 782 770 702 574 586 603
안불암 741 751 735 731 692 726 709 신안인스빌 4106 1
739 738 737 736 729 715 712 576 아파트 4111
산127 740 722 719 570 별내동
산128 568 스마일 SK 별내동
717 태릉교통 565 564 광암천
별킷
경기도(남양주시) 562 미리내마을아파트 별내지구
서울특별시 558 담터4 한화꿈에그린 더스타
산133 논골 삼육의명대
살렘관 제1실습관 제2실습관 과학관 558 558
시온관 조형관 제1과학관 2
브니엘관 다목적관 선교70주년 에스라관 산133
음악관 기념관 제2과학관 558
에덴관 사무엘관 삼육대학교 중앙도서관 사무엘관 산133
스미스관 삼육100주년 제3과학관 산1
사회복지학관 기념관 바울관 박물관
신학관 학생회관 요한관 태강삼육초등교
체육관 대운동장 기숙사
제명호 삼육중교 강당 화랑로 산1
행정관 216 삼육고교
강릉 산2 163
산227 산226 240
태릉국제스케이트장 양궁장 215
산223 스포츠 과학연구원 SK 삼육 산2
실내빙상장 체육지도자 연수원 LPG
필승체육관 오륜관 230 산230 산236 25
공릉2동 다목적체육관 20 산236 503
태릉선수촌 필승관 25 502
산223 운동장 개성제지
노원구 공릉피외집 챔피언하우스 502천
크레이사격장 영광의집 승리관 질래관 행정동 개선관 산109 산27
관람석 산224 490 491
체육시설 태릉 P 월계관 489 농협
산225 실내수영장 구리시
체육시설 산223 태릉C.C
산238 동물원 산236 산109
태릉국제 종합사격장 갈매우체국 458
공기종사격장 조선왕릉전시관 480 479 갈매동 27
대한사격연맹 25 472 458
이스턴캐슬웨딩홀 20 483 녹지
워터캐슬 서울시경계(구리시) 465
푸른동산 경기도(구리시) 93
화랑초등교 468 470 471
서울여대 471
부속유치원 아가페교회 육군사관학교 47 신우푸리자 468
E F G H 462 464 461

의료기관
버스정류장
지시점
주유소
고속터미널 교차로명
공공건물
상가·백화점건물
아파트(동)수
지번
S = 1/10,000
(1cm 가 100m 임.)
0 100 200 300m
6 7
11 12 13
23 24 25

高陽市 · 津寬 · 葛峴洞

삼송지구
삼송테크노밸리
농협싱싱농산물종합유통센터
한국지역난방공사 삼송지사
동산3
356
현대종합상사
동산노인정
서부목재
협동공업사
동산재활용센터
폐기물처리시설
한국BRT자동차
은평뉴타운 CNG충전소
명성산업
대진PVC
진관차고지
구파발 꽃상가
칼라인케이스
오산실업
법화사
동산동
관음인장사
그린테니스장
그린세차장
주차장
주유소
은평서부충전소
은평드림
근린생활
지축차량기지
지축역
지축동
효자동
통일교
e편한세상 지축센트럴가든
고양지축A
지축지구
고양지축3단지
금암문화공원
구파발래미안 (10단지) (8단지)
국민 새마을금고
구파발래미안 (9단지)
일영송추3
구파발
(A공구) 탑골
구파발어울림 (10단지)
은빛유치원
은빛초등교
새생교회
(B공구)
KEB하나
롯데캐슬 (12단지)
구파발래미안 (9단지)
신도중앙교회
에코테라스
꿈에그린
은평제일교회
진관파출소
산업인력공단
은평재정비촉진지구
홍창사
탑골생태공원
방아다리골
박물관
상업용지
구파발4
(3-1지구)
물푸레근린공원
보덕사
미륵암
편익시설
은평환경플랜트
은평메트로프라자
구파발역 광역환승센터
롯데몰
구파발3
구파발성당
드림스퀘어
은평우체국
구파발교회
은평미켈란
은평스카이뷰자이
은평휴먼프라자
진관
숲유치원
박석고개 (1단지)
은진초등교
현대힐스테이트 (1단지)
1,2,3 G.C
고양시
창릉동
경기도(고양시)
서울특별시
서울소방행정타운
카톨릭대학교
은평성모병원
메이플카운티1차
신한헤스티아
오피스텔
메이플카운티2차
어드벤스힐
신한헤센스마트
i'PARK
포레스트게이트
(A공구)
공원
(13블럭)
구립은뜨락도서관
박석동
은뜨락아파트
수도시설
사현사
용두동
익릉
건영아파트
오천사
일진제미안
현보주택
영진가든빌라
동원빌라
초등교
신도고교
은평소방서
진관119안전센터
성당
갈현동
대연파크빌
마로니에빌
박석고개
서오릉
수경원
명릉
갈현1동
빛개미연립
갈현연립
장송빌라
천일아파트
대양빌라
그린빌라
상신빌라
우정어린이집
지성쉐르빌
현연교회
보성넥스빌
재문빌라
대양아파트
은평뉴타운

범례
고속국도
고속화도로
주요도로
시의상징(마크)
구의상징(마크)
동주민센터
16
경찰서·치안센터
소방서·119안전센터
대학교·학교
우체국·우편취급국
도서관
숙박시설

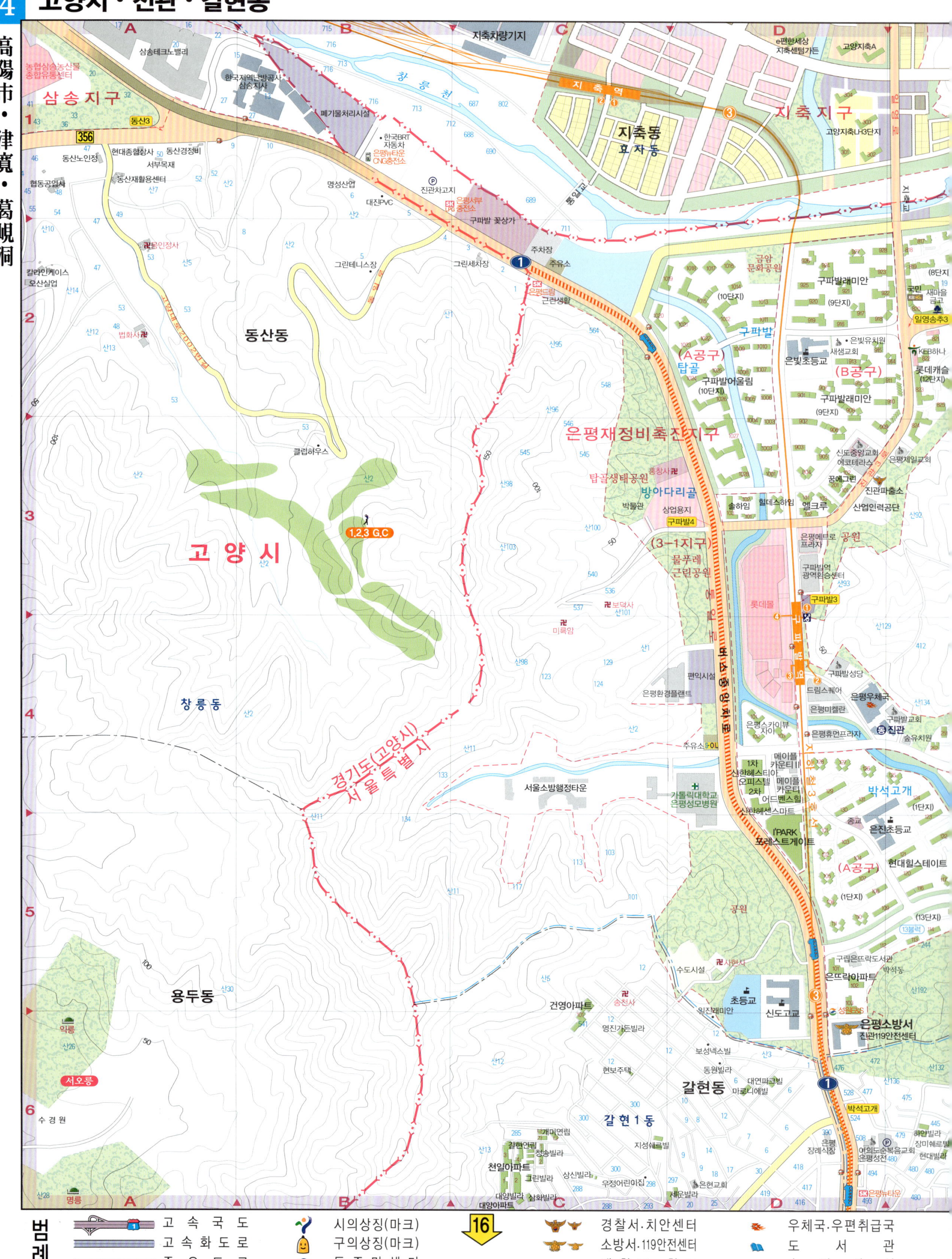

津寬 · 佛光洞
■ 찾아보기 ■
◎주요기관
삼천사인덕원노인요양원 ……H3
은평경찰서 ……………………F6
은평노인종합복지관 ………D5
은평소방서 ……………………D6
은평우체국 ……………………D4
◎동주민센터
진관동주민센터 ……………D4
◎학교
세명컴퓨터고교 ……………E6
신도고교 ………………………D5
신도중교 ………………………F5
신도초등교 ……………………F5
연신초등교 ……………………F6
연천중교 ………………………E6
은빛초등교 ……………………D2
은진초등교 ……………………D5
은평메디텍고교 ……………F4
진관고교 ………………………E2
진관중교 ………………………E2
진관초등교 ……………………F1
하나고교 ………………………G2
◎기타
서오릉 …………………………A6
은평장례식장 ………………D6
(1지구)
롯데캐슬
동북유치원
현대아이파크
우리기업
진관초등교
진관교회
상림치안센터
은평지월테라스
상림마을
현대아이파크
진관중교
진관고교
공원
관악수사
진관동
진관 동
이말산
은 평 구
하나고교
근린생활
단독주택
잿말
은평역사
한옥박물관
(3-2지구)
삼천사인덕원
노인전문요양원
은평재정비촉진지구
(C공구)
재말
주차장
종교
푸르지오
제각말
제각말
두산위브
7단지
두산위브
은평메디텍고교
우물골 (C공구)
(6단지)
두산위브 (2단지)
진관 2 로
동부센트레빌
마고정 (3단지)
신도초등교
신도중교
신도치안센터
편익시설
(B공구)
진관 1 로
공공청사
은평다목적체육관
은평구민체육센터
축구장
한국고전번역원
서울은평뉴타운
디에트르더퍼스트
(2025년 06월예정)
기자촌교회
기자촌
(3-2지구)
기자촌2구역
근린공원
기자촌1구역
근린공원
한라비발디
기자초
서부침례교회
진관유치원
진관감리교회
롯데슈퍼
살롬교회
향림근린공원
폭포동
편익시설
편익시설
폭포동힐스테이트
(4단지)
예수사랑교회
북한산국립공원
세명컴퓨터고교
연천중교
효성쉐르빌
천주교
연신내성당
은평경찰서
초유소
폭포동
선림사
불광2동
농민마트
연신초등교
불광동
북한산
대창센시티
광레레스빌
불광1동

의료기관
버스정류장
지시점
주유소
고속터미널 교차로명
공공건물
상가·백화점건물
아파트(동)수
지번
S = 1/10,000
(1㎝ 가 100m 임.)
0 100 200 300m
14 15
16 17 18

葛峴·龜山·驛村洞
서오릉
명릉
천일아파트
청송빌라
삼화빌라
대양빌라
대양아파트
인우아파트
갈현1동
갈현상가
새마을금고
신한
대광월드아파트
윤현아파트
코오롱하늘채
라이프시티아파트
대성중고교
현대아파트
메카아파트
갈현1동 우편취급국
천주교 갈현동성당
청구성심병원
삼흥아파트
용두동
창릉동
수도권광역급행철도(GTX-A)
선일빅데이터고교
갈현2동
선일초등교
선일여중교
선일여고교
미미아파트
갈현동
고양시
덕양구
선정국제관광고교
선정중교
선정고교
한솔아파트
우남아파트
참사랑교회
체육관
대광맨션
장미맨션
대훈아파트
현대빌리지
경기도(고양시)
서울특별시
무지개아파트
타워아파트
양지그린파크
수국사
덕산기업
세림빌딩
동익파크아파트
갈현제일교회
진성아파트
명성아파트
연신내지구대
동양맨션
삼양그랜드빌
광소메스빌
오성아파트
대조동
대조초등교
현대아파트
관리사무소
성일교회
푸른솔아파트
구산초등교
e-편한세상
브라운스톤
구산동
경향파크아파트
은평중교
삼성빌라트
구산4
연서맨션
관산아파트
갈현베르빌
구산역
영진빌딩
대조동로터리교
대상스위트홈
구현초등교
은평고교
한국프라우드아파트
구산중교
예일여고교
예일여중교
예일초등교
구산보건지소
연서빌딩
역촌아파트
역말
삼성타운아파트
향동동
화전동
서울특별시립은평의마을
구산근린공원
은평대영학교
서부장애인종합복지관
서울재활병원
시립서북병원
신사동
신사1동
라이프시티아파트
동부센트레빌
역촌1구역 재개발 정비사업
은평센트럴파크프레스티지
역촌동
역촌119안전센터
역촌파출소
무궁화아파트
서부경찰서
14
32
범례
고속국도
고속화도로
주요도로
시의상징(마크)
구의상징(마크)
동주민센터
경찰서·치안센터
소방서·119안전센터
대학교·학교
우체국·우편취급국
도서관
숙박시설

佛光 · 碌磻洞

북한산국립공원
북한산생태공원
북한산힐스테이트
은평구
불광동
불광1동
불광2동
녹번동
서대문구
홍은동
홍은2동
지하철6호선
진흥로
S = 1/10,000
(1cm 가 100m 임.)
0 100 200 300m

14 15
16 17 18
31 32 33 34

佛光 · 舊基洞

진관동
진관동
북한산국립공원
500
450
400
350
300
250
불광동
불광1동
구이지구
구기동
은 평 구
청운양로원
영광교회
풍림빌라
이북5도청
전주풍남de
건덕빌라
건덕빌라
현대그랜드빌
리젠시
여학생
기숙사
동성빌라
하비에르
국제학교
현대빌라
심진
파크맨션
현대구기빌라
궁전하이츠
빌라
구기치안센터
지하철 불광역선
구기터널
호텔
요진헤레이
국민
구기빌딩
인왕빌딩
삼보월드빌
한솔리더빌
체육관
동진빌라
로제우스
레포츠센터
삼신맨숀
쌍용보배휴릴스
현대빌라
청운맨숀
호시즌아파트
삼성그린빌라
녹번동
녹번동
대우빌라
서대문구
홍은동
홍은1동
신정하이츠빌라
CJ구기
빌리지
대아파크빌
신영빌라
신영119안전센터
삼성빌라트
신구빌라
동성빌라
동한빌라
국민
갈음씨티텔
수도권 검철 여급 행철도(GTX-A)
초원빌라
초원아파트
풍림아이원
상가
종전빌라
신영동
체육관
종합관
공예관
세검정초등교
홍지동
미술가정관
상명아트센터
완성빌라
완성주택
신영군냉사주택
상명대사대
부속여고교
상명아트센터
상명대사대
부속여중교
상명대학교
(서울캠퍼스)
부암동
청암아트빌라
월드빌라
서문중앙교회
극동아파트
중앙도서관
학생회관
탑출판사
20
34

범례
고 속 국 도
고 속 화 도 로
주 요 도 로
시의상징(마크)
구의상징(마크)
동 주 민 센 터
경찰 서 · 치 안 센 터
소방서·119안전센터
대 학 교 · 학 교
우체국·우편취급국
도 서 관
숙 박 시 설

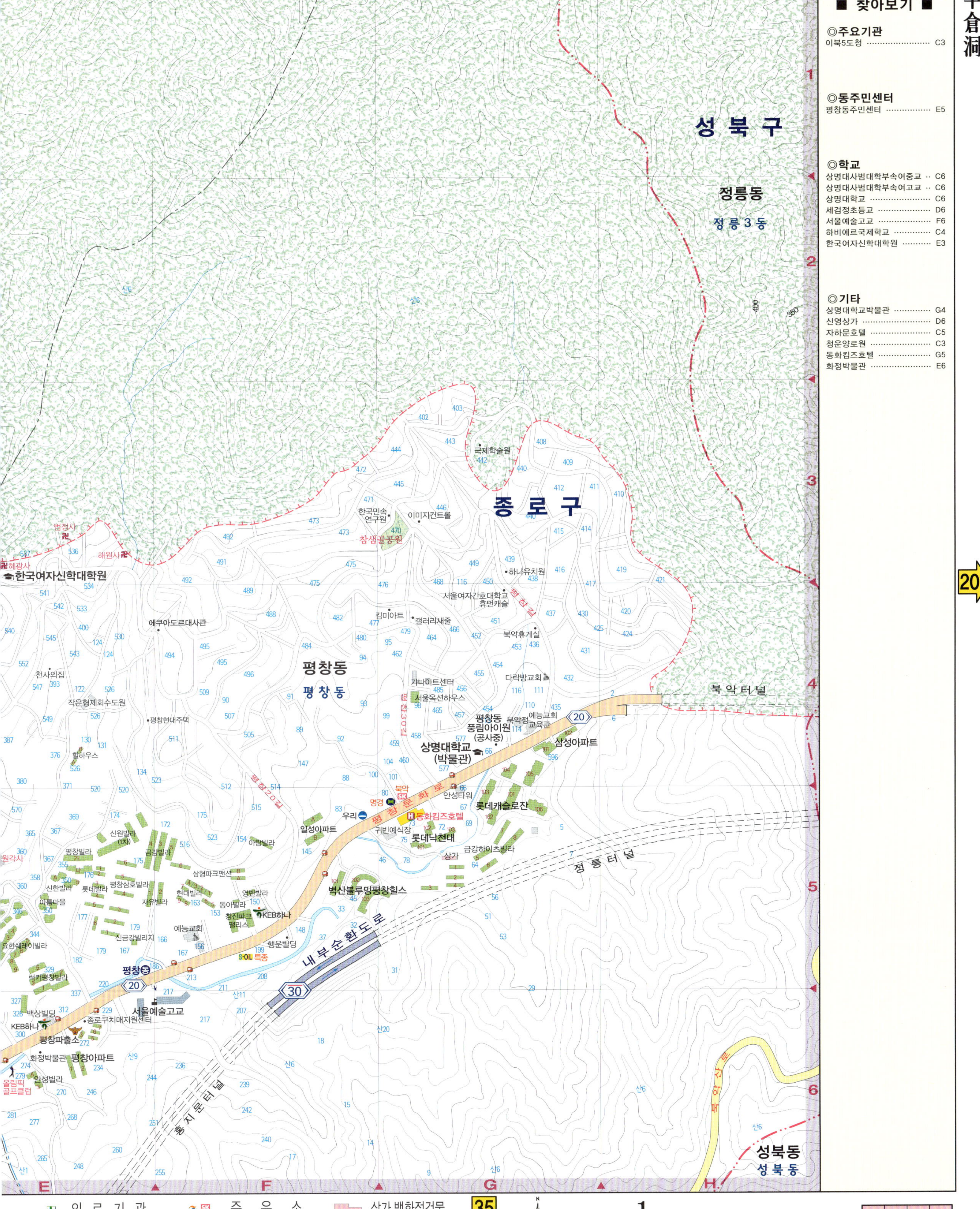
■ 찾아보기 ■

◎주요기관
이북5도청 ················ C3

◎동주민센터
평창동주민센터 ··········· E5

◎학교
상명대사범대학부속여중교 ·· C6
상명대사범대학부속여고교 ·· C6
상명대학교 ················ C6
세검정초등교 ·············· D6
서울예술고교 ············· F6
하비에르국제학교 ·········· C4
한국여자신학대학원 ········· E3

◎기타
상명대학교박물관 ········· G4
신영상가 ················· D6
자하문호텔 ··············· C5
청운양로원 ··············· C3
동화킴즈호텔 ············· G5
화정박물관 ··············· E6

성북구

정릉동

정릉3동

종로구

평창동
평창동

성북동
성북동

국제학술원
한국민속연구원
이미지컨트롤
참샘골공원
빔정사
혜광사
한국여자신학대학원
에쿠아도르대사관
천사의집
직은형제회수도원
평창현대주택
항하우스
신원빌라(1차)
금강빌라
평창빌라
삼형파크맨션
신한빌라
롯데빌라
평창삼호빌라
자유빌라
아름마을
현대빌라
동아빌라
영반빌라
청진파크팰리스
예능교회
신금강빌리지
효한쉐베이빌라
행운빌딩
럭키평창빌라
평창
서울예술고교
종로구치매지원센터
백상빌딩
KEB하나
평창파출소
화정박물관 평창아파트
임성빌라
올림픽골프클럽
킴미아트
갤러리새줄
서울여자간호대학교 휴먼캐슬
북악휴게실
다락방교회
하나유치원
가나아트센터
서울옥션하우스
평창동풍림아이원(공사중)
북악정예능교회교육관
상명대학교(박물관)
안성타워
삼성아파트
롯데캐슬로잔
우리
동화킴즈호텔
귀빈예식장
롯데낙천대
금강하이츠빌라
심가
병산블루밍평창힐스
일성아파트
아방빌라
KEB하나
북악터널
정릉터널
내부순환도로
북악산로
평창문화로
명경
특종
B-OIL
평창20길
예능30길
해원사관

◎의료기관
◎버스정류장
◎지시점
◎주유소
◎고속터미널 교차로명
◎공공건물
◎상가·백화점건물
◎아파트(동)수
◎지번

S = 1/10,000
(1cm가 100m임.)
0 100 200 300m

17 18 19 20
33 34 35 36

貞陵洞
8
수유동
수유1동
정릉지구
국립공원관리사무소
북한산국립공원
중앙하이츠
정릉초등교
근린공원
풍림아이원
북한산국립공원
탐방안내소
도고빌라
대진운수
인산빌라
한남하이츠빌라
궁전빌딩
대우아파트
진안빌라
정릉하이츠빌라
노안정
피오레아파트
새마을금고 상가
상신빌라
산장아파트
국제빌라
정릉4동
한일유앤아이
원청창로교회
푸른아파트
웅진교통
영빈빌리지
성북제일교회
성북구
경국사
정릉4
정릉3동
정릉4동주민센터
벨엘교회
정릉터널
영원한도움의
성모수도회
국민대학군단
만국사
교육관
성곡도서관
북악관
조형관
청덕초등교
영진연립
정릉연립
신현빌딩
북한산국립
공원탐방지원센터
공학관
테니스장
본부관
과학관
청명그린빌라
국제관A
법학관
국민대학교
정릉생활관
국민대학교
국제관B
체육관
정릉종합
사회복지관
동우아파트
정릉동
국민대학교앞
종합복지관
경상관
명원민속관
강당
우라
7호관
영빈관
로얄하이츠빌라
고려대학교
사범대학부속중교
영락모자원
사랑교회
예술관
생활관
고려대학교
사범대학부속고교
정릉터널
호림관
내부순환도로
북악연립
정의관
중교별관
정릉3
동
스카이연립
종로구
현대스포츠빌라
진리관
평창동
평창동
북악교회
일신빌라
정릉3치안센터
벽산빌딩
성신프라자
대동황토아파트
정각선원
이화연립주택
정릉로얄빌라
도원교통
살의빌라
구암사
보현행원사
고려주택
용화사
보경사
그린빌라
스카이아파트
북악중교
정릉A
관음사
독신자숙소
운선암
북악사
블루힐아파트
상가
대덕사
전원빌라
청원빌라
마리아교육
선교수녀원
봉국사
대성사
영빈빌라
정릉연립
냉원주택
에덴빌라
홍법사
탐포리교회
성북동
성북동
북악산로
북악골프연습장
범례
고 속 국 도
시의상징(마크)
36
경찰서·치안센터
우체국·우편취급국
고 속 화 도 로
구의상징(마크)
소방서·119안전센터
도 서 관
주 요 도 로
동주민센터
대학교·학교
숙 박 시 설
19

彌阿 · 吉音洞

■ 찾아보기 ■

◎주요기관
삼양동우체국 ·············· G1
정릉동우체국 ·············· F6

◎동주민센터
길음1동주민센터 ·············· G4
길음2동주민센터 ·············· H5
돈암1동주민센터 ·············· H6
삼각산동주민센터 ·············· G3
송천동주민센터 ·············· H2
삼양동주민센터 ·············· G1
정릉2동주민센터 ·············· E6
정릉3동주민센터 ·············· D5
정릉4동주민센터 ·············· E4

◎학교
계성고등학교 ·············· G5
고대대학교사범대학부속중교 ·············· D4
고대대학교사범대학부속고교 ·············· D5
국민대학교 ·············· C4
길음초등교 ·············· F5
길음초등교 ·············· G4
길음중교 ·············· G3
대일외국어고교 ·············· F4
미아초등교 ·············· G4
미양초등교 ·············· F2
북악중교 ·············· D5
삼각산초등교 ·············· F3
삼각산중교 ·············· F3
삼각산고교 ·············· G3
삼양초등교 ·············· F1
서경대학교 ·············· H2
성암국제무역고교 ·············· H2
성암여중교 ·············· H2
숭덕초등교 ·············· F6
송천초등교 ·············· H3
영훈고교 ·············· H4
영훈국제중교 ·············· H3
영훈초등교 ·············· H4
정릉초등교 ·············· D2
창덕초등교 ·············· D4

◎기타
길음시장 ·············· G6
대지시장 ·············· G2
동경프라자 ·············· G6
동북프라자 ·············· G2
롯데하이마트 ·············· H2
미아시장 ·············· H6
정릉시장 ·············· E5

9
22
37

강북구
삼양동
미아동
미아뉴타운
삼각산동
송천동
길음동
길음1동
길음2동
정릉2동
정릉1동
돈암동
서경대학교
국민대학교
미아균형발전촉진지구
길음재정비촉진지구

S = 1/10,000 (1cm 가 100m 임.)

의료기관
버스정류장
지시점
주유소
고속터미널 교차로명
공공건물
상가·백화점건물
아파트(동)수
지번

8 9 10
19 20 21 22
35 36 37 38

彌阿·長位·下月谷洞

주요 지명·행정구역

강북구
번2동
번동
번3동
북서울꿈의숲
미아동
송중동
송천동
미아뉴타운
길음동
길음2동
길음1동
미아균형발전촉진지구
돈암동
종암동
성북구
장위1동
장위동
장위재정비촉진지구
월곡1동
월곡2동
하월곡동
상월곡동

주요 시설

현대빌라
동아하이츠빌라
신일해피트리
강북문화정보도서관
해모로아파트
한양아파트
솔그린아파트
북서울꿈의숲교회
현대아파트
완성아파트
장원아파트
동문아파트
북서울꿈의숲
강북우체국
화계초등교
성북교육지원청
KT 강북지사
미아교회
서울애화학교
조영빌딩
오동골프클럽
글래스파빌리온
미술관
문화광장
청운담원
월영지
꿈의숲아트센터
장녕위궁재사
천망대
초화원
오현초등교
코오롱하늘채
잠월지구
대명루첸
꿈의숲아이파크
은가리교회
미아119안전센터
도봉세무서
서울좋은병원
효성교회
꿈의숲효성해링턴플레이스
꿈의숲롯데캐슬
우미린아파트
장곡초등교
장위재정비촉진지구
성모의원
장위1
장위치안센터
미아뉴타운
영훈국제중교
비슷백화점
이랜드복합관
창문여중고교
대우푸르지오
월곡래미안
숭인초등교
오동근린공원
월곡초등교
숭인치안센터
래미안길음센터피스
이마트 미아점
한국씨티은행
롯데캐슬 클라시아아파트
길음재정비촉진지구
현대백화점(미아점)
성북우체국
성가복지병원
힐스테이트
서울도시과학기술고교
두산위브
동덕여자대학교
동신아파트
하월곡동
내부순환도로
현대아파트
돈암동
종암동
성북소방서
종암119안전센터
월곡2치안센터

범례

기호	설명	기호	설명	기호	설명
	고속국도		시의상징(마크)		경찰서·치안센터		우체국·우편취급국
	고속화도로		구의상징(마크)		소방서·119안전센터		도서관
	주요도로		동주민센터		대학교·학교		숙박시설

월계·석관동 23

月溪·石串洞

■ 찾아보기 ■

◎주요기관
강북문화정보센터 ········· B1
강북우체국 ················· A1
도봉세무서 ················· A2
미아동우체국 ··············· A3
번3동우체국 ··············· D1
석관동우체국 ··············· E5
성북교육지원청 ············· A1
성북구육아종합지원센터 ····· C6
성북도시관리공단 ··········· E6
성북소방서 ················· A6
성북우체국 ················· A5
성북구정보도서관 ··········· E6
월계3동우체국 ············· H2
월곡종합사회복지관 ········· C5
장위동우체국 ··············· F4
KT강북지사 ··············· A1
KT월곡지점 ··············· B6

◎동주민센터
길음2동주민센터 ··········· A5
돈암1동주민센터 ··········· A6
번3동주민센터 ············· D1
석관동주민센터 ············· G4
송중동주민센터 ············· B3
월계1동주민센터 ··········· G2
월계3동주민센터 ··········· H2
월곡1동주민센터 ··········· B4
월곡2동주민센터 ··········· D6
이문2동주민센터 ··········· H6
장위1동주민센터 ··········· D4
장위2동주민센터 ··········· F4
장위3동주민센터 ··········· F3

◎학교
광운초등교 ················· F2
광운대학교 ················· G2
광운인공지능고교 ··········· F2
광운중교 ··················· F2
남대문중교 ················· H3
동덕여자대학교 ············· C5
서울북공고교 ··············· B5
서울도시과기술고교 ········· A5
석관고교 ··················· H5
석관초등교 ················· F4
석관중교 ··················· H5
석계초등교 ················· H5
송중초등교 ················· A3
숭곡초등교 ················· B5
숭곡중교 ··················· D5
숭인초등교 ················· A1
서울애화학교 ··············· A1
선곡초등교 ················· F2
영훈초등교 ················· A4
영훈국제중교 ··············· A4
오현초등교 ················· D1
이문초등교 ················· G6
월곡초등교 ················· D5
월곡중교 ··················· D5
장곡초등교 ················· D3
장위초등교 ················· E4
장위중교 ··················· C4
정백초등교 ················· B2
창문여중교 ················· B4
한국예술종합학교(석관동캠퍼스) ·· F6
한천초등교 ················· H2
화계초등교 ················· A1

◎기타
롯데백화점(미아점) ········· A3
북서울꿈의숲 ··············· C2
선한이웃병원 ··············· G3
석관시장 ··················· G5
성가복지병원 ··············· A5
송곡시장 ··················· B5
숭인시장 ··················· A4
새석관시장 ················· E5
신라한방병원 ··············· G4
이마트(미아점) ············· A4
이마트(월계점) ············· G1
장계시장 ··················· E2
CGV ······················ A4
현대백화점(미아점) ········· A5

11
G 공릉1동
공릉동
61
노 원 구
월계동
월 계 3 동
월 계 1 동
월 계 2 동
장 위 3 동
장 위 2 동
장 위 1 동
석 계 역
석관동
이문동
동대문구
이 문 1 동
이문 2 동

의 료 기 관
버스정류장
지 시 점
주 유 소
고속터미널 교 차 로 명
공 공 건 물
상가·백화점건물
아파트(동)수
지 번

S = 1/10,000
(1cm 가 100m 임.)
0 100 200 300m

9 10 11 12
21 22 23 24
37 38 39 40

孔陵·墨洞

노원구
공릉2동
공릉1동
공릉동
월계3동
중랑구
묵동
묵1동
신내2동
봉화산 옹기테마공원
봉화산 근린공원
봉화산
상봉동
상봉1동
중화동
중화1동
중화2동
동대문구
이문동
이문2동
석관동
묵2동
화랑로
동부간선도로
태릉입구역
화랑대역
공릉역
월릉
봉화산역
태릉
중랑구립도서관
한천교
중랑천
범례
고속국도
고속화도로
주요도로
시의상징(마크)
구의상징(마크)
동주민센터
경찰서·치안센터
소방서·119안전센터
대학교·학교
우체국·우편취급국
도서관
숙박시설

新內洞

구 리 시
갈매동
갈 매 동
신내3지구
신내2지구
신내1동
양원지구
신내동
망우동
망우본동
북부간선도로
지하철6호선
중앙선
경춘북부선
중랑경찰서
서울의료원
육군사관학교
육군박물관
육사기념관
화랑관
화랑연병장
활쏘양궁장
봉화환승주차장
중랑소방서
신내19안전센터
진로아파트
(7단지)
화성두산아파트
(8단지)
진흥아파트
(9단지)
신내아파트
(10단지)
대명신내아파트
(11단지)
중랑구청
신내데시앙
동성아파트
(1,2차)
동성아파트
(3차)
원앙아파트
광남아파트
신내우디안
(1단지)
신내우디안
(2단지)
신내역시티
프라디움오피스텔
신내역시티
프라디움
신내역힐데스하임
신내차량기지
서울양원숲초교
LH서울양원1단지
금강펜테리움센트럴파크
중랑숲시티
프라디움
금호어울림
포레스트
송곡여중고교
송곡관광고교
양 원 역
송곡고교
중랑구
노인전문요양원
서울특별시북부병원
동원중교
경남아파트
동원초등교
이화여대병설미디어고교
영란여중교
금호어울림
해모로아파트
염광아파트
LIG중랑숲리가
새한아파트
석탑아파트
벽산아파트
미성아파트
라이프
중앙하이츠
신내초등교
경원아파트
영풍마드레빌
신내아트빌
우남푸르미아
성원아파트
태영대시앙
건영아파트
(1차)
신현초등교
중화초등교
중화동
갈매더샵나인
힐스아파트
새솔초등교
새솔유치원
구릉공원
배말공원
근린공원
신내
신내역
중랑경찰서
신내데시앙
플레스
하수처리장
서울의료원
동부아파트
신내동성당
경남어너스빌

의료기관
버스정류장
지시점
주유소
고속터미널
교차로명
공공건물
상가·백화점건물
아파트(동)수
지번
S = 1/10,000
(1cm 가 100m 임.)
0 100 200 300m
11 12 13
23 24 25
39 40 41

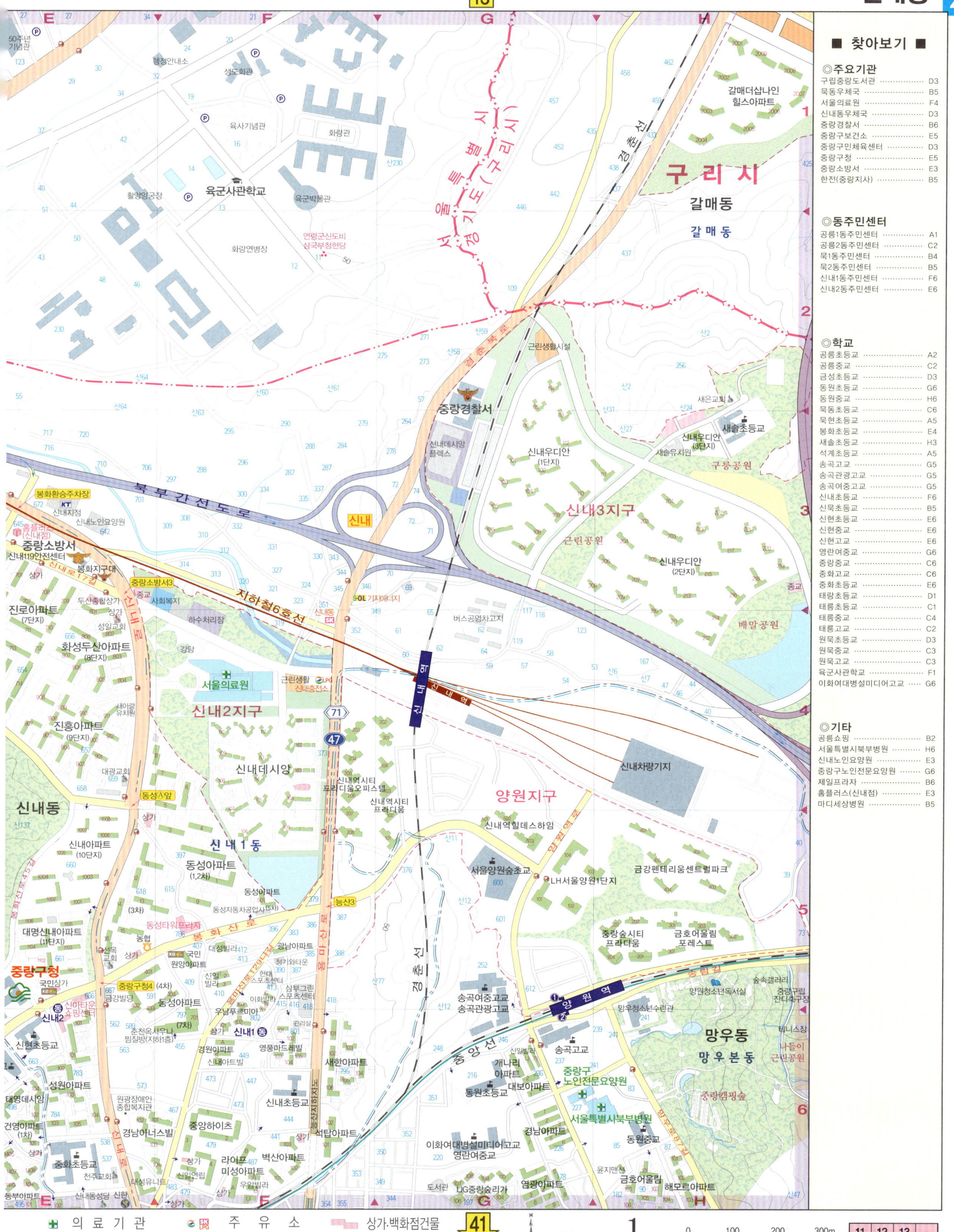

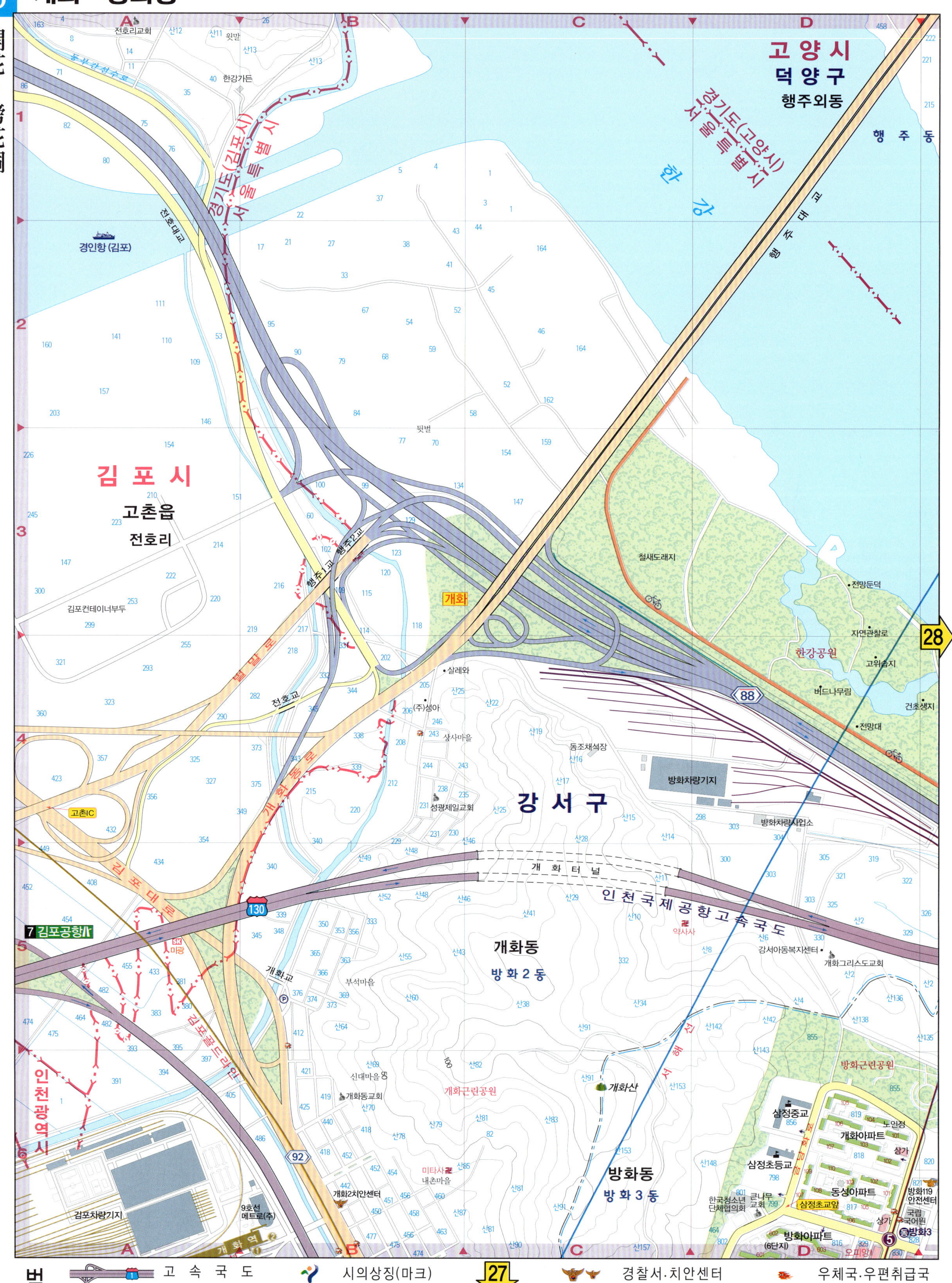
開花·傍花洞
전호리교회
윗말
한강가든
A B C D
고양시
덕양구
행주외동
경기도(고양시)
행주동
경인항(김포)
전호대교
경기도(김포시)
한강
뒷벌
김포시
고촌읍
전호리
철새도래지
개화
자연관찰로
고위출지
한강공원
버드나무림
건초생지
김포컨테이너부두
전망둔덕
전망대
전호교
살레와
(주)성아
산25
동조채석장
방화차량기지
상사마을
강서구
성광제일교회
방화차량사업소
고촌IC
개화터널
김포공항
김포공항
인천국제공항고속국도
개화교
개화동
방화2동
악사사
강서아동복지센터
개화그리스도교회
부석마을
신대마을
개화동교회
개화근린공원
개화산
방화근린공원
삼정중교
개화아파트
삼정초등교
동성아파트
인천광역시
방화119안전센터
방화동
한국청소년
단체협의회
방화3동
삼정초교앞
미타사
내촌마을
방화아파트
(6단지)
김포차량기지
9호선
메트로(주)
개화2치안센터
방화3

고속국도
고속화도로
주요도로
시의상징(마크)
구의상징(마크)
동주민센터
경찰서·치안센터
소방서·119안전센터
대학교·학교
우체국·우편취급국
도서관
숙박시설

傍花 · 空港洞

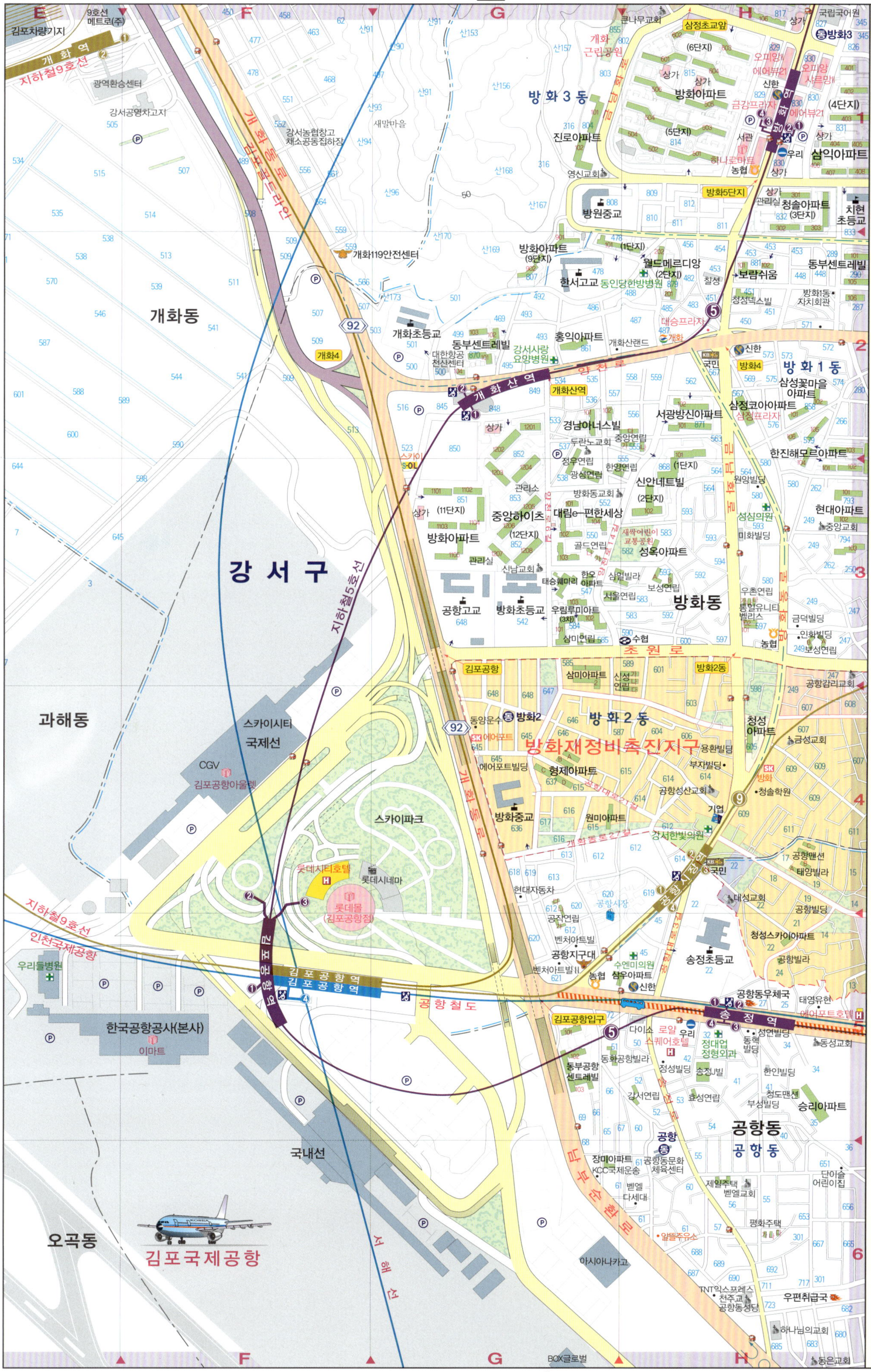

■ 찾아보기 ■

◎주요기관

◎동주민센터

◎학교

◎기타

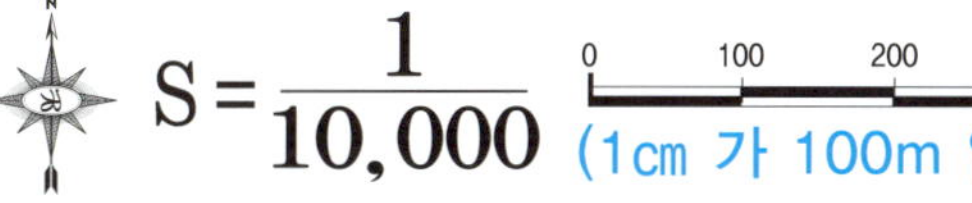

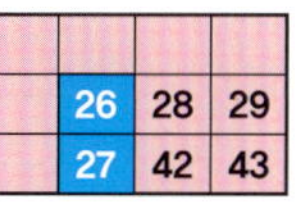

의료기관　버스정류장　지시점　주유소　고속터미널 교차로명　공공건물　상가·백화점건물　아파트(동)수　지번

S = $\dfrac{1}{10{,}000}$ (1cm 가 100m 임.)

26	28	29
27	42	43

행주외동
행주교회
사랑의동산어린이집
서원촌
행주산성로
관리소
대청문
권율장군동상
충훈정
행주동
행주내동
행주내동
부녀노인회
행주산성
덕양산
충의정
전시청
충장사
대첩기념관
대첩탑
대첩비행주산성
떡양정
진강정
9 북로분기점
77
26
건초생지
한강공원
경기도(고양시)·서울특별시
한강
다목적운동장
개화동
방화2동
강서습지생태공원
88
130
방화대교
인천국제공항고속국도
방화동
방화3동
방화근린공원
태영운수
축구장
8 88분기점
농구장
한강공원
강서구
김포교통
방화3파출소
방화동우체국
방화119안전센터
동일소위트리버
국립국어원
방화3
관리소
서광아파트
치현마을
삼익삼환아파트 치현교회
사로망케 (4단지)
마곡동
가양1동
서남물재생센터
올림픽대로
42

범례
고속국도
고속화도로
주요도로
시의상징(마크)
구의상징(마크)
동주민센터
경찰서·치안센터
소방서·119안전센터
대학교·학교
우체국·우편취급국
도서관
숙박시설

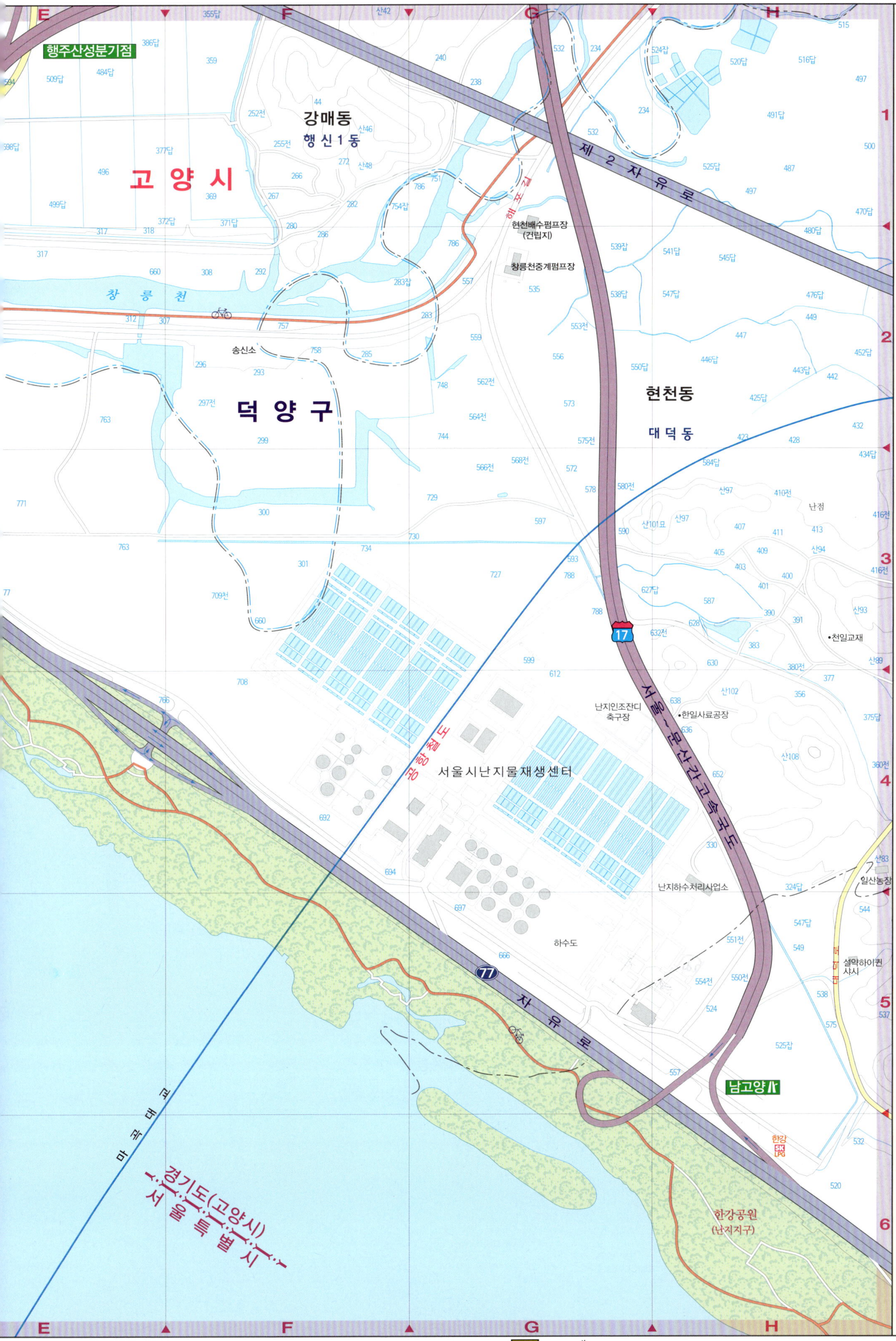

高陽市 玄川洞·內·傍花成

30

■ 찾아보기 ■

◎주요기관
방화동우체국 ·················· A6

◎동주민센터
방화3동주민센터 ··········· A6

◎기타
행주산성 ························· C2
서남물재생센터 ·············· C6
서울시난지물재생센터 ······ G4

고 양 시

덕 양 구

강매동
행신1동

현천동

대덕동

창릉천

제 2 자 유 로

행주산성분기점

현천배수펌프장
(건립지)

창릉천중계펌프장

송신소

난지인조잔디
축구장

서울시난지물재생센터

한일사료공장

난지하수처리사업소

하수도

설악하이킨
사시

일산농장

천일교재

남고양JC

한강

한강공원
(난지지구)

경기도(고양시)
서울특별시

의 료 기 관
버 스 정 류 장
지 시 점

주 유 소
고속터미널
공 공 건 물

상가·백화점건물
교 차 로 명
지 번

아파트(동)수

43

$S = \dfrac{1}{10,000}$

(1㎝ 가 100m 임.)

0 100 200 300m

26	28	29	30
27	42	43	44

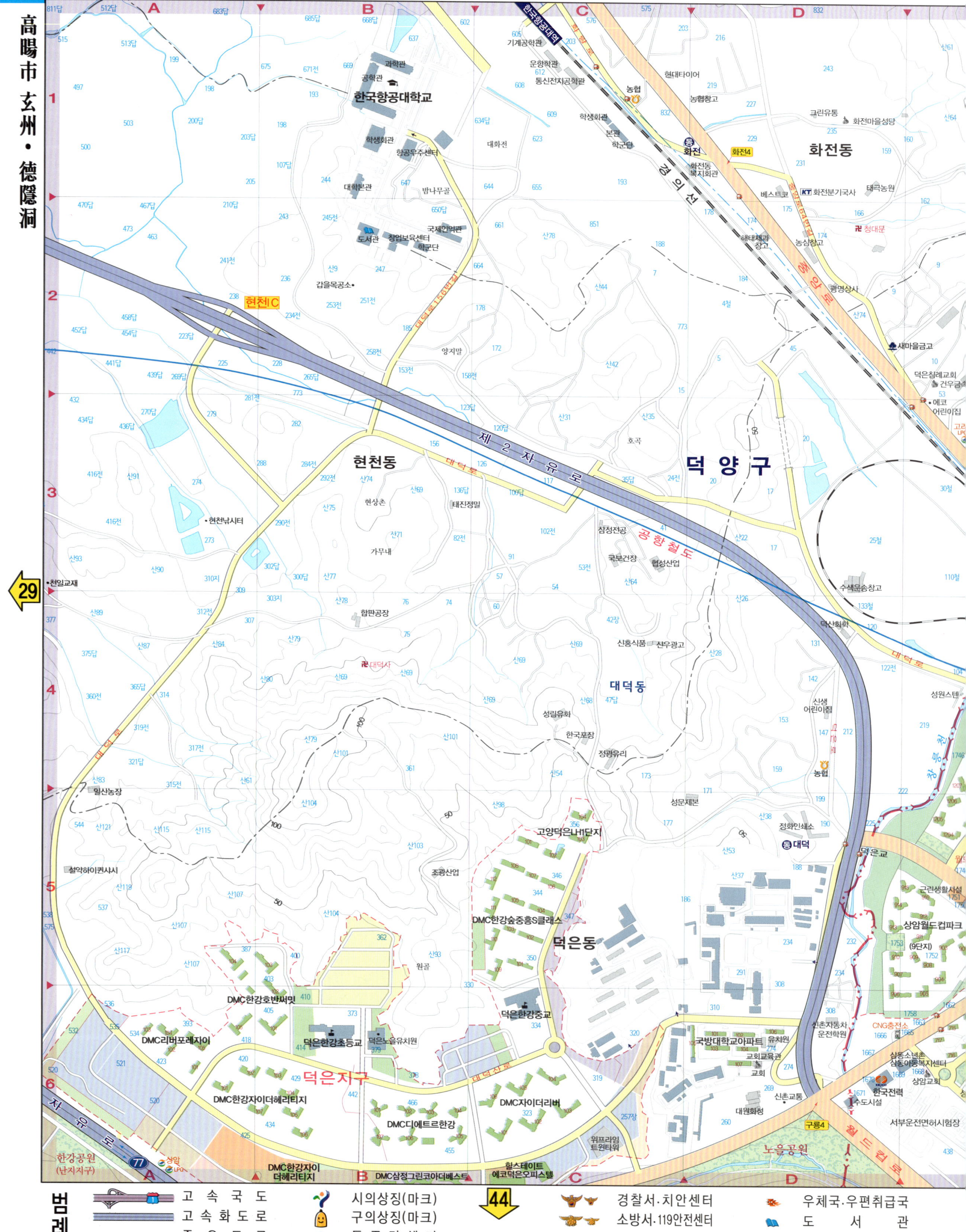
高陽市 玄州·德隱洞
한국항공대학교
과학관
공학관
학생회관
항공우주센터
대학본관
도서관
창업보육센터
국제인력관
학군단
현천IC
현천동
현상촌
가무내
합판공장
현천낚시터
천일교재
함산농장
설악하이퀸샤시
덕은지구
DMC한강호반써밋
DMC리버포레자이
DMC한강초등학교
덕은노을유치원
DMC한강자이더헤리티지
DMC디에트르한강
DMC삼정그린코아더베스트
한강공원
(난지지구)
대덕사
대덕동
대덕로
제 2 자 유 로
공 항 철 도
갑을목공소
양지말
태진정밀
심정전공
국보건장
협성산업
신흥식품
신우광고
한국포장
성림유화
정림유리
성문제본
고양덕은LH1단지
조광산업
DMC한강숲중흥S클래스
덕은동
원골
덕은한강중교
DMC자이더리버
힐스테이트
에코덕은오피스텔
덕 양 구
화전동
현대타이어
화전
화전4
베스트코
화전분기국사
KT
태극농원
청대문
새마을금고
덕은참례교회
건우금속
에코어린이집
광명상사
호곡
덕산화학
수색묘송창고
신생어린이집
농협
대덕
덕은교
성원스텐
정화인쇄소
상암월드컵파크
(9단지)
근린생활시설
신촌자동차운전학원
국방대학교아파트
유치원
교회교육관
교회
대원화정
위프라임타워원타워
신촌교통
상동소녀촌
상동아동복지센터
상암교회
한국전력
수도시설
서부운전면허시험장
노을공원
구룡4
월 드 컵 로
경 의 선
경 의 선
동 일 로
창 릉 천
자 유 로
범례
고 속 국 도
고 속 화 도 로
주 요 도 로
시의상징(마크)
구의상징(마크)
동 주 민 센 터
경찰서·치안센터
소방서·119안전센터
대학교·학교
우체국·우편취급국
도 서 관
숙 박 시 설

高陽市 香洞·上岩·水色洞

32

新紗·繪山·北加佐洞

고양시
덕양구
향동동
화전동

경기도(고양시)
서울특별시

고양시

신사동
신사 1동
신사 2동
역촌동
은평구

수색동
증산동
중산동
북가좌동
북가좌 1동
북가좌 2동
남가좌동
남가좌 2동

수색증산재정비촉진지구
가재울뉴타운

신사근린공원

범례

고속국도	시의상징(마크)
고속화도로	구의상징(마크)
주요도로	동주민센터
	경찰서·치안센터
	소방서·119안전센터
	대학교·학교
	우체국·우편취급국
	도서관
	숙박시설

■ 찾아보기 ■

◎주요기관

◎동주민센터

◎학교

◎기타

弘恩·弘濟洞

동·지명

홍은동
홍은1동
홍은2동
홍지동
신영동
홍제3동
홍제동
홍제2동
홍제1동
서대문구
옥인동
무악동
누상동
연희동

주요 시설·건물

북한산국립공원
인왕산자연공원
상명대학교 (서울캠퍼스)
상명대사대부속여중교
상명대사대부속초등교
중앙도서관
소프트웨어대학관
인문사회학과
자연과학대학관
학생회관
미술가정관 상명아트센터
세검정초등교
세검정우체국
세검정교회
세검정파출소
세검정성당
서울여자간호대학교
서울여자간호대학
홍은초등교
홍성교회
홍은교회
홍은파출소
홍은119안전센터
홍제초등교
홍제우편취급국
홍제파출소
홍제동우체국
홍제역해링턴플레이스아파트
홍제현대그린아파트
홍제원힐스테이트
홍제구역주택재건축정비사업
인왕중교
인왕산힐스테이트
인왕궁아파트
인왕산어울림
인왕산
한국투자증권
한국SGI
디지털서울문화예술대학교
고은초등교
무궁화연립
독립문
서부수도사업소
안산초등교
서대문세무서
서대문푸르지오센트럴파크아파트
한화아파트
한양아파트
김연심소아과의원
문화촌현대아파트
문화촌제일교회
문화촌동성교회
벽산아파트
태명아파트
풍림아파트(1차)
풍림아파트(2차)
두산위브
두산위브2차
유원아파트
울트라유원하나
성원아파트
국민주택
경일아파트
공무원아파트
현대아파트
홍제맨션
해성휴미리아파트
서울맨션
원일아파트
수도권광역급행철도(GTX-A)
내부순환도로
서울외곽순환도로

범례

	고속국도
	고속화도로
	주요도로
	시의상징(마크)
	구의상징(마크)
동	동주민센터
	경찰서·치안센터
	소방서·119안전센터
	대학교·학교
	우체국·우편취급국
	도서관
H	숙박시설

付岩 · 淸雲 · 三淸洞

■ 찾아보기 ■

◎주요기관
감사원 ·················· H4
국립민속박물관 ·········· G6
교원소청심사위원회 ······ H4
로마교황청대사관 ········ F5
삼청동우체국 ············ H5
한국SGI ················· B4
서대문세무서 ············ A4
세검정우체국 ············ D1
은평수도사업소 ·········· B5
시립정독도서관 ·········· H6
종로구보건소 ············ F6
중국대사관 ·············· F6
통의동우체국 ············ F6
한국교육과정평가원 ······ H3
한국금융연수원 ·········· H5
홍제동우체국 ············ A5
KT홍제지점 ·············· B2

◎동주민센터
가회동주민센터 ·········· H6
부암동주민센터 ·········· E3
삼청동주민센터 ·········· H5
청운효자동주민센터 ······ F5
홍은1동주민센터 ·········· B2
홍제1동주민센터 ·········· A4
홍제2동주민센터 ·········· B5
홍제3동주민센터 ·········· B3

◎학교
경기상고교 ·············· F4
경복고교 ················ F4
고은초등교 ·············· A5
배화여중교 ·············· E6
배화여자대학교 ·········· E6
상명대부속초등교 ········ C1
상명대부속여중고교 ······ C1
상명대학교(서울캠퍼스) ·· C1
서울여자간호대학교 ······ B2
서울농학교 ·············· E5
서울맹학교 ·············· E5
세검정초등교 ············ D1
안산초등교 ·············· B6
인왕초등교 ·············· A4
청운초등교 ·············· F5
청운중교 ················ F4
디지털서울문화예술대학교 · A5
홍은초등교 ·············· B2
홍제초등교 ·············· A3

◎기타
경남대학교극동문제연구소 ·· H5
경복궁 ·················· G6
국립현대미술관(서울관) ··· H6
옥인시장 ················ E6
인왕시장 ················ A3
환기미술관 ·············· E3

城北·明倫·惠化洞

성북구

성북동
성북동

정릉3동
정릉동
정릉2동

명륜동3가

명륜동1가

혜 화 동

삼청동
삼청동

종로구

혜화동

명륜동2가

가회동
원서동
와룡동

가회동

계동

종로1, 2, 3, 4가동

명륜동4가

동숭동
마로니에
공원

이화동

연건동

창경궁

창덕궁

재동

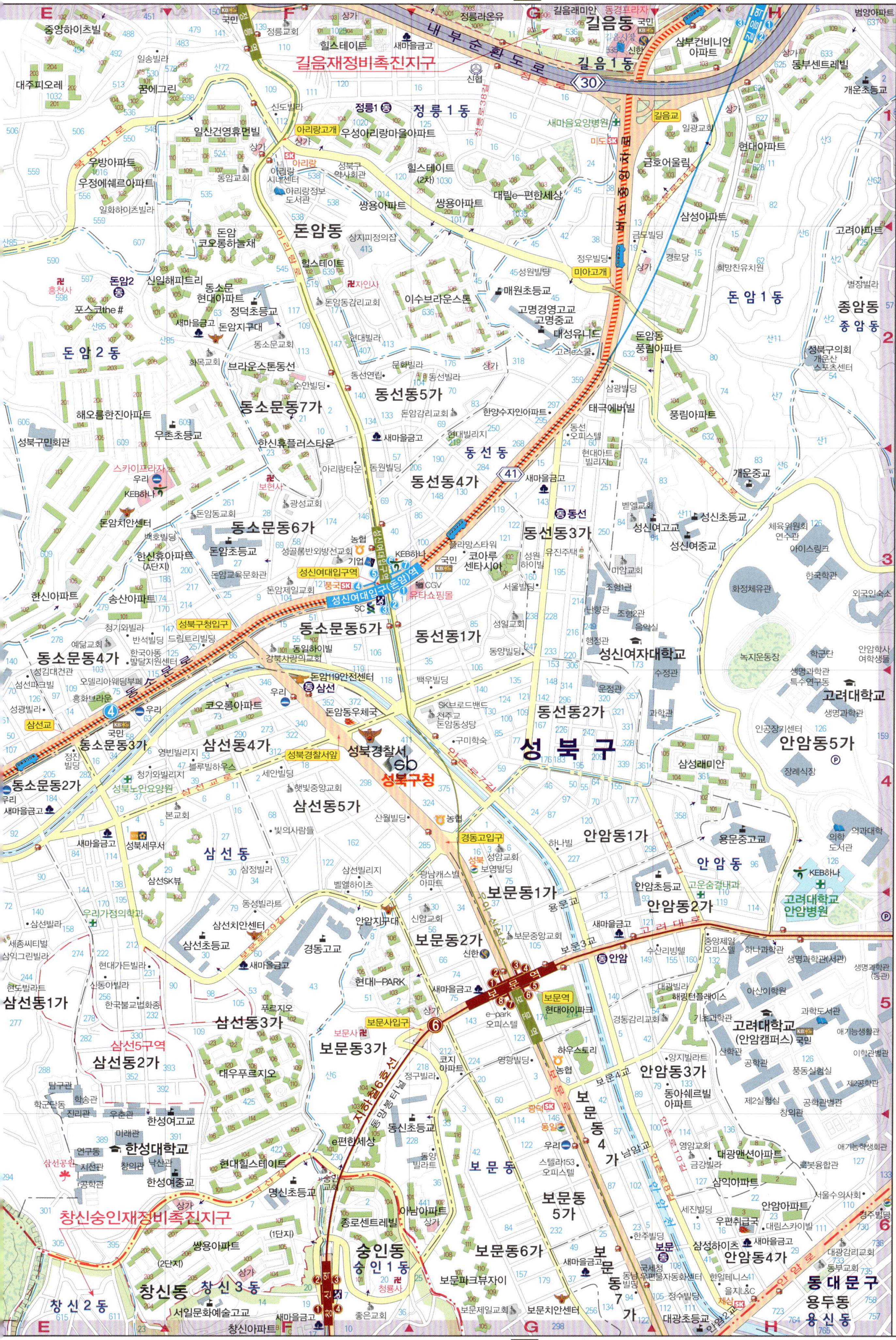

敦岩 · 東小門 · 三仙 · 安岩洞

■ 찾아보기 ■

◎주요기관

◎동주민센터

◎학교

◎기타

성북구

의료기관　주유소　상가.백화점건물
버스정류장　고속터미널 교차로명　아파트(동)수
지시점　공공건물　지번

鍾岩 · 祭基 · 淸凉里洞

성북구
종암동
하월곡동
월곡2동
월곡1동
청량리동
제기동
안암동5가
안암동
용두동
용신동

고려대학교(안암캠퍼스)
한국과학기술연구원
한국과학기술원(서울캠퍼스)
고려대역
안암역
청량리역

범례

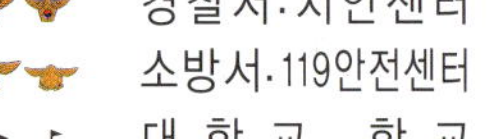

고속국도	시의상징(마크)	경찰서·치안센터	우체국·우편취급국
고속화도로	구의상징(마크)	소방서·119안전센터	도서관
주요도로	동주민센터	대학교·학교	숙박시설

里門·徽慶·典農洞

23 ↑

53 ↓

← 40 →

■ 찾아보기

◎주요기관

국유림관리소	D3
동대문구정보화도서관	D4
동대문노인종합복지관	E5
동대문종합사회복지관	B5
동대문세무서	D5
동대문경찰서	D5
동부교육지원청	F6
산림과학관	D3
성북구보건소	C1
성북소방서	A1
이문동우체국	G2
제기동우체국	C6
종암경찰서	B1
종암동우체국	B2
청량리우체국	D6
청소년수련관	E5
한국국방연구원(KIDA)	C3
한국과학기술산업연구원	D4
한국과학기술정보연구원	D4
한국농촌경제연구원	E3
한국산업인력관리공단	H5
휘경동우체국	F4

◎동주민센터

이문1동주민센터	H2
이문2동주민센터	G1
제기동주민센터	C6
종암동주민센터	B2
청량리동주민센터	C4
회기동주민센터	F4
휘경1동주민센터	H3
휘경2동주민센터	H4

◎학교

개운초등교	A1
경희대학교	E2
경희중고교	E3
경희중고교	F3
고려대학교(안암캠퍼스)	A4
개운초등교	A1
배봉초등교	H6
삼육보건대학교	G4
삼육초등교	D4
서울사대부설중교	C3
서울사대부설고교	C3
서울시립대학교	F5
성일중교	B6
숭례초등교	B3
이문초등교	G1
일신초등교	C2
전곡초등교	F6
전농중교	F6
전동초등교	G6
전일중교	F6
정화여중상고교	C5
종암초등교	A6
종암중교	B3
청량초등교	F3
청량중고교	E4
한국외국어대학교	F2
해성여중교	F6
해성국제컨벤션고교	F6
홍릉초등교	D4
홍파초등교	C5
휘경초등교	F5
휘경여중교	H5
휘경여고교	H5
휘경중교	G5
휘경공업고교	H5
휘봉초등교	H5
휘봉고교	H5

◎기타

경희의료원	E3
경동시장	C6
고려대학교안암병원	A4
고려시장	B2
웨딩헤너스	G4
롯데백화점(청량리점)	D6
삼육의료원서울병원	H4
서울성심병원	E5
성북중앙병원	B2
시조사	E4
우신향병원	A5
이경시장	H3
청량성모병원	E5
청량리시장	D6
청량리청과물시장	C6
한국의약품시험연구소	C5
홍릉	D4
휘경시장	F4

S = $\frac{1}{10,000}$ (1cm 가 100m 임.)

0 100 200 300m

21	22	23	24
37	38	39	40
51	52	53	54

의료기관 　 주유소 　 상가·백화점건물
버스정류장 　 고속터미널 교차로명 　 아파트(동)수
지시점 　 공공건물 　 지번

中和·上鳳·面牧洞

24
이문2동
이문동
현대아파트
푸르지오아파트
리버센SKVIEW롯데캐슬
이화교
중화동
중화재정비촉진지구
중화2동
중화역
중화119안전센터
중화1동
중화1
상봉1동
상봉동
상봉중교
건영아파트
LG아파트
쌍용아파트
태영데시앙
건영개스빌
망우역
상봉역
중랑역
중랑구
상봉2동
상봉균형발전촉진지구
상봉터미널
코스트코(상봉점)
동일로114길
망우로
망우로36길
서울시체육회
중랑교
면목초등교
면목본동
겸재로
동일로
봉우재로
면목2동
면목2차안전센터
중랑초등교
중랑노인종합복지관
47
면목5동
한신아파트
효성아파트
겸재로
면목동
면목본
면목1치안센터
휘경동
휘봉초등교
휘경공업고교
전농중교
61
겸재교
휘경2동
한국산업인력공단
전농중교
서울가든아파트
동대문구
면목라온프라이빗
면목5동
중랑구생활체육회
장안동
장안2동
서울지방경찰청
제2기동단
장안교
장안지하차도
사가정중앙로
면목3·8
까치공원
지하철7호선
녹색병원
면목동우체국
면목7동
사가정역
용마한신5차
두산아파트
홈플러스(면목점)
39
54

범례
고속국도
고속화도로
주요도로
동주민센터
시의상징(마크)
구의상징(마크)
경찰서·치안센터
소방서·119안전센터
대학교·학교
우체국·우편취급국
도서관
숙박시설

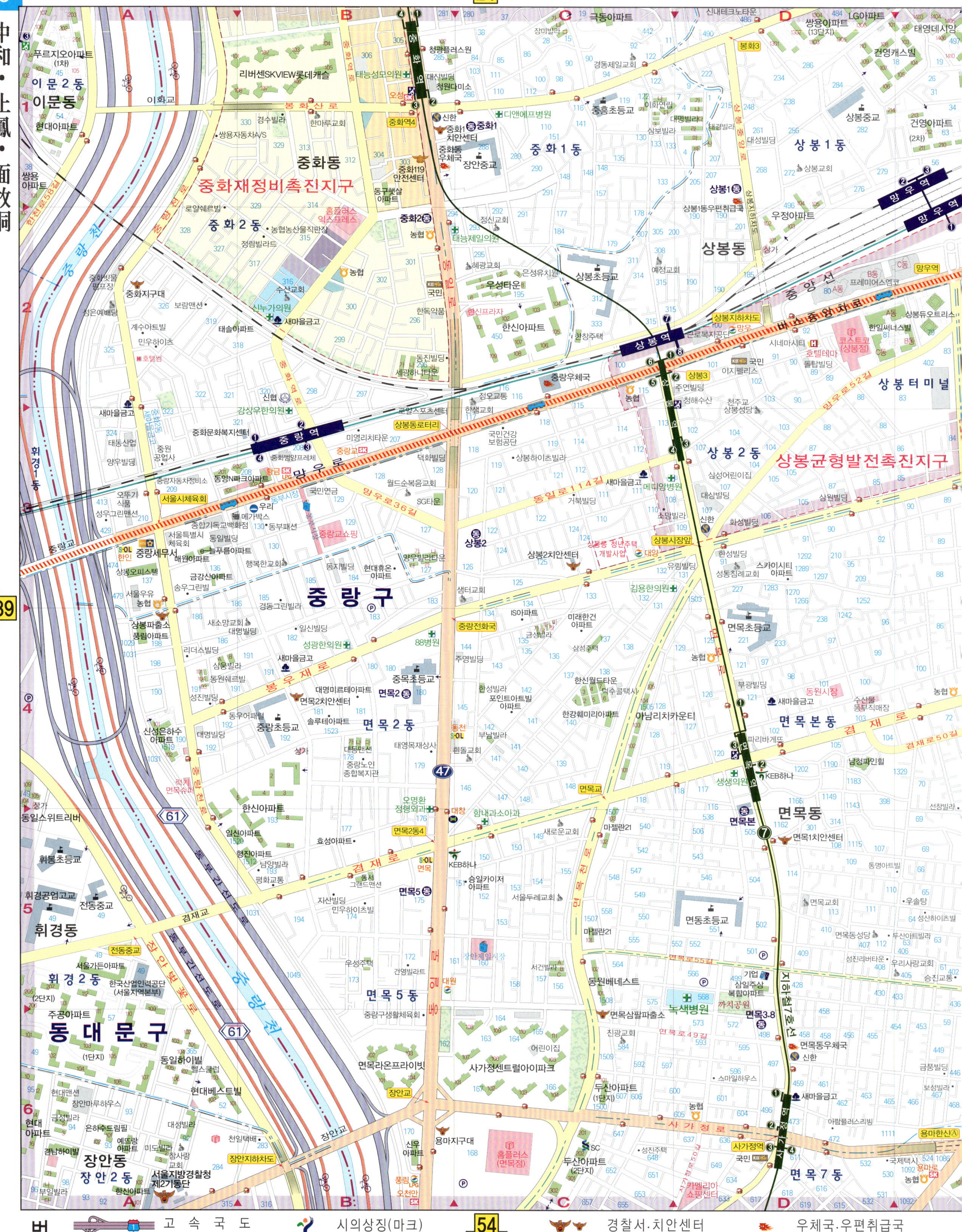

新內·忘憂洞

■ 찾아보기 ■
◎주요기관
경찰수사보안연구소 ········· A5
망우본동우체국 ············· F1
면목동우체국 ··············· D6
면목7동우체국 ············· C6
서울지방경찰청제2기동단 ··· C6
중랑문화체육관 ············· E6
중랑우체국 ················· C2
중화동우체국 ··············· B1
한국산업인력관리공단 ······· C6

◎동주민센터
망우본동주민센터 ··········· G1
망우3동주민센터 ············ E3
면목본동주민센터 ··········· D4
면목2동주민센터 ············ B4
면목3·8동주민센터 ·········· D6
면목5동주민센터 ············ B5
상봉1동주민센터 ············ D1
상봉2동주민센터 ············ C3
중화1동주민센터 ············ C1
중화2동주민센터 ············ B2

◎학교
망우초등교 ················· G2
면동초등교 ················· D5
면목초등교 ················· D4
면목중교 ··················· E6
면목고교 ··················· E5
면북초등교 ················· G3
면일초등교 ················· F3
면중초등교 ················· E6
봉화중교 ··················· G2
상봉초등교 ················· C2
상봉중교 ··················· D1
서일대학교 ················· F5
영란여중교 ················· G1
이화여대병설미디어고교 ····· G1
장안중교 ··················· C1
전동초교 ··················· A5
중랑초등교 ················· B4
중목초등교 ················· B4
중화초등교 ················· E1
중화중교 ··················· E5
중흥초등교 ················· C1
혜원여중고교 ··············· E3
휘경공고교 ················· A5
휘봉초등교 ················· A5

◎기타
녹색병원 ··················· D5
대명프라자 ················· E1
동부제일병원 ··············· H1
메디앙병원 ················· G1
용마랜드 ··················· G3
이마트(상봉점) ············· E2
장안제일시장 ··············· C5
중랑교쇼핑 ················· B3
코스트코(상봉점) ··········· D2
홈플러스(면목점) ··········· C6

신내·2동
신내1동
신내동
망우본동
망우동
망우3동
중랑구
면목3·8동
구리시
교문동
교문1동
아천동
용마터널
망우초등교
망우119안전센터
면북초등교
면일초등교
용마공원
용마랜드
용마골프클럽
서일대학교
서일대뒷산공원
망우공원
면목고교
중화중교
면목중교
면중초등교
혜원여중고교
동부제일병원
중랑캠핑숲
이화여대병설미디어고교
영란여중교
경남아파트
해모로아파트
금호어울림
용마로
망우로
망우리공원
망우리공원묘지

傍花·空港·麻谷洞

서남물재생센터

마곡동

가양1동

방화3동
방화1동
방화2단지
신방화4
방화동
방화1동
방화재정비촉진지구
강서구
공항동
공항동

마곡지구

호수공원
습지생태공원
서울식물원
식물문화센터
가드닝문화체험원

양 천 로
공 항 철 도
지하철 5호선
공 항 대 로

마곡나루역
마곡역

LG사이언스파크
LG사이언스파크

발산1동
외발산동

강서농수산물도매시장

加陽 · 登村洞

29

■ 찾아보기 ■

◎주요기관
가양동우체국 ·············· G3
가양종합사회복지관 ·········· H4
강서구민올림픽체육센터 ······ G5
강서구우체국 ·············· E3
강서구청소년회관 ·········· F6
강서노인종합복지관 ·········· G6
강서구정보도서관 ·········· G6
강서청소년회관 ············ F6
등촌동우체국 ·············· G6
서남물재생센터 ············ C1
한국가스공사 ·············· F6
KT가양지점 ··············· E4

◎동주민센터
가양1동주민센터 ············ F3
가양2동주민센터 ············ G3
등촌3동주민센터 ············ G6
방화1동주민센터 ············ A3
방화3동주민센터 ············ A1

◎학교
가곡초교교 ··············· E6
강서공고교 ··············· A1
경복비즈니스고교 ··········· H6
경복여고교 ··············· G6
공진초등교 ··············· G4
공진중교(폐교) ············· G4
공항초교 ················· A5
공항중교 ················· A5
동양초등교 ··············· F3
동양고교 ················· G3
동원초등교 ··············· G5
등명초교 ················· F5
등명중교 ················· F5
등촌고교 ················· F5
마포중교 ················· H5
성재초교 ················· F3
송화초교 ················· A3
세민정보고교 ·············· A3
영등포공고교 ············· E3
영등포공교 ··············· G3
유석초교 ················· G4
정곡초교 ················· B1
치현초교 ················· A1
탑산초교 ················· H4

◎기타
강서송도병원 ·············· F6
뉴베뉴지웨딩 ·············· E5
등촌자동차매매단지 ········· G4
서서울모터리움 ············ G4
한성자동차종합단지 ········· G4
킴스마트(가양점) ··········· H4
홈플러스(가양점) ··········· H6
KBS스포츠월드 ············· G6
NC백화점(강서점) ·········· E5
SBS공개홀 ················ G4

44

의료기관　주유소　상가·백화점건물
버스정류장　고속터미널 교차로명　아파트(동)수
지시점　공공건물　지번

S = 1/10,000 (1cm 가 100m 임.)
0　100　200　300m

26	28	29	30
27	42	43	44
60	61	62	

44
등촌동
登村洞
30

A B C D

고양시
덕은지구
덕은동
DMC한강자이
더헤리티지아파트
DMC디에트르한강아파트
DMC자이더리버아파트
워프라임
트윈타워
힐스테이트
에코덕은오피스텔
DMC한강에일린의뜰
DMC삼정그린코아더베스트
가양대로
519
520

경기도(고양시)
서울특별시
상암
난지국궁장

노을공원
마포구
마포

폐쇄형늪지
생태습지원

한강

가양대교

난지캠핑장
70
강변북로
침출수처리장

43

난지야구공원

난지한강공원

중앙잔디광장
조각공원

가양2동
강변아파트
(3단지)
화곡

강변물놀이장

한강

가양A
(6단지)
가양아파트
상가
가양동
공암나루
근린공원
가양아파트
(8만지)
대봉유치원
상가
가양초교앞
가양초등교
가양7종합
사회복지관
세현고교
가양프라자
경서중교
가양3
가양종합상가
가양테크노
타운
가양3동
축구장
가양빗물
펌프장
강나루현대아파트
상가
보광드림타운
우방아파트
강서구청
(가양동별관)
가양아파트
(9-1단지)
관리소
가양레포츠센터
88
현대
프린스텔
라인아파트
한일물류센터
강서구청별관입구
강서구립
가양도서관
성은교회
강변샤르빌
트리비하우스
에이스에이존
오피스텔
강서구
449
가양9단지
염창공원
염창동
대양
골프연습장
가양아파트
(9-2단지)
양천로61길
벽산블루밍아파트
월드메르디앙
하연창
산30
청소차고지
염창동
등촌동
강서소방서
등촌119안전센터
등촌마을
서광아파트
대양
LPG
가양6-9단지
우림블루나인
비즈니스센터
우리
강변한솔솔파크
삼천리아파트
올림픽대로
우성아파트
시니어스가양타워
댄스타
엔지니어링
두산위브
센티움
농협
하이마트
강변골프연습장
빗물펌프장
신원아파트
청림오피스텔
우성아파트
동하루상가
코다칼라
이래현상소
금호아파트
상가
길훈아파트
신동아
아파트
(2차)
우성아파트
성원아파트
동아아파트
보람아파트
대림아파트
신도그랑피아
등촌
코오롱오투빌
전주교
동신동성교
대동아파트
(1차)
태영
아파트
동원빌라
(1차)
동아아파트
(1차)
코오롱아파트
상가
동성연립
동원맥슨
등촌제일교회
예성그린캐슬
62

범례
고속국도
고속화도로
주요도로
시의상징(마크)
구의상징(마크)
동주민센터
경찰서·치안센터
소방서·119안전센터
대학교·학교
우체국·우편취급국
도서관
숙박시설

上岩 · 城山島

31

찾아보기

◎ 주요기관
가양종합사회복지관	A5
강서구청(가양동별관)	A5
강서소방서	A6
서부운전면허시험장	E1
조정면허시험장	E5
한국지역난방공사	E2
한국해양수산개발원	G1

◎ 동주민센터
가양3동주민센터	A5
상암동주민센터	H1
등촌1동주민센터	A6

◎ 학교
구세군서울후생학교	G2
가양초등교	A5
경서중교	A5
상암초등교	G1
상지초등교	E1
상암중교	F1
세현교	B5
염강초등교	B5

◎ 기타
마포농수산물시장	H4
상암월드컵주경기장	H3
월드컵공원	F3
이마트(가양점)	B6
홈플러스(월드컵점)	H3

46

의료기관 · 버스정류장 · 지시점 · 주유소 · 교차로명 · 고속터미널 · 상가·백화점건물 · 아파트(동)수 · 공공건물 · 지번

$$S = \frac{1}{10,000}$$

(1cm 가 100m 임.)

0 100 200 300m

29	30	31	32
43	44	45	46
61	62	63	64

北加佐 · 南加佐 · 城山洞

은평구

증산동
중산동

북가좌2동

남가좌동

북가좌1동

남가좌1동

남 가 좌 1 동

중동

성산2동

성산동

성산1동

마포구

서교동

서 교 동

동교동

망원동

망 원 2 동

망 원 1 동

마포구청

마포구청역

성산역

마포구의회

延禧 · 新村 · 滄川洞

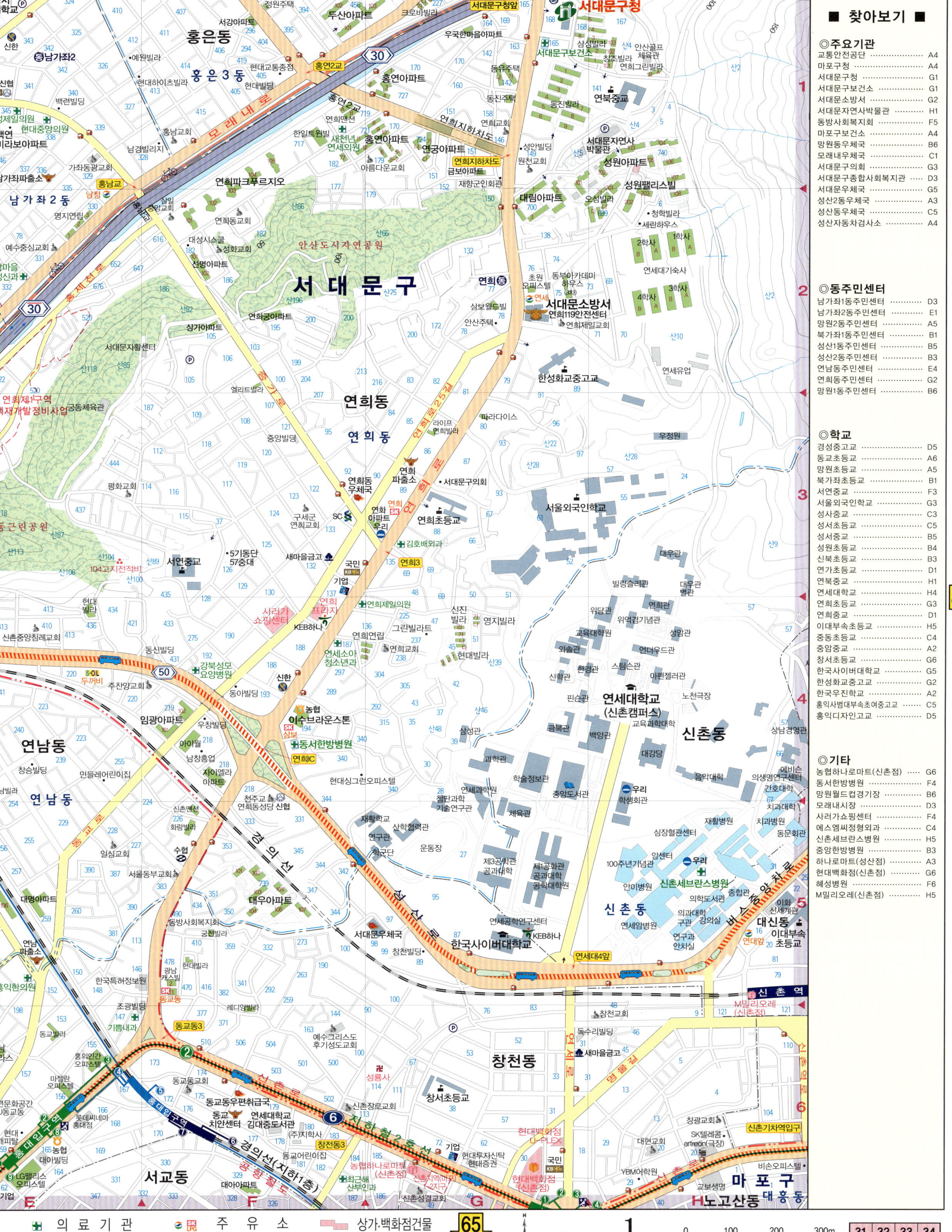

33
30
E F G H

■ 찾아보기 ■

◎주요기관
교통안전공단 ……… A4
마포구청 …………… A4
서대문구청 ………… G1
서대문구보건소 …… G1
서대문소방서 ……… G2
서대문자연사박물관 … H1
동방사회복지회 …… F5
마포구보건소 ……… A4
망원동우체국 ……… B6
모래내우체국 ……… C1
서대문구의회 ……… G3
서대문구종합사회복지관 … D3
서대문구청 ………… G5
성산2동우체국 …… A3
성산동우체국 ……… C5
성산자동차검사소 … A4

◎동주민센터
남가좌1동주민센터 … D3
남가좌2동주민센터 … E1
망원2동주민센터 …… A5
북가좌1동주민센터 … B1
성산1동주민센터 …… B5
성산2동주민센터 …… B3
연남동주민센터 …… E4
연희동주민센터 …… G2
망원1동주민센터 …… B6

◎학교
경성중고교 ………… D5
동교초등교 ………… A6
망원초등교 ………… A5
북가좌초등교 ……… B1
서연중교 …………… F3
서울외국인학교 …… G3
성사중교 …………… C3
성서초등교 ………… C5
성서중교 …………… B5
성원초등교 ………… B4
신북초등교 ………… B3
연가초등교 ………… D1
연북중교 …………… H1
연세대학교 ………… H4
연희초등교 ………… G3
인창중교 …………… D1
이대부속초등교 …… H5
중동초등교 ………… C4
중앙중교 …………… A2
창서초등교 ………… G6
한국사이버대학교 … G5
한성화교중고교 …… G2
한국우진학교 ……… A2
홍익사범대부속초여중고교 … C5
홍익디자인고교 …… D5

◎기타
농협하나로마트(신촌점) …… G6
동서한방병원 ……… F4
망원월드컵경기장 … B6
모래내시장 ………… D3
사러가쇼핑센터 …… F4
에스엠씨정형외과 … C4
신촌세브란스병원 … H5
중앙한방병원 ……… B3
하나로마트(성산점) … A3
현대백화점(신촌점) … G6
혜성병원 …………… F6
M밀리오레(신촌점) … H5

48
65

의 료 기 관
버스정류장
지 시 점
주 유 소
고속터미널 교차로명
공공건물
상가·백화점건물
아파트(동)수
지 번

S = 1/10,000
0 100 200 300m
(1cm 가 100m 임.)

31 32 33 34
45 46 47 48
63 64 65 66

현저·대현·북아현동
峴底·大峴·北阿峴洞
누상동
무악동
무 악 동
홍제동
홍제2동
연희동
연 희 동
안산초등교
삼성래미안
대한노인회 서대문복지회
대한민국임시정부기념관
1호매점
현대 PARK
현대아파트(임대)
행촌동
광화문 아트룸
한국생산 과학자료원
세란병원
무악
T PARK
현대아파트
한성과학고교
독립문파크빌
중앙시 역사관
농구장
주차장
서대문독립공원
3.1운동기념탑
순국선열추념탑
독립관
서재필동상
현저동
봉원사
봉원동
지하철 3호선
대신중고교
독립문앞
대성맨션
독립문극장
독립문 교고가차도
교남동 교남
교남파출소 경희궁자이
부귀빌딩
독립문 교통안내센터 강북회궁자이
독립문 중앙교회
교남동 동아 아파트
돈의문뉴타운
홍파동 교 남 동
금화터널
천연동
영천동
관리소
천연
상가
독립문삼호아파트
대한안경사협회
석교교회
새마을금고 금화초등교
옥천동 동명여중교
구세군 아파트 삼경 광화빌라
서대문 노인종합복지관
천연뜨란채
천연동
감리교신학대학교
서대문감리교회
서대문구
동부센트레빌
냉천동
신촌동
새천년관
국제학사
이대행정관 이화학당
동부센트레빌
경기초등교 인창중고교
경기대학교 (서울캠퍼스)
충정로2가
대선교회
이산공학관
대신동
이화여대부속 금란고교
한양빌라트 비버리힐아파트
건일테크빌
제일빌라
정우빌라 우리
교육관
제중학사
언어연구교육원
상담경영관
메우관
신 촌 동
아주빌딩 한솔빌딩
북아현아파트(4차)
한우리집(기숙사)
북아현교회
충현
화신아파트
우민아파트
현대빌라
안무학사
LG빌리지 K8P텔
경서교회
서교교회
한국기독교 장로회서울교회연합회
경기빌딩
충정로2가
에비슨 의생명연구센터
간호대학 치과대학
하늬솔빌딩
공학관 연구관
대현동
종합사회복지관
추계초등교
청사관 과학관
문영센스빌
서현교회
충 현 동
SC
현대아파트 골든타워
신촌세브란스병원
치과병원 동문회관
이화여대부속 금란교회
신한 A
학생회관
이형관 공관
법학관
새마을금고
독계관 추계
중앙 예술대학교
북아현 치안센터
동보빌라
아산캠퍼스역 미동아파트 신학대학교
이화상성 문화교육관
이화S.K 텔레콤관 생활환경관
동창회관
종합과학관
본관 헬렌관
북아현힐스테이트
여중고교 서별관
지초센 동아일보사 우리
프랑스 대사관
대학관
이화여자대학교
중앙도서관
운동장
경 의 선
충정로3가
경남아파트
건영빌라
한국예술원
이화여대대학원 전도협의 이대부속 기숙사
대학원 부속유치원
음악대학
예술관
북아현맨션
북아현동
충정빌딩 신한일빌라 엘림넷빌딩 삼창빌딩
국제교육원 100주년 박물관
대학교회
입학관 경영관
북아현재정비촉진지구
KT
아현지점
신촌 역
M밀리오레
신촌
록키프라자 상가
럭키아파트
한성중고교
구세군아현교회
아현실내문화센터
아현성당
지하철 2호선
경기대입구역
충정타워빌딩 (선거관리위원회)
두산아파트
북성유치원 북성초등교
연세대학교 재활학교
북아현
북아현 3단지
아현동성당
삼일가구공예사
신촌가
신촌GAIA 오피스텔 영타운
신현교회 퀸즈하우스
대신초등교 서부교육지원청
북아현e편한세상 4단지
아현중앙교회
이노센트 충정로3
충정로
아현동
노고산동 대흥동 대 흥 동
APM쇼핑몰
국민
신촌기차역입구
농협 신촌우체국
중우빌딩 연세외치과
이 대 역
이대역
염리동
상업용지 어린이집
마포더클래시 2단지
북아현e편한세상 1단지
아현중앙교회
서울서부보호관찰소
아 현 역
아현2동
복음용지 아현동우체국
신 촌 로
아현뉴타운
청소년경찰학교
아현산업 정보학교
아현중교
아현뉴타운
아현동
삼성사이버빌리지
봉래초등교
만리동2가
염리동
염 리 동
상업용지
마포더클래시 2단지
아현초등교
노고산동
아 현 1 동
삼성, 대우

범례
고속국도
고속화도로
주요도로
동주민센터
시의상징(마크)
구의상징(마크)
경찰서·치안센터
소방서·119안전센터
대학교·학교
우체국·우편취급국
도 서 관
숙박시설

■ 찾아보기 ■

◎주요기관
경복궁 … G1
경찰청과학수사과 … E4
경향신문사 … F3
광화문우체국 … G3
덕수궁 … G4
도시철도건설본부 … F5
대한민국역사박물관 … G2
대한상공회의소 … F5
미국대사관 … G2
방송통신위원회 … G2
보신각 … H3
서대문경찰서 … E4
서부교육지원청 … B6
서울복지재단 … E3
서울시교육청 … E3
서울시의회 … G4
서울신문사 … G4
서울지방경찰청 … F2
서울지방국세청 … H2
서울지방국토관리청 … F4
서울역사박물관 … F3
국세청 … G2
서울특별시청 … G4
세종문화회관 … G2
신촌우체국 … A6
외교통상부 … G2
일본대사관 … G2
정부서울청사 … G2
조선일보사 … G3
종로경찰서(공사중) … H2
종로도서관 … E1
종로소방서 … G2
종로구청 … G2
중부등기소 … F4
중앙우체국 … H5
한국경제신문사 … E5
한국관광공사 … H3
한국사회과학도서관 … E2
한국일보사 … H2
한국전력공사(서울지역본부) … E2
헌법재판소 … H1
KT아현지점 … D5
KT중앙지사 … H5

◎동주민센터
가회동주민센터 … H1
교남동주민센터 … D2
무악동주민센터 … C1
북아현동주민센터 … C6
사직동주민센터 … E1
소공동주민센터 … G5
신촌동주민센터 … A6
천연동주민센터 … D3
충현동주민센터 … C4
회현동주민센터 … G6

◎학교
감리교신학대학교 … D3
경기대학교(서울캠퍼스) … D4
배화여자대학교 … E1
이화여자대학교 … B5
정화예술대학교 … H5
추계예술대학교 … C5

◎기타
강북삼성병원 … E3
국립고궁박물관 … G1
국립현대미술관(서울관) … H1
뉴오리엔탈호텔 … H5
남대문시장 … G6
롯데백화점(본점) … H4
롯데마트(서울역점) … H4
롯데영플라자 … H5
롯데호텔 … H5
명동밀리오레 … H5
M프라자 … H5
베스트웨스턴뉴서울호텔 … G3
삼익패션타운 … G5
서머셋호텔 … H2
서울광장 … G4
서울시립미술관 … E3
서울역사박물관 … F3
서울적십자병원 … E4
샤보이호텔 … H5
신세계백화점 … H5
M밀리오레(신촌점) … A5
이비스엠버서더명동호텔 … H4
웨스턴조선호텔 … H4
정동극장 … F4
코리아나호텔 … G3
퍼시픽호텔 … H5
프라자호텔 … G4
프레지던트호텔 … G4
호암아트홀 … F5
호텔렉스 … H6
호텔롯데 … H4
APM쇼핑몰 … A6
MESA … G5

의료기관
버스정류장
지시점
주유소
고속터미널
공공건물
상가·백화점건물
교차로명
지번
아파트(동)수

S = 1/10,000 (1cm 가 100m 임.)
0　100　200　300m

33 34 35 36
47 48 49 50
65 66 67 68

범례

기호	설명
	고 속 국 도
	고 속 화 도 로
	주 요 도 로
	시의상징(마크)
	구의상징(마크)
	동 주 민 센 터
	경찰서·치안센터
	소방서·119안전센터
	대 학 교 · 학 교
	우체국·우편취급국
	도 서 관
	숙 박 시 설

昌信 · 崇仁 · 新堂洞

37
69
52

■ 찾아보기 ■

◎주요기관
국립의료원 D4
남대문세무서 A4
대한적십자사 A5
도로교통공단 H4
동대문도서관 H2
동대문등기소 H1
동대문우체국 H2
서울노인복지센터 A2
서울시균형발전추진본부 A5
서울지방노동청 A4
서울청소년수련관 B4
종로경찰서 A2
종로구민회관 F2
종로구보건소 F2
종로세무서 A2
중구구민회관 D3
중구도서관 E6
중구문화원 A4
중구보건소 F4
중구청 C5
중부경찰서 B5
중부교육지원청 D3
중부소방서 F4
중부세무서 B5
선거연구원 C2
한국인포서비스 G2
한국전력(중부지점) A5
헌법재판소 A1
혜화경찰서 C2
KT혜화지사 D1
YMCA A3
YWCA A4

◎동주민센터
광희동주민센터 D4
명동주민센터 A5
숭인1동주민센터 F1
숭인2동주민센터 G2
신당1동주민센터 F5
신당4동주민센터 F6
신당5동주민센터 G4
신당6동주민센터 G5
을지로동주민센터 B4
왕십리도선동주민센터 H4
이화동주민센터 D1
장충동주민센터 E5
종로1,2,3,4가동주민센터 B2
종로5·6가동주민센터 D2
창신1동주민센터 F3
창신2동주민센터 E2
창신3동주민센터 F1
필동주민센터 C5
황학동주민센터 G4

◎학교
동국대학교 D6
숭의여자대학교 A6
열린사이버대학교 A2
한국방송통신대학교 D1

◎기타
고궁호텔 C2
국립중앙의료원 D4
뉴천지호텔 D4
동대문쇼핑타운 E3
동대문시장 D3
동서울병원 H1
동묘 G2
두산타워 E3
로얄호텔 A4
마리아병원 H2
명동성당 A5
매일경제신문사 B5
밀리오레 E3
베스트웨스턴도호텔 C4
사보이호텔 A5
삼성제일병원 C5
서울대학교병원 C1
서울백병원 A4
세종호텔 A5
센트럴호텔 B3
신라호텔 D6
앰배서더서울풀만호텔 D5
영빈호텔 A5
유투존 A5
장충체육관 D6
종묘 B1
창덕궁 B1
퍼시픽호텔 A6
풍물시장 H2
프린스호텔 A5
CGV피카디리1958 ...... B3
한국의집 B5
허리우드클래식·페인터즈히어로 A2

성북구
종로구
신설동
동대문구
용신동
상왕십리동
황학동
왕십리뉴타운
왕십리도선동
신당동
무학동
중 구
신당5동
동화동
성 동 구
하왕십리동
왕십리2동
행당동
행당2동
금호동1가
금호1가동
금호동2가
금호2가동
광희동2가
을지로7가
신당동
다산동
청구동

의료기관
버스정류장
지시점
주유소
고속터미널 교차로명
공공건물
상가·백화점건물
아파트(동)수
지번

S = 1/10,000 (1cm 가 100m 임.)
0 100 200 300m

35 36 37 38
49 50 51 52
67 68 69 70

龍頭·馬場·杏堂·沙斤洞

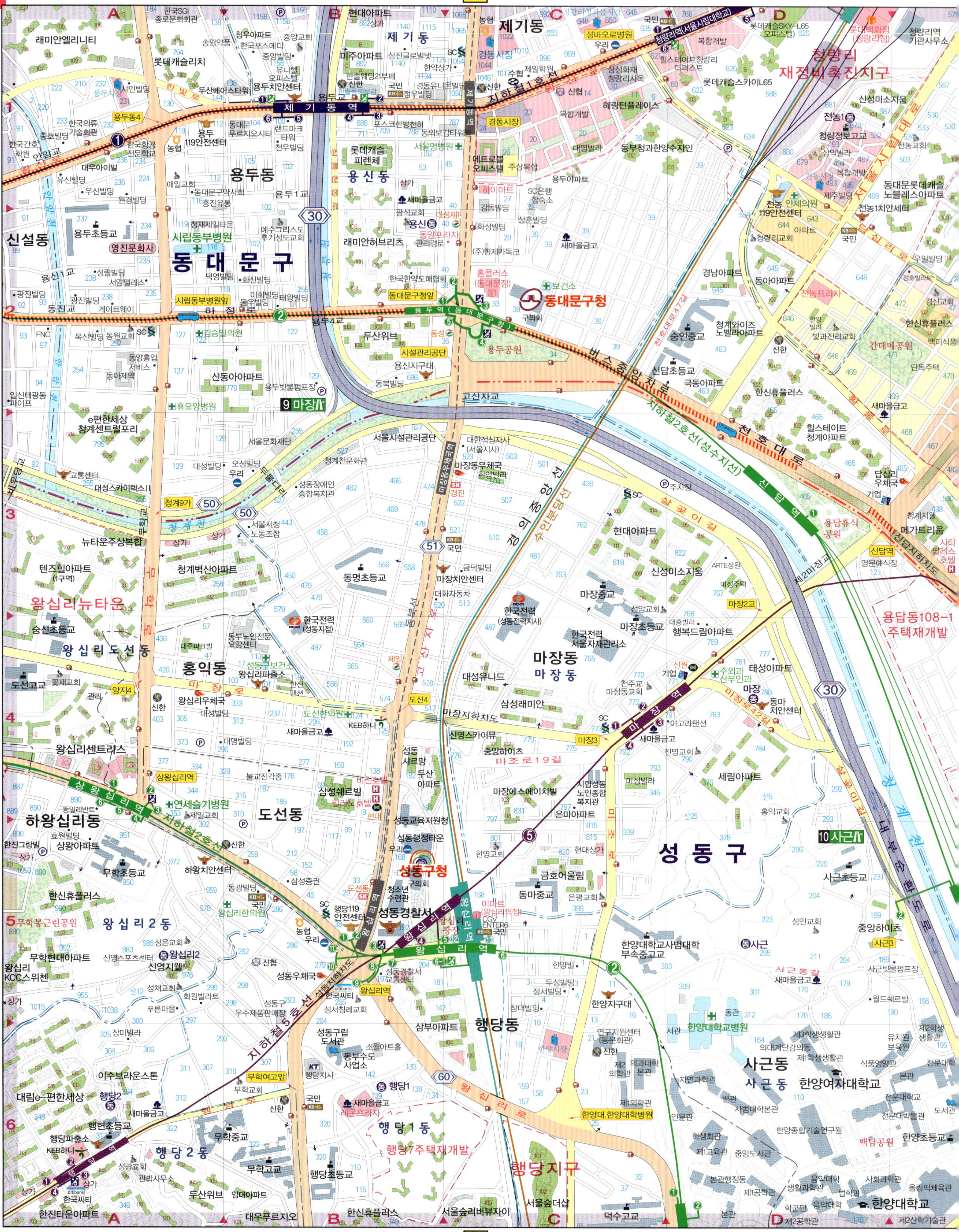
38
51
70
동대문구
성동구
용두동
제기동
용신동
신설동
마장동
홍익동
도선동
하왕십리동
왕십리도선동
왕십리2동
행당동
행당1동
행당2동
사근동
동대문구청
성동구청
성동경찰서
한양대학교
한양여자대학교
한양대학교병원
청량리 재정비촉진지구
왕십리뉴타운
행당지구
용답동108-1 주택재개발
행당7주택재개발
제기동역
용두역(동대문구청)
신답역
마장역
상왕십리역
왕십리역
행당역
한양대역
청계천
천호대로
왕십리로
마조로
고산자로
사근동길
살곶이길
용답휴식공원
간데메공원
용두공원
무학봉근린공원
백남공원
9 마장
10 사근

범례

	고속국도		시의상징(마크)		경찰서·치안센터		우체국·우편취급국
	고속화도로		구의상징(마크)		소방서·119안전센터		도서관
	주요도로		동주민센터		대학교·학교		숙박시설

典農 · 踏十里 · 長安 · 龍踏洞

■ 찾아보기 ■

39
71
54
S = 1/10,000 (1cm 가 100m 임.)
의료기관　주유소　상가.백화점건물
버스정류장　고속터미널 교차로명　아파트(동)수
지시점　공공건물　지번
0 100 200 300m
37 38 39 40
51 52 53 54
69 70 71 72

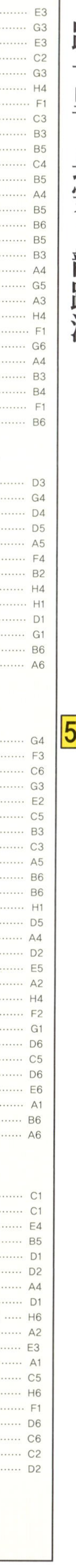

長安·面牧·中谷洞

동대문구
장안동
장안1동
장안2동
장안3동
장안4동
답십리1동
답십리2동
성동구
송정동
군자동
능동
용답동
중랑구
면목동
면목4동
면목5동
면목7동
광진구
중곡동
중곡1동
중곡2동
중곡3동
중곡4동
용마폭포공원
국립정신건강센터
서울지방경찰청 제2기동단
군자역
면목교
장평교
사가정로
천호대로
동부간선도로
용마산로
고구려로
홈플러스(면목점)
두산아파트
현대힐스테이트
장안힐스테이트
장안래미안
코리아병원
새서울병원
용마초등교
용곡초등교
중마초등교
안평초등교
장평초등교
중곡초등교
용곡중교
용마산역
중곡역
군자역
답십리로
면목7치안센터
중곡3파출소
장안2파출소

범례
고속국도
고속화도로
주요도로
동주민센터
시의상징(마크)
구의상징(마크)
경찰서·치안센터
소방서·119안전센터
대학교·학교
우체국·우편취급국
도서관
숙박시설

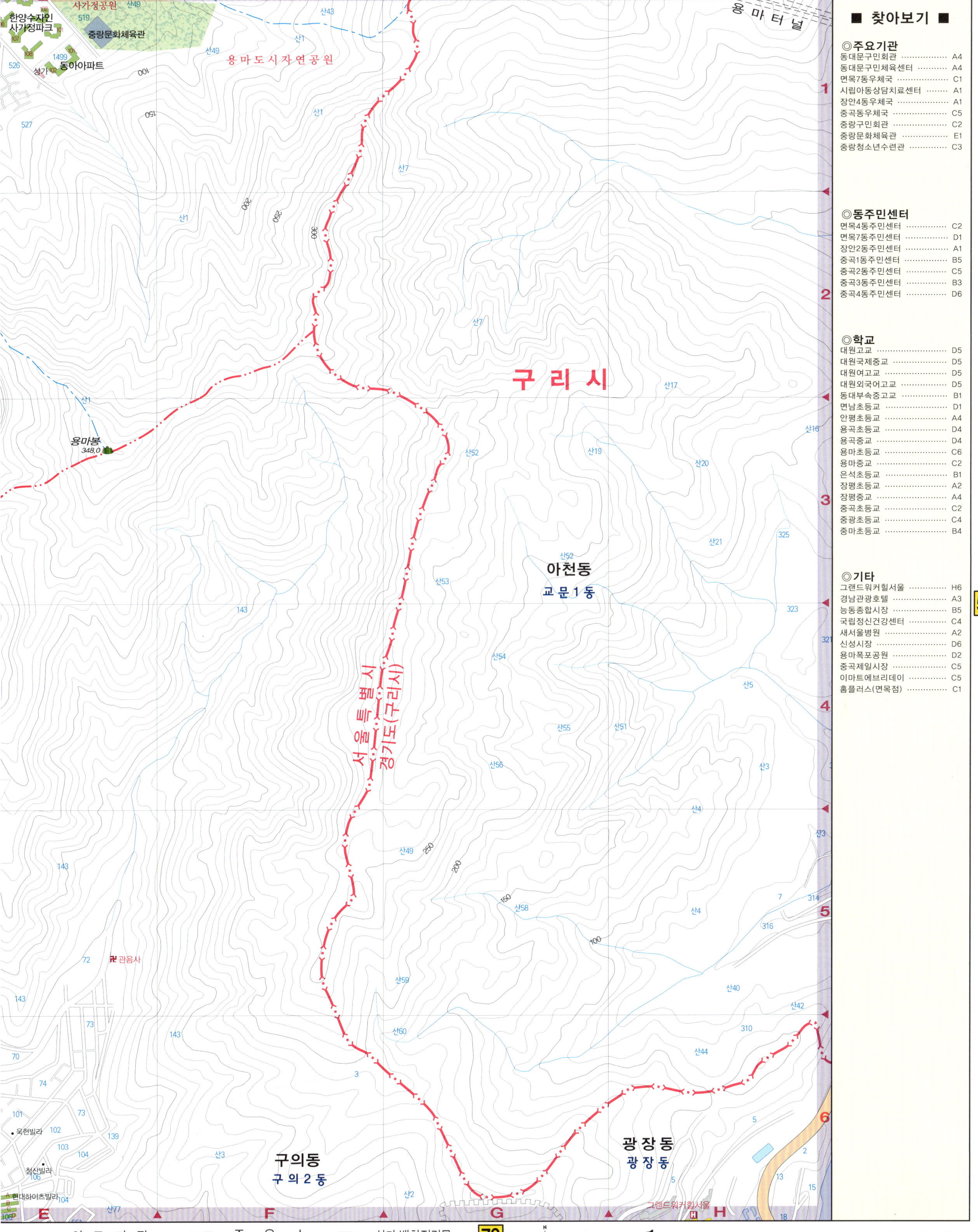

구리시 아천동 55
九里市 峨川洞

■ 찾아보기 ■

◎주요기관
동대문구민회관 ············· A4
동대문구민체육센터 ········· A4
면목4동우체국 ············· C1
시립아동상담치료센터 ······· A1
장안4동우체국 ············· A1
중곡동우체국 ············· C5
중랑구민회관 ············· C2
중랑문화체육관 ············· E1
중랑청소년수련관 ············· C3

◎동주민센터
면목4동주민센터 ············· C2
면목7동주민센터 ············· D1
장안2동주민센터 ············· A1
중곡1동주민센터 ············· B5
중곡2동주민센터 ············· C5
중곡3동주민센터 ············· B3
중곡4동주민센터 ············· D6

◎학교
대원고교 ············· D5
대원국제중교 ············· D5
대원여고교 ············· D5
대원외국어고교 ············· D5
동대부속중고교 ············· B1
면남초등교 ············· D1
안평초등교 ············· A4
용곡초등교 ············· D4
용곡중교 ············· D4
용마초등교 ············· C6
용마중교 ············· C2
은석초등교 ············· B1
장평초등교 ············· A2
장평중교 ············· A4
중곡초등교 ············· C2
중랑초등교 ············· C4
중마초등교 ············· B4

◎기타
그랜드워커힐서울 ············· H6
경남관광호텔 ············· A3
능동종합시장 ············· B5
국립정신건강센터 ············· C4
새서울병원 ············· A2
신성시장 ············· D6
용마폭포공원 ············· D2
중곡제일시장 ············· C5
이마트에브리데이 ············· C5
홈플러스(면목점) ············· C1

구 리 시
아천동
교문1동
용마봉 348.0
서울특별시
경기도(구리시)
구의동
구 의 2 동
광장동
광장동

한양수자인 사가정파크
사가정공원
519
중랑문화체육관
용마도시자연공원
동아아파트
관음사
욱현빌라
청산빌라
대하이츠빌라

41
56
73

의료기관
버스정류장
지시점
주유소
고속터미널 교차로명
공공건물
상가·백화점건물
아파트(동)수
지번

S = 1/10,000 (1cm 가 100m 임.)

0 100 200 300m

39 40 41
53 54 55 56
71 72 73 74

九里市 峨川洞

A B C D
교문동
교문2동
용 마 터 널
구 리 터 널
코스모스길3
명당
코 스 모 스 길
구 리 시
아천
아천동교회
교문1동
아치울길
마을회관
SK LPG 심원
아천동
43
GS챔피언스파크
동사골
우미내
아천 S-OIL
산성마을
경기도(구리시)
서울특별시(강동구)
한 강
구 리 암 사 대 교
주차장
축구장
야구장
리틀야구장
야구장
암사
암사전시관
암사선사주거지
문화재보호구역
선사유물전시관
암사재활원
암사2동
한강공원
(광나루지구)
선사마을
88
암사동
광 진 구
광장동
광장동
현대한강아파트
선사초등교
신암
신암교회
포스파크
신암중교
신흥빌리지

범례
고 속 국 도
고 속 화 도 로
주 요 도 로
시의상징(마크)
구의상징(마크)
동 주민센터
경찰서·치안센터
소방서·119안전센터
대학교·학교
우체국·우편취급국
도 서 관
숙 박 시 설

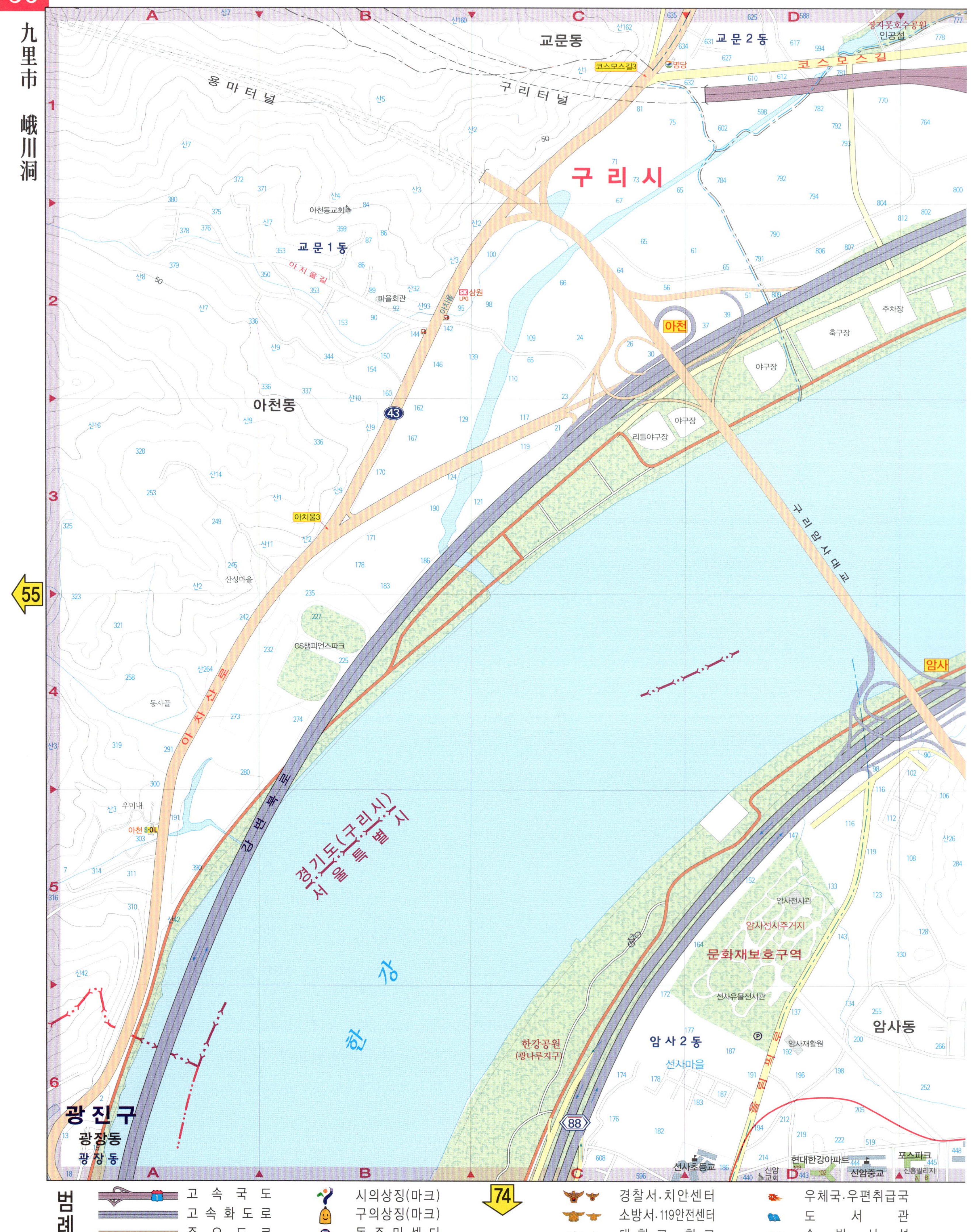

九里市 土坪·岩寺·高德洞

■ 찾아보기 ■

◎주요기관
서울장애인종합복지관 …… G6
시립노인복지관 …………… G6
시립아동복지관 …………… G6
암사재활원 ………………… D6

◎동주민센터
고덕1동주민센터 ………… H6

◎학교
명덕초등교 ………………… G6
명일중교 …………………… G6
묘곡초등교 ………………… H6
배재중고교 ………………… H6
서울시특별시동부기술교육원 … G6
선사초등교 ………………… D6
신암중교 …………………… D6
암사고교 …………………… E6

◎기타
암사선사주거지 …………… D5

58

코스모스길
토평동
수택3동
토평3
남구리IC
강변북로
한강문치꽃단지
유채 코스모스
구리한강공원
잔디광장
한강감시단비행장
세종포천고속도로
고덕토평대교
지하철8호선
한 강
경기도(구리시)
서울특별시
고덕수변
생태공원
88
올 림 픽 대 로
고덕근린공원
강 동 구
고덕동
고덕1동
고려기업
영풍빌딩
정광빌딩
고덕래미안힐스테이트
동자근린공원
청강빌딩
우라
상가
현대PARK
암사3동
두레공원
묘곡초등교
대우아파트
상가 신한
아남아파트
까치공원
고덕파출소
고덕1동
서울장애인
고일어린이집
고덕119
안전센터
상록아파트
(공무원아파트)
상가
현대홈타운
명덕초등교
명일중교
현대아파트
암사역사공원
한양큰린아파트
현대타운
유치원
롯데캐슬퍼스트
관리동
서울특별시
동부기술교육원
천주시립아동복지관 서울장애인
명일동성당 종합복지관 배재중교
배재고교
송림
근린공원
선사
고교
신동아빌라트
목화파크빌
양재대로156길

의 료 기 관
버스정류장
지 시 점
주 유 소
고속터미널 교차로명
공공건물
상가·백화점건물
아파트(동)수
지 번

75
S = 1/10,000
(1cm 가 100m 임.)
0 100 200 300m

41
55 56 57 58
73 74 75 59

高德·江一洞

구리시
토평동
수택3동
경기도(구리시)
서울특별시
하남시
미사변
경기도(하남시)
서울특별시
한강
강동대교
올림픽대로
가래여울길
88
246
근린공원
서울고덕강일보금자리
130 123
124 121
서울강빛초등교
강빛중교
168 129 112 120
180 170 55
고덕수변생태공원
199 173 119 113
강동구음식물
재활용센터
3단지 175 199 200
강일동 강일동
강일리버스트
힐스테이트리슈빌강일
(4단지)
아리수로93다길
아이메디컬
골드프라자
(8단지)
(7단지)
관리소
(6단지)
(2단지)
망원천 근린공원
근린공원
검사고
강동고덕
고덕빗물
펌프장
휴네시온사옥
100
수도권제1순환고속국도
관리소 상가 강일지구
(1단지) (4단지)
관리소 (3단지)
강일리버파크
관리소
금화사
시립강동
청소년수련관
강동견인차량보관소
우리교회푸스코다음
강일파출소
강일우체국
강일리슈빌
(6단지)
CNO충전소
검사고
고덕차량기지
고덕차량사업소
고덕시설사업소
이카운트사옥
세종포천고속국도
강동구
고덕강일제일풍경채
고덕리엔파크
강일2지구
(2단지)
강동공영차고지
강일리버파크
임마누엘교회
가스 공급시설
(8단지)
29
고려지업
샘터근린공원
고덕2동
인조잔디축구장
강일동입구
주차빌딩
(1단지)
번영교통
고덕1동
고덕동
한우리교회
동명근린공원
새마을금고
고덕2
동광교회
고덕초등교
천주교
고덕동성당
SK
정광빌딩
상가
고덕중교
고덕초등교
현대I'PARK
서울컨벤션고교
강덕초등교
동명근린공원
대양교회
서울수림교회
주차빌딩
방축근린공원
한국구화학교
우성재단
고덕그라시움
보라성교회
상록아파트
(공무원아파트)
온조대왕
문화체육관
고덕평생학습관
동협 고덕푸르지오
상일동역
대한연세요양원
치하철5호선
강일역
단독주택
능골근린공원
상일동역
고덕아르테온
상일동
상일1동
상일2동
강명중교
5
지하철5호선

범례
고속국도
고속화도로
주요도로
시의상징(마크)
구의상징(마크)
동주민센터
경찰서·치안센터
소방서·119안전센터
대학교·학교
우체국·우편취급국
도서관
숙박시설
59

■ 찾아보기 ■

◎주요기관
고덕사회체육센터	H2
고덕평생학습관	A6
주몽재활원	G3
상일동우체국	H3
시립강동청소년수련관	H3
한국시각장애인복지관	H2

◎동주민센터
강일동주민센터	D4
고덕2동주민센터	B5
상일1동주민센터	G2

◎학교
강동초등교	B6
강동고교	F2
강명초교	H1
고덕초등교	C5
고덕중교	B5
고일초등교	H2
광문고교	A5
상일미디어고교	H3
상일초등교	H3
상일여중교	H2
주몽학교	G3
한국구화학교(우성원)	A6
한영외국어고교	F3
한영중고교	F2
한국구화학교	A6

◎기타
강동권역공영차고지	D5
강동아트센터	F2
경희대학교병원	F1
이마트(명일점)	E1

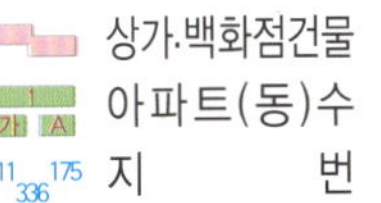

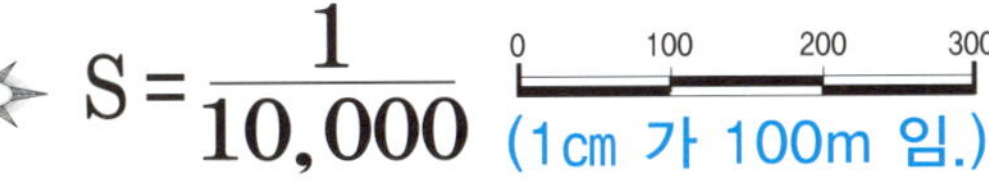

外鉢山 · 新月洞

42
76

A B C D

공항이주단지
고추마을동
마곡지구
마곡동
연구036
연구037
가곡초등교
발산119
안전센터
우장산공원입구
내발산동
명덕여고교
명덕외국어고교
명덕고교
명덕여중교
서일빌딩
보람아파트
수협냉장창고
청과물동
강서농수산물도매시장
수명초등교
미래클유치원
발산1동
예림아파트
에스빌아파트
태승훼미리아파트
수명산태승벨리체
새마을금고
농협
나래빌딩
미즈메디병원
대림빌딩
까치
홍진빌딩
발음교회
발산동우체국
국민
낙원아파트
영생교회
트럭판매동
원동기면허시험장
1차기능시험장
강서운전면허시험장
강서운전면허시험장
수명고교
수명중교
외발산동
다동
한독교동
이태리식당
나동
기숙사
가동
메이필드호텔
본관
휘트니스센터
마곡수명산파크
발산지구
수명중학교
발산파출소
경신교회
수명산근린공원
덕원중교
덕원예술고교
덕원여고교
마곡수명산성당
발산초등교
강서구
한서아파트
화곡보건경영고교
동광빌딩
수산오성아파트
금강아파트
태승훼미리아파트
화곡중교
화곡고교
덕현타워빌
발산천주교회
천사양로원
희훈리치ה 파트
제왕연립
신일골드빌
한일상가
초록아파트
청솔아파트
프라임팰리스
화곡동푸르지오아파트
상가
롯데캐슬
수명산SKVIEW
신동아파밀리에2단지
수명산동원그린시아
화곡3동
수산동우아파트
화곡3동어린이집
제이월드아파트
강신초등교
신월5동가정복지관
초광연립
학생체육관
강서분myeon
제일아파트
신도브래뉴
성산연립
반도연립
강서양천
육지원청
수명산태승훼미리아파트
서울특별시
경기도(부천시)
선주연립
수명아파트
재현연립
신월5동
신월중교
신화중교
대성주택
아이디에스
장흥연립
하늘생명교회
행복한세상아파트
무릉연립
초록우산어린이재단
이마트(신월점)
신영연립
신동아파밀리에
화곡로입구
부천시
신월자동차매매시장
삼성효츠주택
제일빌딩
신흥
미리내아파트
신한
서초
양천구
양원초등교
광명문화관체육관
우일빌라
답전진선미아파트
대운아파트
동원주택
강서교육지원청입구
강서뉴타운
삼화빌라
원흥연립
보람아파트
삼우연립
광영고교
광영여고교
삼경빌라
덕산빌딩
서울금융고교
신원중교
NEWSK아파트
성산교회
신일연립
반도주택
메디힐병원
한솔빌라
중앙교회
동신상운
동원빌라
나누리병원
가로공원
신월동
S-OIL세명
SK LPG고강
신월3치안센터
광음교회
서광빌딩
삼익플라주
서평빌딩
기동
담산부인과
순찰대
순복음교회
농협
삼광빌라
신월3동
동호운수
신월청소년문화센터
신월4
가로공원로
동원카트빌라(6차)
우진아파트
성문하이츠
고강1동
고강동
SK LPG공항
가로공원로
고강본동
뒷골
금하뜨라네아파트
대장지
서울교회
게림빌라
신월3동우체국
서부여성발전센터
신월연립
신월1동
강남교회
삼동아파트
대우그린빌라
월정초등교
샛말산
동하S-OIL
신월시장
신월3
신월성결교회
은하아파트
미성연립
유성주택
신월
태형아파트
대일빌라
은성아파트
정원아파트
양서중교
청일어린이공원
코아루아파트
신월1파출소

화곡동 61

등촌동
등촌 1동
화곡6동
등촌동
등촌 2동
우장산동
화곡동
화곡본동
강서구
화곡1동
화곡8동
화곡4동
화곡3동
화곡2동

우장산
우장산공원
봉제산
봉제산근린공원
백석근린공원
까치산공원
벚꽃공원

강서구청
강서경찰서
한국폴리텍 I 대학
강서대학교
우장산역
화곡역

■ 찾아보기 ■

◎주요기관
강서구청 …………………… G2
강서경찰서 ………………… C5
강서교육지원청 …………… C4
강서구민회관·구의회 …… F1
강서등기소 ………………… G2
강서문화센터 ……………… F3
강서미디어센터 …………… F1
강서운전면허시험장 ……… B2
국립광물검역소 …………… H3
발산동우체국 ……………… E2
서부여성발전센터 ………… C6
신월3동우체국 …………… C6
신월보건센터 ……………… D5
화곡우체국 ………………… F4

◎동주민센터
발산동주민센터 …………… D1
신월1동주민센터 ………… D6
신월3동주민센터 ………… C6
신월5동주민센터 ………… C5
우장산동주민센터 ………… F3
화곡본동주민센터 ………… G4
화곡2동주민센터 ………… H6
화곡4동주민센터 ………… E4
화곡6동주민센터 ………… G2
화곡8동주민센터 ………… G6

◎학교
가곡초등교 ………………… E1
강신초등교 ………………… C4
교남학교 …………………… B5
광명여고교 ………………… C5
광영고교 …………………… B5
강서대학교 ………………… H2
서울금융고교 ……………… C5
내발산초등교 ……………… E2
덕원여고교 ………………… C2
덕원예술고교 ……………… C2
덕원중교 …………………… C2
등서초등교 ………………… H2
명덕초등교 ………………… D1
명덕여고교 ………………… D1
명덕외국어고교 …………… D1
발산초등교 ………………… D1
발산고교 …………………… C2
성지중고교 ………………… F4
송정중교 …………………… A1
수명중교 …………………… B2
수명초등교 ………………… B1
신곡초등교 ………………… H5
신원중교 …………………… B5
신월중교 …………………… E4
신정중교 …………………… C4
신정초등교 ………………… H6
신정여상중고교 …………… H5
신화중교 …………………… C4
양서중교 …………………… C6
양원초등교 ………………… B5
우장초등교 ………………… F2
월정초등교 ………………… B5
한국폴리텍 I 대학 (서울강서캠퍼스) ……… F2
화곡고교 …………………… D2
화곡초등교 ………………… F4
화곡보건경영고교 ………… D2
화원중교 …………………… D2
화원중교 …………………… F5
화일초등교 ………………… G4

◎기타
강서제일메디칼센터 ……… E5
강서농수산물도매시장 …… B1
강서필병원 ………………… F6
대한항공 …………………… A2
메디힐병원 ………………… C5
메이필드호텔 ……………… A3
미즈메디병원 ……………… E2
서울프라자 ………………… D5
송화시장 …………………… E2
신월시장 …………………… C6
연세제일병원 ……………… E4
이마트(신월점) …………… C5
현대성심병원 ……………… F6
화곡중앙시장 ……………… E6

의료기관   주유소   상가·백화점건물
버스정류장   고속터미널 교차로명   아파트(동)수
지시점   공공건물   지번

S = 1/10,000 (1cm 가 100m 임.)
0 100 200 300m

42 43 44
60 61 62
76 77 78

강서구
양천구
등촌1동
등촌2동
등촌동
염창동
목1동
목2동
목3동
목4동
목5동
화곡동
화곡4동
화곡2동
화곡6동
신정동

목·양평동 63
木·楊坪洞

■ 찾아보기 ■

◎주요기관
강서세무서 ······ H6
강서구보건소 ······ C2
국립동물검역소 ······ A4
목3동우체국 ······ B3
수도자재사업소 ······ E2
시립강서도서관 ······ A3
식품의약품안전청 ······ E4
양천구도서관 ······ D6
양천우체국 ······ D6
양평동우체국 ······ H5
염창동우체국 ······ D3
정보문화진흥원 ······ A1
화곡4동우체국 ······ B6

◎동주민센터
등촌1동주민센터 ······ A1
등촌2동주민센터 ······ B4
목2동주민센터 ······ C3
목3동주민센터 ······ B3
목4동주민센터 ······ C6
목5동주민센터 ······ E5
양평2동주민센터 ······ H5
염창동주민센터 ······ C1
화곡4동주민센터 ······ B6

◎학교
강서고교 ······ B5
경인초등교 ······ F6
당산서중교 ······ H6
당산초등교 ······ H5
대일고교 ······ B5
등마초등교 ······ B4
등촌초등교 ······ A3
등촌중교 ······ A1
목원초등교 ······ E4
백석중교 ······ A3
백석초등교 ······ B1
선유초중교 ······ G6
선유고교 ······ H6
신목중교 ······ D5
신정여중상고교 ······ A5
양동중교 ······ C3
양정중고교 ······ F6
양화초등교 ······ D4
염동초등교 ······ C2
염경초중교 ······ C1
염창초중교 ······ C1
영도초등교 ······ C6
영도중교 ······ B6
영일고교 ······ A3
월촌초등교 ······ D5
월촌중교 ······ E5
정목초등교 ······ C5
한가람고교 ······ F5
한강미디어고교 ······ H5
한광고교 ······ A5

◎기타
강서연세병원 ······ D2
남부시장 ······ A6
등촌시장 ······ B2
리버파크관광호텔 ······ E2
베스트웨스턴나이아가라호텔 ··· D2
신한이모르젠 ······ B2
이대목동병원 ······ F5
호텔로프트 ······ H6

망원2동
한강공원입구
망원동
망원1동
마포구
한강
양화동
성산대교남단
한강공원(양화지구)
양화선착장
선유도공원
양평동6가
영등포구
양평동5가
당산2동
당산동
양평2동
양평동4가
영등포세무서
당산동5가
목동
목동초등교
한신아파트
청구아파트
이대목동병원
목동아파트
경인초등교

의료기관
버스정류장
지시점
주유소
교차로명
고속터미널
공공건물
상가·백화점건물
아파트(동)수
지번
S = 1/10,000
(1cm 가 100m 임.)
0 100 200 300m

43 44 45 46
61 62 63 64
77 78 79 80

望遠·合井·西橋洞

46
동교동
망원동
망원1동
마포구
서교동
서교동
합정동
합정동
당인동
영등포구
여의도동
여의동
당산동6가
당산2동
당산동5가
63
한강
양화대교
올림픽대로
강변북로
63
80

범례
고속국도
고속화도로
주요도로
동주민센터
시의상징(마크)
구의상징(마크)
경찰서·치안센터
소방서·119안전센터
대학교·학교
우체국·우편취급국
도서관
숙박시설

滄前·新水洞

창천동
신촌동
노고산동
대흥동
마포구
창전동
상수동
신수동
서강동
하중동
구수동
신정동
현석동
용강동
토정동
마포동
한강
밤섬 (철새도래지)
홍익대학교
홍익대사범대학부속중학교
홍익대사대부속여중고교
서강대학교
서강초등교
성산초등교
신수초등교
신석초등교
창천초등교
광성중고교
신수중고교
서강중학교
서교초등교
홍익대학교부속여중고교
서교초등학교
지하철 6 호선
상수역
광흥창 (서강) 역
대흥 (서강대입) 역
신촌역
서강대역
서강대교
마포대교
강변북로
독막로
토정로
와우산로
백범로
신촌로
노고산길
국회의사당
극동방송
마포세무서
마포소방서
서교동우체국
창전동우체국
홀트아동복지회
망원1동주민센터
서강동주민센터
서교동주민센터
신수동주민센터
용강동주민센터
합정동주민센터
광성중고교
서강초등교
서강대학교
서교초등교
성산초등교
성산중교
신수초등교
신수중고교
창천초등교
홍익대학교
이마트 신촌점
농협하나로마트(신촌점)
보보호텔
산울림소극장
서교프라자
현대백화점(신촌점)
와우공원
경의선
태영데시앙
금호아파트
삼성아파트
현대홈타운
신촌숲아이파크
삼익아파트
마포웨스트리버
중앙하이츠아파트
래미안밤섬리베뉴
서강GS아파트
영풍아파트
밤섬현대아파트
반도보라리버뷰
현대아파트
호수아파트
강변힐스테이트
마포웰스트림
삼성래미안
삼성한강아파트
한강밤섬자이
용강그린아파트
대림e편한세상
태영아파트

■ 찾아보기 ■
◎ 주요기관
국회의사당 ·················· C6
극동방송 ·················· E2
마포세무서 ·················· H3
마포소방서 ·················· G2
서교동우체국 ·················· D2
창전동우체국 ·················· E3
홀트아동복지회 ·················· C2

◎ 동주민센터
망원1동주민센터 ·················· B1
서강동주민센터 ·················· G3
서교동주민센터 ·················· C1
신수동주민센터 ·················· G3
용강동주민센터 ·················· H4
합정동주민센터 ·················· B2

◎ 학교
광성중고교 ·················· G2
서강초등교 ·················· F3
서강대학교 ·················· H2
서교초등교 ·················· E1
성산초등교 ·················· C1
성산중교 ·················· D3
신수초등교 ·················· H4
신수중고교 ·················· G3
창천초등교 ·················· H1
홍익대학교 ·················· E2
홍익사대부속여중고교 ·················· E2
홍익사대부속초등교 ·················· E2

◎ 기타
이마트 신촌점 ·················· G1
농협하나로마트(신촌점) ·················· G1
보보호텔 ·················· D2
산울림소극장 ·················· F1
서교프라자 ·················· E1
현대백화점(신촌점) ·················· G1

의료 기관
버스정류장
지 시 점
주 유 소
고속터미널 교차로명
상가·백화점건물
아파트(동)수
지 번
공공건물
S = 1/10,000 (1cm 가 100m 임.)
0   100   200   300m
45 46 47 48
63 64 65 66
79 80 81 82

鹽里·孔德·桃花·元曉路

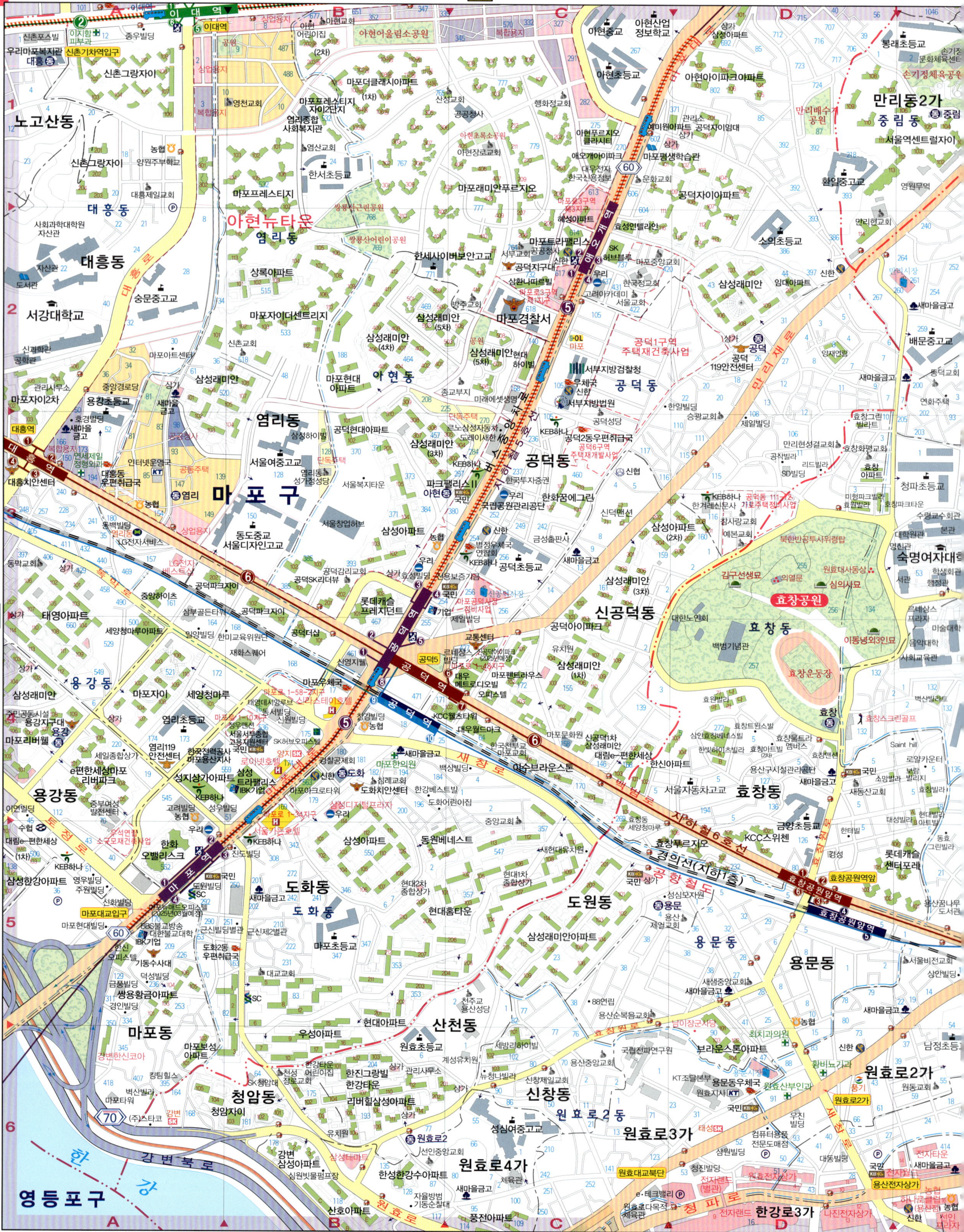

노고산동
신촌그랑자이
대흥동
대흥동
자산관
도서관
서강대학교
염리동
마포구
용강동
용강동
마포동
청암동
영등포구

아현뉴타운
염리동
상록아파트
아현동
공덕동
신공덕동
효창동
도화동
도화동
도원동
산천동
신창동
원효로2동
원효로3가
원효로4가

만리동2가
중림동
공덕동
효창동
효창공원
효창동
용문동
용문동
원효로2가
원효로3가

한강

청坡・厚岩・龍山洞

49
만리동1가
서계동
청파동1가
청파동
청파동2가
청파동3가
청파아파트
원효로1가
원효로1동
문배동
신계동
중구
회현동
남대문로5가
남창동
동자동
후암동
갈월동
남영동
용산구
용산동1가
용산동2가
용산2가동
한강로1가
한강로2가
한강로동
용산동3가
용산동4가
서울역
롯데아울렛
KTX
남대문경찰서
용산경찰서
용산구청
용산소방서
전쟁기념관
평화의광장
83
S = 1/10,000
(1cm 가 100m 임.)
의료기관
버스정류장
지시점
주유소
교차로명
공공건물
상가·백화점건물
아파트(동)수
지번

■ 찾아보기 ■

◎주요기관
갈월종합사회복지관 …… G3
국립공원관리공단 …… C3
국립전파연구원 …… C6
남대문경찰서 …… F1
남영동우체국 …… F3
마포경찰서 …… C2
마포우체국 …… B4
서부노동지청 …… B4
서부지방검찰청 …… C2
서부지방법원 …… C2
서울시교육연구정보원 …… H1
서울지방보훈청 …… G6
시립남산도서관 …… H1
용문동우체국 …… D6
용산경찰서 …… E4
용산도서관 …… H2
용산등기소 …… F5
용산소방서 …… F6
원효2가우체국 …… E5
전쟁기념관 …… G2
철도박물관 …… F1
한겨레신문사 …… D3
BBS불교방송 …… A5
KT용산지점 …… F6
KT원효지사 …… D6

◎동주민센터
공덕동주민센터 …… D2
남영동주민센터 …… G3
대흥동주민센터 …… A1
도화동주민센터 …… B4
아현동주민센터 …… B3
염리동주민센터 …… A3
용문동주민센터 …… C5
용산2가동주민센터 …… H3
원효로1동주민센터 …… E5
원효로2동주민센터 …… B6
중림동주민센터 …… E1
청파동주민센터 …… F3
효창동주민센터 …… D4
후암동주민센터 …… G3

◎학교
공덕초등교 …… C3
금양초등교 …… D4
남정초등교 …… E6
대한불교대학(서울캠퍼스) …… A5
동도중교 …… B3
마포초등교 …… B5
배문고등교 …… E2
보성여중교 …… H4
봉래초등교 …… E1
삼광초등교 …… G3
서강대학교 …… A2
서울디자인고교 …… B3
서울맹학교 …… F6
서울여중교 …… B3
서울자동차고교 …… D4
선린인터넷고교 …… E4
선린중교 …… E4
성심여중고교 …… C6
소의초등교 …… D2
숙명여자대학교 …… E3
숭문중고교 …… A2
신광초등교 …… E3
신광여중고교 …… F4
아현초등교 …… C1
염리초등교 …… A4
용강초등교 …… A2
용산초등교 …… F6
용산고등교 …… H3
효문초등교 …… B6
청파초등교 …… E3
한서초등교 …… B1
한세사이버보안고교 …… B1
환일고교 …… D1
후암초등교 …… H2

◎기타
농협하나로클럽(용산점) …… E6
롯데마트(서울역점) …… F1
소화아동병원 …… E1
신공덕시장 …… C3
용문시장 …… D6
용산전자상가 …… D6
용산전자랜드 …… D6
한마음병원 …… B4
효창공원 …… B4
서울가든호텔 …… B4

50

A　B　C　D

숭의여자대학교
유창빌딩
우성빌딩
주한스리랑카평예영사관
필동2가
필동3가
미주아파트
동국대학교
어린이야구장
영빈관
신라호텔

회현동
회현동1가
서울특별시청 남대문사
우림빌라
혜천빌라
풍경빌라
현대빌라
산14
별오름극장
장충테니스장
중부수도사업소
서울클럽
다산동
장원중교
장충하이츠빌라
런던빌라
빈진빌라

N서울타워
예장동
필동
중구
장충동2가
국립극장
달오름극장
하늘극장
자동차극장
청구맨션
장충고교
청운빌라
성창오피스텔

남산공원
해오름극장
장충동
민주평화통일
자문회의사무처
크레스트72
한국자유총연맹
나눔의교회
성락원
세광하이츠
신영빌딩
토토타운

남산팔각정
남산팔각정휴게소
반얀트리클럽&스파서울
타워호텔수영장
남산현대빌라
빌라카운
공화국대사관
노블타워
대영빌딩

후암동
배티고개

용산2가동주민센터
용산치안센터
용산2가
해방모자원
양옥숙산부인과
해방교회
칠성연립
용암초등교
용산마을마당
중앙하이츠
남산예원
남산맨션
흥국
몽뜨빌
힐사이드아파트

67

용산동2가
해방촌성당
기업
북동빌라
남태정
주한파키스탄
골프연습장
대사관
남산배수지
신동빌딩
북한남3
국제루터교회
스페인대사관
브라질대사관
성베네딕도수녀원

보성여중고교
백한의원
한신용암아파트
새마을금고
이태원주공아파트
이태원2
덴마크대사관
남산체육관
수도권광역급행철도(GTX-A)
서울용산국제학교
한남오피스텔

용산2가동
남산대림아파트
이태원2동
정은Sky빌
동남도서주식회사
서울특별시
중부기술교육원

한신아파트
용산동아파트
그린마트
다원아파트
창덕연립
윤정선한의원
새마을금고
KEB하나
IBK기업
남산그린빌라지
서울디지텍고교
이태원동
블루스퀘어
한남2치안센터
용산공예관
이태하우스
서울특별시
한남초등교
한남동

대성교회
이태원빌라
탑맨션
대광맨션
아르헨티나대사관
그랜드하얏트서울호텔
삼성미술관리움
한강진교회
한남타워
프라임빌II
미얀마대사관
동아빌딩

이태원어린이공원
이담주택
삼호빌라
용산구
남산
한강진역
환승주차장
프라임빌II

31
이태원우체국
이태원제일교회
이태원초등교
풍림주택
우리
새마을금고
일신빌딩
이탈리아대사관

이태원로
녹사평(용산구청)역
해밀톤호텔
신한
한남빌딩
아이피부티크호텔
KEB하나
안성타워
대림아르빌
라오스대사관
한남중앙교회
순천향대학교병원
에너비스
한남프라자

지하철6호선
이태원역
이태원파출소
119안전센터
대성제3
이태원동 장미아파트
프란치스코
오페라하우스 수녀원
한남동우체국

용산동4가
녹사평역
필리핀대사관
이테크빌아파트
한신빌딩
새마을금고
이슬람교
중앙성원
모건주택
이슬람사원

용산구청
(의회·보건소)
이태원
보광초등교
한남재정비촉진지구
태국대사관
캄보디아
대사관
광장빌딩
태성아파트
제일빌딩
한남아이파크

A　B　84　C　D

新堂 · 金湖 · 玉水洞

51
85
70

■ 찾아보기 ■

◎주요기관
국립극장 ······················ C2
금호4가우체국 ·············· H3
금호동우체국 ················ G1
금호청소년회관 ············· G2
신당동우체국 ················ E1
옥수종합사회복지관 ······· F5
용산여성문화회관 ·········· D5
용산구청 ······················ B6
중구청소년수련관 ·········· F2
한강관리사업소 ············· D4
한국소비자연맹 ············· E6
한남동우체국 ················ D6

◎동주민센터
금호1가동주민센터 ········ G1
금호2·3가동주민센터 ······ G1
금호4가동주민센터 ········ H3
다산동주민센터 ············· E1
약수동주민센터 ············· E2
옥수동주민센터 ············· G4
용산2가동주민센터 ········ A3
이태원1동주민센터 ········ B6
이태원2동주민센터 ········ B4
한남동주민센터 ············· C6

◎학교
금북초등교 ··················· H1
금남초등교 ··················· G3
금호초등교 ··················· G1
대경생활과학고교 ·········· F1
대경중교 ······················ G1
동국대학교 ··················· D1
동산초등교 ··················· F1
보광초등교 ··················· C6
보성여중고교 ················ A4
서울독일학교 ················ F5
서울디지텍고교 ············· B5
서울방송고교 ················ E3
서울용산제학교 ············· D4
숭의여자대학 ················ A1
옥수초등교 ··················· G3
옥정초등교 ··················· F4
용암초등교 ··················· A3
이태원초등교 ················ A6
장원중학교 ··················· D1
장충중고교 ··················· D1
한남초등교 ··················· D5

◎기타
그랜드하얏트서울호텔 ····· C5
금남시장 ······················ H3
금호시장 ······················ H3
남산공원 ······················ B1
남산예술원 ··················· D3
남산체육관 ··················· B4
반얀트리클럽&스파서울 ·· D2
송도병원 ······················ E2
순천향대학교병원 ·········· D6
신당그랜드마트 ············· E2
신라호텔 ······················ D1
이태원시장 ··················· B6
이태원호텔 ··················· C6
크레스트72 ··················· D2
해밀톤호텔 ··················· B6
한남프라자 ··················· E6
N서울타워 ··················· A2

◎대사관
덴마크 · 파키스탄 ·········· B4
루마니아 ······················ E6
이탈리아 ······················ D5
가나 · 리비아 · 말레이시아 · E5
남아프리카 · 아랍에미리트 · 이집트 F6
아르헨티나 ··················· C5
루마니아 · 멕시코 · 몽골 · 인도 E6
라오스 · 수단 · 캄보디아 · 태국 D6
브라질 · 스페인 ············· D4
필리핀 ························· A6

S = 1/10,000
(1cm 가 100m 임.)
0 100 200 300m

의료기관
버스정류장
지시점
주유소
고속터미널 교차로명
상가.백화점건물
아파트(동)수
공공건물 지번

49 50 51 52
67 68 69 70
83 84 85 86

鷹峰 · 聖水洞
52
69
86

관리사무소
무학여고교
행당초등교
행당7주택 재개발
서울숲더샵
음악대학 사회과학관
생활과학관 법학관
올림픽체육관
보관행정동 제1공학관
본관
덕수고교 노천극장 박물관 제2공학관
한양대학교
대운동장
사근동 사근동
행당동
한진타운아파트
서울숲푸르지오 상가
행당2동
신동아아파트
행당지구
금호1가동
금호 1 가 동
근린공원
독서당공원
벽산아파트
신동아아파트
삼성래미안
힐스테이트 서울숲리버
제일길리교회
금호4가동
금호4가동
무학여고교
한신휴플러스
서울숲리버뷰자이
KEB하나
응봉
행당1동
일대아파트 율화유치원
대림아파트 우편취급국
대림강변타운
동아리버그린
성동소방서
상가
응봉동
응봉동
광희교교
응봉초등교
동아빌라트
시온성교회
성동암벽등산공원
응봉공원
경원선
중랑천
뚝섬로
서울숲지하차도
삼표산업 성수공장
바람의언덕
서울뚝섬생태숲
보행가교
서울숲2차하차도
유람선
한강수변공원
강남구
압구정동
현대아파트
우체국
압구정동

동부간선도로
한나루로
뚝섬빗물펌프장
뚝섬유수지체육공원
서울숲아이파크리버포레
정수식물원
습지생태원관리소
성수파크빌
성수고교
성수중교
동원빌라
현대아파트
서울숲길
성수동1가
서울숲
축구장
갤러리아포레
뚝섬가족마당
스케이트파크
서울숲광장
아크로서울포레스트
디타워서울숲
수변쉼터
물놀이터
야외무대
무지개터널
방문자센터
이벤트마당
야생초화원
온실
갤러리정원
시민의숲
뚝도정수사업소
수도박물관
한강사업본부
61
성수고교
LS타워
성수연립
국민
성수산업관광홍보관
성동구민 종합체육센터
성동구
성수1가1동
지킴이숲
서울숲입구
서울숲트리마제
성수동1가
동부
동아그린아파트
우방아파트
성수우자동차공업사
구립성원노인정
쌍용스윗닷홈
뚝섬리비
우방아파트
새마을금고
성수1가2동
성수만세
뚝섬역
중앙하이츠빌
한국방송통신대학교
(서울제1지역학습관)
성수1가2동
KEB하나
현대아파트
경일중고교
LG KOREA CALL
장미아파트
대림아파트
한진타운 상가
건영아파트
경일초등교
천주교 성수동성당
서울숲트리마제
강변동아아파트
성수빌라
광장빌딩
세원빌
대우아파트
태천해오름아파트
부원장은
애드맨
SK테크노빌딩
현대아파트
동부주택
지원빌라
동서울창고
우리
경일중고교
경동초등교
성수1가
벅스트빌 Biz-well
뚝섬우체국
코카콜라 중앙판매부
현대그린 아파트
성암교회
현대쇼핑센터
새마을금고 SC
상록연립
강변북로
한강

범례
고속국도
고속화도로
주요도로
시의상징(마크)
구의상징(마크)
동주민센터
경찰서·치안센터
소방서·119안전센터
대학교·학교
우체국·우편취급국
도 서 관
숙 박 시 설

松亭 · 聖水 · 紫陽洞

■ 찾아보기 ■

◎ 주요기관
광진구의회 · · · · · · · · · · · · · · H5
뚝섬우체국 · · · · · · · · · · · · · · E4
서울시여성능력개발원 · · · · · H5
서울시자동차정비사업소 · · · · G2
서울숲 · · · · · · · · · · · · · · · · · · C3
성동세무서 · · · · · · · · · · · · · · G3
성동구민종합체육센터 · · · · · D3
성수동우체국 · · · · · · · · · · · · F4
수도박물관 · · · · · · · · · · · · · · C5
중랑물재생센터 · · · · · · · · · · F1
화양동우체국 · · · · · · · · · · · · H3
한강사업본부 · · · · · · · · · · · · C5
KT성수지점 · · · · · · · · · · · · · · G3

◎ 동주민센터
자양4동주민센터 · · · · · · · · · · H6
성수1가1동주민센터 · · · · · · · E5
성수1가2동주민센터 · · · · · · · D3
성수2가1동주민센터 · · · · · · · E5
성수2가3동주민센터 · · · · · · · F3
송정동주민센터 · · · · · · · · · · H1
응봉동주민센터 · · · · · · · · · · B1

◎ 학교
경동초등교 · · · · · · · · · · · · · · E4
경수초등교 · · · · · · · · · · · · · · F5
경수중교 · · · · · · · · · · · · · · · · F5
경일초등교 · · · · · · · · · · · · · · D5
경일중교 · · · · · · · · · · · · · · · · D4
광희중교 · · · · · · · · · · · · · · · · B2
덕수고교 · · · · · · · · · · · · · · · · C1
무학여중교 · · · · · · · · · · · · · · B1
성수공고교 · · · · · · · · · · · · · · C4
성수중교 · · · · · · · · · · · · · · · · C3
성원중교 · · · · · · · · · · · · · · · · G4
신양초등교 · · · · · · · · · · · · · · H6
신양중교 · · · · · · · · · · · · · · · · G6
한국방송통신대학교
(서울제1지역학습관) · · · · · · D3
한양대학교 · · · · · · · · · · · · · · D1
행당중교 · · · · · · · · · · · · · · · · B1
행당중교 · · · · · · · · · · · · · · · · C1
화양초등교 · · · · · · · · · · · · · · H4

◎ 기타
노룬산시장 · · · · · · · · · · · · · · G6
동부극장 · · · · · · · · · · · · · · · · H3
뚝도시장 · · · · · · · · · · · · · · · · E5
뚝섬쇼핑센터 · · · · · · · · · · · · F5
리안병원 · · · · · · · · · · · · · · · · G5
성수쇼핑센터 · · · · · · · · · · · · F3
이마트(성수점) · · · · · · · · · · · E5
이마트(자양점) · · · · · · · · · · · H5
에스콰이어D.C프라자 · · · · · · D3
재인병원 · · · · · · · · · · · · · · · · F2
프라임병원 · · · · · · · · · · · · · · G4
한아름쇼핑센터 · · · · · · · · · · H4
현대쇼핑센터 · · · · · · · · · · · · D5

51	52	53	54
69	70	71	72
85	86	87	88

君子·紫陽·陵洞
54
성동구
송정동
송정동
세종사이버대학
군자동
군자동
능동
중곡2동
중곡4동
중곡동
어린이대공원
화양동
화양동
건국대학교
광진구
일감호
구의동
구의1동
구의3동
자양3동
자양동
자양1동
자양2동
광진구청
구의역(광진구청)
구의.자양균형발전촉진지구
71
88

범례
고속국도
고속화도로
주요도로
동주민센터
시의상징(마크)
구의상징(마크)
경찰서·치안센터
소방서·119안전센터
대학교·학교
우체국·우편취급국
도서관
숙박시설

九宜·廣壯洞

■ 찾아보기 ■

◎주요기관
광진구청 …… C5
광진구의회 …… A5
광진경찰서 …… C4
광진구건강가정지원센터 …… A5
광진구정보도서관 …… H2
광진우체국 …… D5
광진소방서 …… C3
광장종합사회복지관 …… F4
구민체육센터 …… G3
나루아트센터 …… A5
동서울우편집중국 …… D6
방송통신위원회지식정보센터 …… D6
서울동부지방검찰청 …… D5
서울동부지방법원 …… D5
서울시민안전체험관 …… B2
서울중앙전신국 …… D6
중곡종합사회복지관 …… C1
KT광진지사 …… D5
KT서울지역본부 …… D6

◎동주민센터
광장동주민센터 …… G3
구의1동주민센터 …… C4
구의2동주민센터 …… D3
구의3동주민센터 …… E5
군자동주민센터 …… B1
능동주민센터 …… C1
송정동주민센터 …… A1
자양1동주민센터 …… B5
자양3동주민센터 …… A6
화양동주민센터 …… A3

◎학교
건국대학교 …… B4
건대사대부속고교 …… C5
건대사대부속중교 …… C4
경복초등교 …… D2
광남고교 …… F4
광남초등교 …… F4
광남중교 …… F4
광장초등교 …… F2
광장중교 …… F3
광진초등교 …… E3
구남초등교 …… E5
구의중교 …… B4
구의초등교 …… C4
동대부속여중고교 …… D4
동의초등교 …… F1
동자초등교 …… A6
서울광진학교 …… E5
선화예술중고교 …… D2
성동초등교 …… D6
세종초등교 …… A1
세종대학교 …… A2
신양초등교 …… A6
양진초등교 …… F4
양진중교 …… F3
자양고교 …… A6
자양초등교 …… B5
자양중교 …… B6
장로회신학대학교 …… G2
장안초등교 …… A2
켄트외국인학교 …… D3
화양초등교 …… A4

◎기타
그랜드워커힐서울 …… H1
강변테크노마트 …… E6
건국대학교병원 …… A4
구의간이야구장 …… E3
동서울호텔 …… E6
동서울종합터미널 …… E6
롯데마트(강변점) …… E6
롯데백화점(스타시티점) …… A5
어린이대공원 …… C2
어린이회관 …… B3
웨딩의전당캐슬 …… C5
유니버셜아트센터 …… D2
이마트(자양점) …… A5
하나로마트(중곡점) …… D1
한아름쇼핑센터 …… A4
혜민병원 …… C6

구의2동
광진구
아차산체육공원
천호대로 지하철5호선
구의야구공원
광장동
장로회신학대학교
광장초교
광장중교
아차산고구려역사문화관
광나루역
양진중교
양진초등교
현대홈타운
광장힐스테이트
청구광장아파트
광장자이
현대자동차서비스
현대자동차
올림픽대교북단
광장종합사회복지회관
현대아파트
구의3동
세양아파트
현대프라임아파트
구의공원
동서울종합터미널
강변북로
송파구
풍납1동
풍납동
풍납2동
워커힐아파트
워커힐파크빌
광나루현대아파트
신동아파밀리에
현대홈타운
극동아파트
삼성아파트
광남고교
광남초등교
광남중교
한강
S = 1/10,000 (1cm 가 100m 임.)
0 100 200 300m

53 54 55 56
71 72 73 74
87 88 89 90

의료기관
버스정류장
지시점
주유소
고속터미널 교차로명
공공건물
상가·백화점건물
아파트(동)수
지번

岩寺·千戸·風納洞

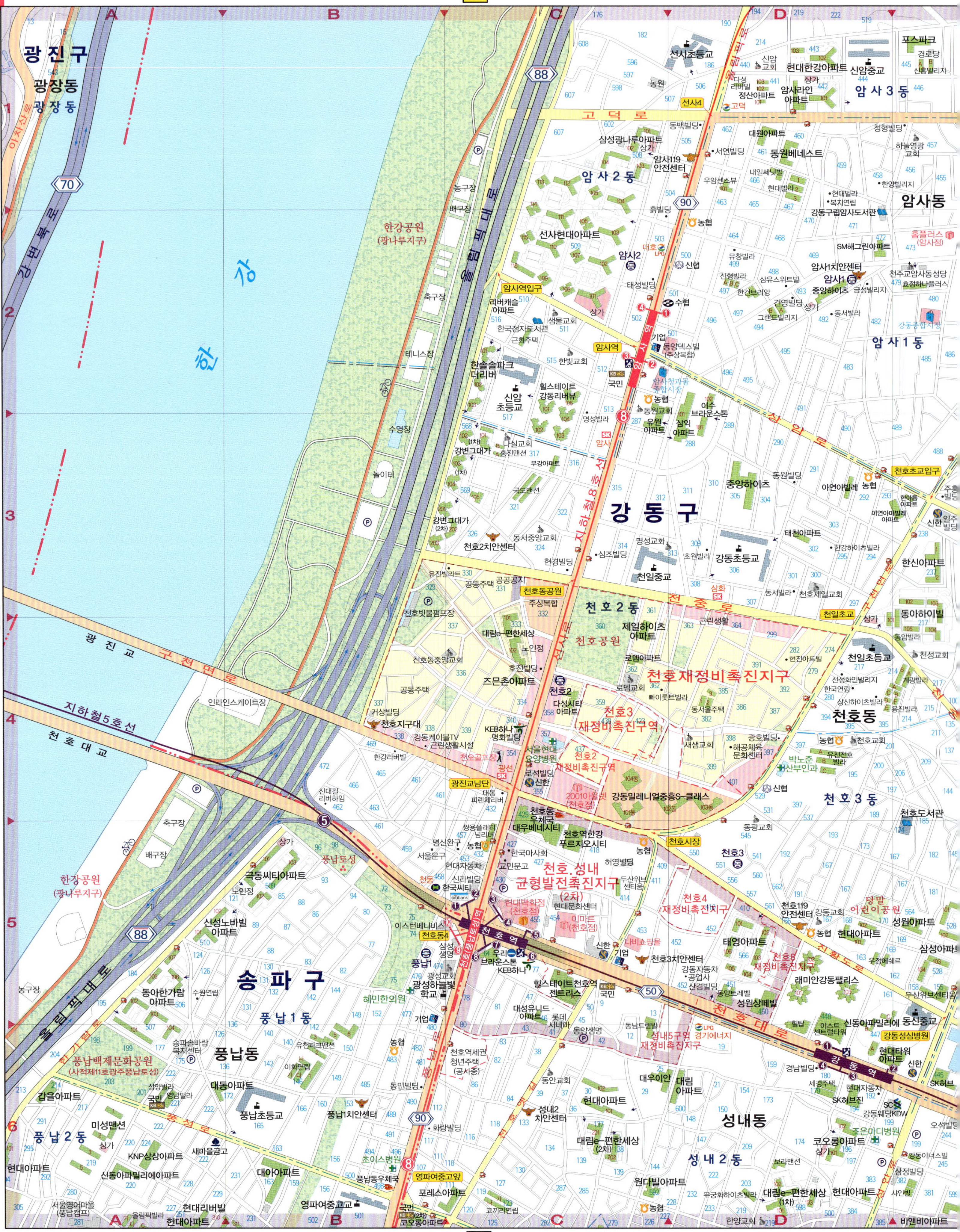

광진구
광장동
광장동

한강공원
(광나루지구)

강동구

암사2동
암사1동
암사3동
암사동

천호2동
천호동
천호3동
천호4동

천호재정비촉진지구
천호3
재정비촉진구역
천호·성내
균형발전촉진지구

송파구
풍납1동
풍납동
풍납2동

성내동
성내2동

한강공원
(광나루지구)

明逸 · 吉洞

57
91
59
고덕동
고덕1동
명일1동
명일동
명일2동
천호1동
강동구
길동공원
길동
둔촌동
둔촌2동
하남시
성내3동

의료기관
버스정류장
지시점
주유소
고속터미널 교차로명
상가·백화점건물
아파트(동)수
공공건물 지번
$S = \dfrac{1}{10,000}$
(1cm 가 100m 임.)
0 100 200 300m
55 56 57 58
73 74 75 59
89 90 91

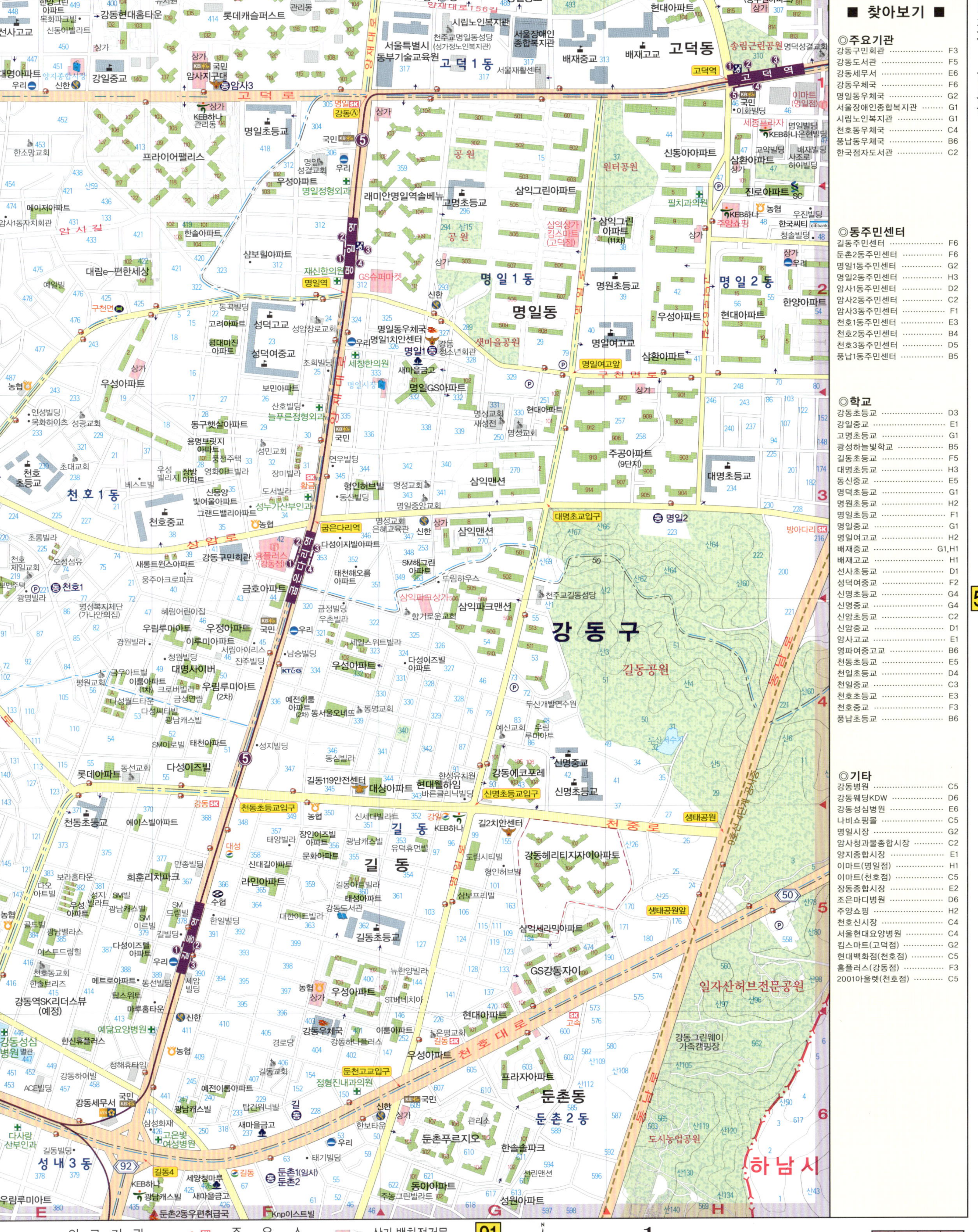

富川市·新月洞

60

고강동
고강1동
고강본동
고강재정비촉진지구
부천시
선사유적공원
경인고속국도
120
지양로
장안사산
지양산
온수자연공원
작동
성곡동
능고개
까치울터널

신월동
신월1동
신월3동
신월7동
서서울호수공원
신월야구공원
신정3지구
신정이펜하우스
푸른마을아파트
푸른마을

7 신월

A　B　C　D

92

강서구
화곡동
화곡2동
화곡8동
화곡1동
양천구
신월동
신월2동
신월4동
신월6동
신정4동
신정1동
신정동
신정3동
신정7동
구로구
고척동
고척2동
신정재정비촉진지구
(3차)
목동아파트
목동힐스테이트

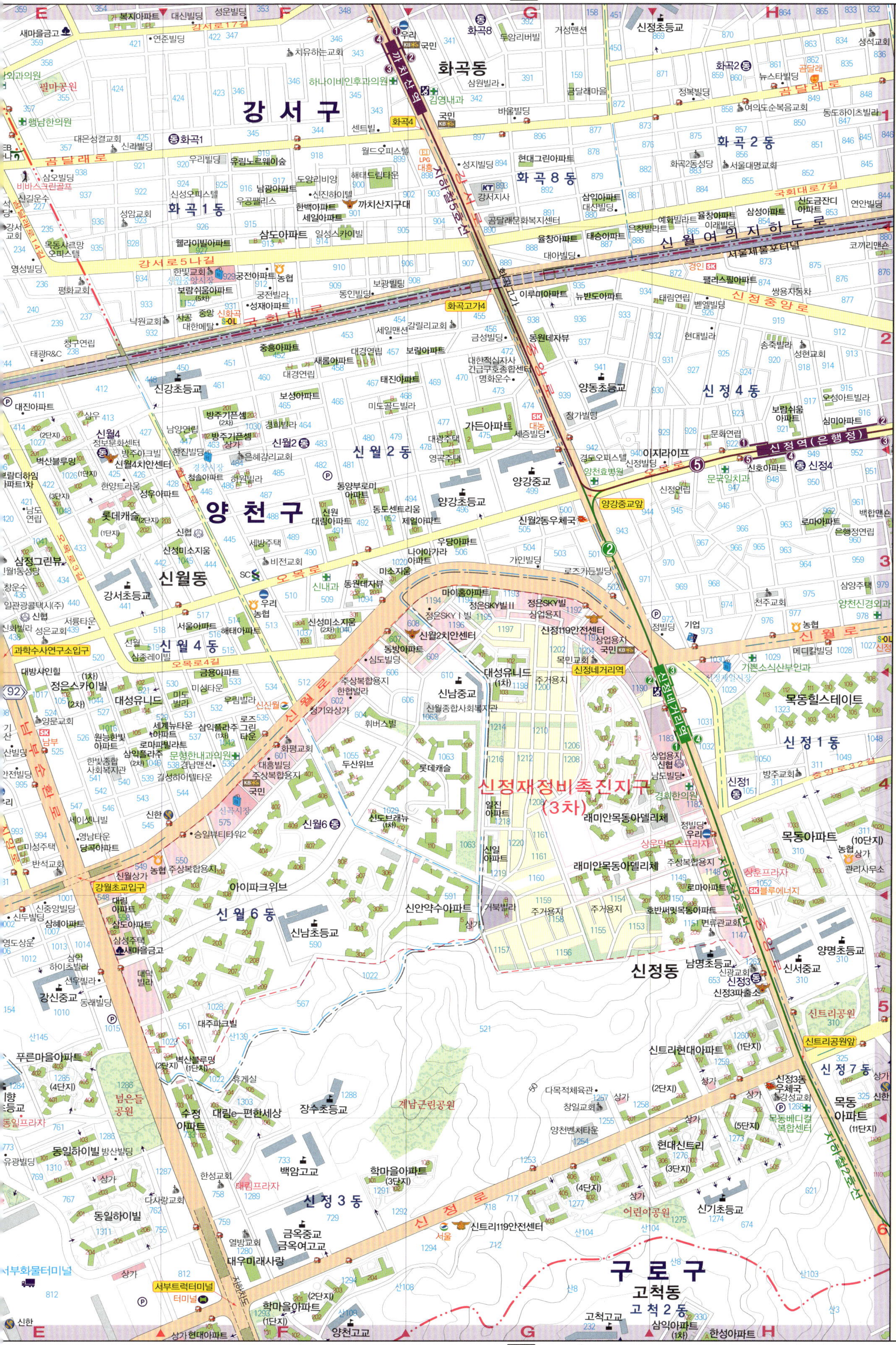

의 료 기 관
버스정류장
지 시 점
주 유 소
고속터미널　교차로명
공공건물
상가.백화점건물
아파트(동)수
지 번

S = 1/10,000
(1cm 가 100m 임.)

60 61 62
76 77 78
92 93 94

강서구
화곡동
화곡4동
화곡2동
목4동
목5동
목동
목1동
신정4동
신정2동
신정1동
양천구
신정동
신정6동
신정7동
신정3동
구로구
고척동
고척2동
목동역
오목교(목동운동장)역
오목교역
양천구청역
신정네거리역
지하철2호선
국회대로
남부순환로
목동중앙로
신정중앙로
오목로
신목로
목동서로
목동동로
목동로
신월로
국회대로7길
양천소방서
양천119안전센터
양천세무서
양천경찰서
양천구청
양천구의회
서울남부지방법원
서울남부지방검찰청
남부지법원우체국
한국방송통신대학교 남부학습센터
SBS서울방송
CBS서울방송국
한국방송회관
목동아파트
현대하이페리온
현대백화점(목동점)
현대프라자
삼성쉐르빌
대림아크로텔
현대아파트
롯데아파트
쌍용아파트
삼성아파트
청구아파트
신정차량기지
양천공원
오목공원
센트럴푸르지오
목동하이스링크
목동제일병원
홍익병원
강서초등교
목동초등교
영상고교
서정초등교
진명여고교
신서초등교
양천초등교
계남초등교
갈산초등교
목일중교
목운초중교
신목고교
신목초등교
목동중교
양명초등교
신서고교
게남공원
신트리공원
구름산
신정공원
사슴공원
기린공원
어린이교통공원

범 례
고속국도
고속화도로
주요도로
시의상징(마크)
구의상징(마크)
동주민센터
경찰서·치안센터
소방서·119안전센터
대학교·학교
우체국·우편취급국
도 서 관
숙 박 시 설

楊坪 · 文來 · 新道林洞

■ 찾아보기 ■

◎ 주요기관

구로세무서 ── H5
문래동우체국 ── H5
문래청소년수련관 ── G4
목동청소년수련관 ── D1
서울남부지방검찰청 ── B3
서울남부지방법원 ── B3
서울출입국외국인청 ── C4
신정동우체국 ── B3
신정종합사회복지관 ── A2
양천구청 ── B5
양천문화회관 ── B5
양천경찰서 ── B5
양천노인종합복지관 ── A6
양천보건소 ── B4
양천구소방서 ── C1
양천구민체육센터 ── B5
양천세무서 ── D1
양천우체국 ── D1
영등포구민회관 ── H2
영등포구청 ── H2
영등포구보건소 ── H2
영등포노인종합복지관 ── G5
영등포세무서 ── G2
서울남부지방법원등기국 ── H5
서울지방노동위원회 ── G4
한국전력(강서지점) ── C4
한국전력(영등포지점) ── G4
화곡4동우체국 ── B1
CBS기독교방송국 ── D2
KT수도권전산센터 ── C1
SBS서울방송 ── D1

◎ 동주민센터

당산2동주민센터 ── H3
당산1동주민센터 ── H1
도림동주민센터 ── H6
목동주민센터 ── C1
목동동주민센터 ── C1
문래동주민센터 ── H5
신정3동주민센터 ── C4
신정6동주민센터 ── B4
신정7동주민센터 ── A5
양평2동주민센터 ── F3

◎ 학교

갈산초등교 ── C6
경인초등교 ── F1
계남초등교 ── A6
관악고교 ── E3
당산서중교 ── H1
당서초등교 ── H1
목동초등교 ── G2
목동초등교 ── C3
목동중교 ── C4
목동고교 ── A6
목일중교 ── D5
문래중교 ── G4
문래초등교 ── F4
봉영여중교 ── A6
서정초등교 ── B3
선유초등교 ── G1
신도림초등교 ── E6
신도림중교 ── E6
신도림고교 ── E6
신목고교 ── D6
신목초등교 ── D4
신서초등교 ── A3
신서고교 ── A3
양명초등교 ── A5
양목초등교 ── A5
양화초등교 ── H4
영등포초등교 ── H5
영등포여자고등학교 ── H5
영문초등교 ── F4
영상고교 ── A3
영일초등교 ── C6
진명여고교 ── B3

◎ 기타

킴스클럽(목동점) ── D1
로데오패션아울렛 ── H4
목동아이스링크 ── E1
목동종합운동장 ── E1
신림자동차운전학원 ── E5
양남시장 ── G3
영등포병원 ── H2
영등포중고자동차매매시장 ── F3
코스트코(양평점) ── H3
현대백화점(목동점) ── D2
홈플러스(목동점) ── D1
홈플러스(신도림점) ── F6
홈플러스(영등포점) ── H4
행복한백화점 ── D1

S = 1/10,000 (1cm 가 100m 임.)

61	62	63	64
77	78	79	80
93	94	95	96

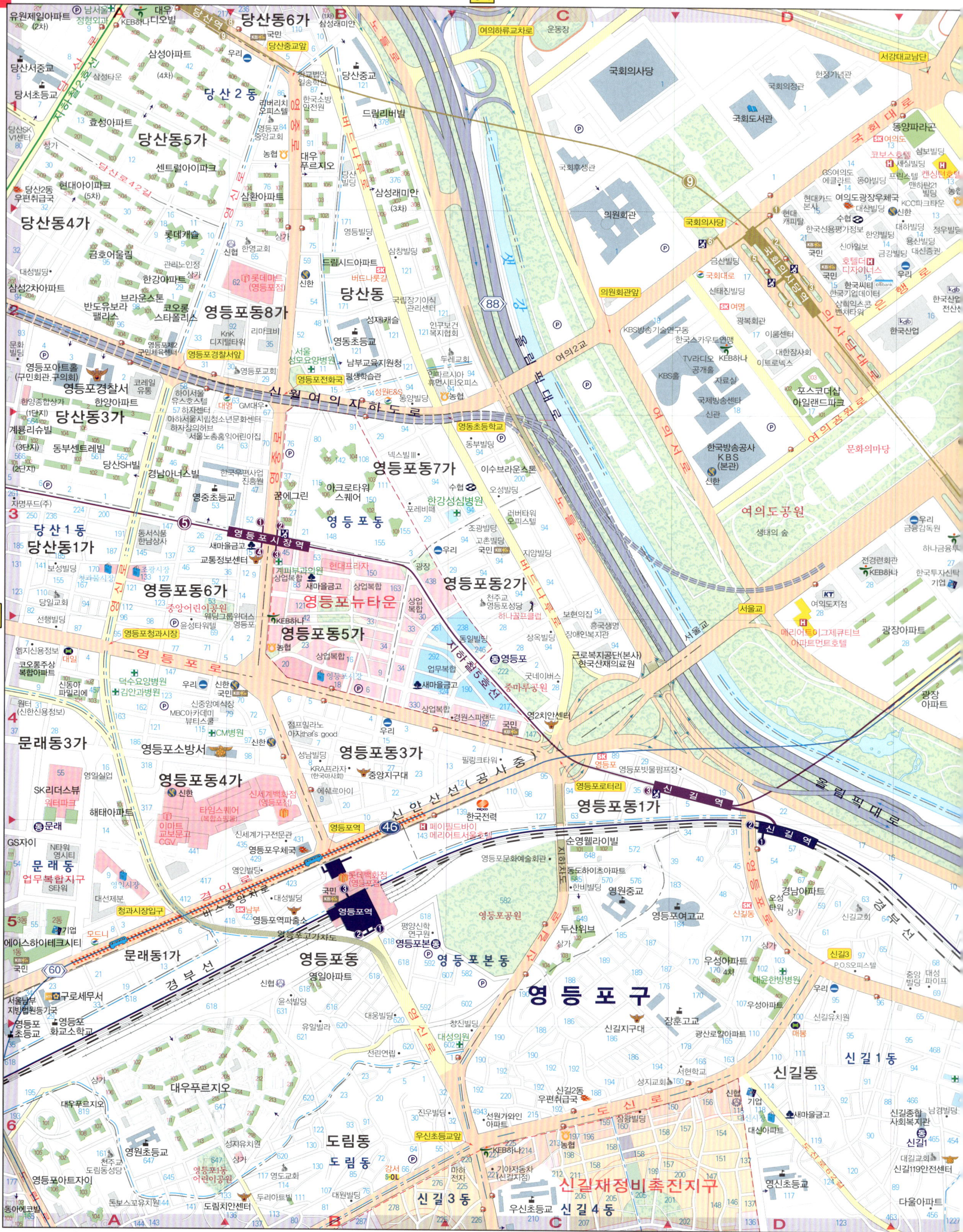

永登捕 · 新吉洞

영등포구

영등포동
영등포동8가
영등포동7가
영등포동6가
영등포동5가
영등포동4가
영등포동3가
영등포동2가
영등포동1가
영등포뉴타운
영등포본동
당산동
당산1동
당산2동
당산동1가
당산동3가
당산동4가
당산동5가
당산동6가
문래동
문래동1가
문래동3가
신길동
신길1동
신길2동
신길3동
신길4동
도림동
여의도공원
영등포공원

국회의사당
국회도서관
한국방송공사 KBS (본관)

영등포역
영등포시장역
신길역

汝矣島 · 大方 · 鷺梁津洞

65
97
82

■ 찾아보기 ■

◎주요기관
공군회관 ······ E6
구로세무서 ······ A5
국립장기이식관리센터 ······ B1
국민건강보험공단 ······ E1
국회도서관 ······ D1
국회의사당 ······ C1
근로복지공단(본사) ······ C4
금융감독원 ······ E3
남부교육지원청 ······ B2
대한지적공사 ······ F4
동작경찰서 ······ H6
동작구청 ······ H6
사학연금회관 ······ E2
서울남부지방법원등기국 ······ A5
신길종합사회복지관 ······ E6
여의우체국 ······ E3
여성가족재단 ······ F6
영등포구민회관.구의회 ······ A2
영등포경찰서 ······ A2
영등포우체국 ······ B5
영등포소방서 ······ A4
영등포평생학습관 ······ B2
인도네시아대사관 ······ G4
한국노동연구원 ······ E2
한국방송공사(KBS) ······ D3
한국전력(남서울전력관리처) ······ F2
KBS홀 ······ D2
KRX한국거래소 ······ F3
KT동작지사 ······ F6
KT여의도지점 ······ D3

◎동주민센터
노량진1동주민센터 ······ H6
신길6동주민센터 ······ E6
여의동주민센터 ······ G4
영등포동주민센터 ······ C4
영등포본동주민센터 ······ B5

◎학교
노량진초등교 ······ H6
당산서중교 ······ A1
당산중교 ······ B1
당서초등교 ······ A1
신길초등교 ······ F6
여의도고교 ······ G3
여의도여고교 ······ G3
여의도중교 ······ G3
여동중교 ······ B2
영등포초등교 ······ A6
영등포여중교 ······ C5
영등포화교소학교 ······ A6
영원초등교 ······ A6
영중중교 ······ C5
영신초등교 ······ D6
영동초등교 ······ A3
우신초등교 ······ C6
윤중초등교 ······ E4
윤중중교 ······ E4
장훈고교 ······ C5

◎기타
노량진수산시장 ······ H5
63스퀘어 ······ H4
대신시장 ······ D6
켄싱턴호텔 ······ E1
롯데마트(영등포점) ······ B2
롯데백화점(영등포점) ······ B5
메리어트이그제큐티브아파트먼트호텔 ······ D4
성애병원 ······ E6
신세계백화점(영등포점) ······ B4
대성중앙예식장 ······ A4
여의도호텔 ······ E1
여의도백화점 ······ B4
여의도성모병원 ······ G4
영일시장 ······ A5
영등포시장 ······ B4
영등포아트홀 ······ A3
영등포청과물시장 ······ A3
덕수요양병원 ······ A4
코보스호텔 ······ D1
한강성심병원 ······ C3
LG트윈타워 ······ F2

영등포구
여의도동
여의동
한강
마포대교
여의나루역
여의도선착장
한강공원(여의도지구)
원효대교
한강공원(여의도지구)
여의도공원
63스퀘어
샛강
노량진수산시장
노량진수산물도매시장
노량진역
경부선
대방역
대방동
동작구
노량진동
노량진1동
노량진2동
노량진재정비촉진지구
동작구청
동작경찰서
신길7동

의료기관　주유소　상가.백화점건물
버스정류장　고속터미널 교차로명　아파트(동)수
지시점　공공건물　지번

S = 1/10,000
(1cm 가 100m 임.)
0　100　200　300m

63 64 65 66
79 80 81 82
95 96 97 98

漢江路・鷺梁津洞
66
원효로
원효로2동
산호아파트
풍전아파트
원효로4가
현대자동차
현대정비공장앞
C 원효로3가
D 신계동
용산전자상가
나진전자상가
전자랜드
노보텔앰배서더 서울용산
GS한강에클라트
한강그랜드 오피스텔
이촌119 안전센터
중산아파트
시범아파트
미도맨션
우편취급국
시범아파트
북한강 성원아파트
동원베네스트
이촌2새마을금고
대림아파트 상가
용산국제업무지구(예정지)
경부선
용산역
이마트(용산역점)
우리 KEB하나
용산컨벤션센터
철도회관
용사의집
한국철도공사 서울전기사업소
한국여성 단체협의회
코레일전기 보수사무소
철도결설 국자재창고
서울보선 사무소창고
한강로3가
농협
용일
용산 뉴타운
장미빌라
LG유플러스
베르가모
쌍용스웨닷홈
대우 트럼프월드III
이 촌 2 동
이촌동교회
천주교 새남터성당
동아그린아파트
관리소
한강중앙교회
용산파크맨션
강서맨션
현대한강아파트
70
야구장
축구장
이촌동
빌라맨션
게이트볼장
이촌보트장
관공선선착장
한 강
한 강
영 등 포 구
여의도동
여의동
헬기장
씨름장
한강공원(여의도지구)
파크 골프장
81
노들섬 라이브하우스
노들섬
노들섬 다목적홀
한 강 철 교
한 강 대 교
올 림 픽 대 로
남한강고가차도
노 들 로
수도자재관리센터
노량진수산시장(철거예정)
유원강변아파트
노량진역
수산시장입구
사육신역사관
래미안트윈파크
사육신공원
사육신묘
노들나무공원
5
KT빌딩
메가스터디타워
노량진2동
KEB하나
신한
SC
미도빌딩
노량진119 안전센터
한림빌딩
노들치안센터
동작경찰서
J.H빌딩
남강타워
세종빌딩
노량진우체국
국민은행
노량진재정비 촉진지구
천주교 노량진성당
노량진 초등교
장미빌라
동 작 구
삼익상가 복합아파트
한강골든빌라
한강하이츠빌라
영본초등교
강남교회
노량진1동
한양골든빌라
새마을금고
SH빌
삼원연립
삼성래미안
신동아아파트
극동강변아파트
쌍용아파트
노량진교회
100주년기념관
본 동
본동종합사회복지관
동작실버센터
흑석재정비촉진지구
마크힐스
아크로리버하임
현충탑
88
효사정
흑석 체육센터
원불교100년 기념관
본동초등교
경동원초리버
국제도덕협회
동양중교
한강빌라
흑석 동
흑석동
98
범례
고속국도
고속화도로
주요도로
시의상징(마크)
구의상징(마크)
동주민센터
경찰서・치안센터
소방서・119안전센터
대학교・학교
우체국・우편취급국
도서관
숙박시설

龍山·二村洞

67
용산아이파크
대주파크빌
선인프라자
기업
KT
신협
한전자재창고
한강로1가
삼각지성당
천주교
요한빌딩
평복빌딩
벽산메가트리움
POBA행정공제회
용산교회
용산동3가
21
신협
신용산지점
대우아이빌
일요신문사 서울문화사
현대하이엘
대우대로빌
용산2가동
용산동4가
Space9
KTX
국민
용산우체국
아이파크
백화점
래미안용산
용산우체국
아모레퍼시픽
용산역
(호남선)
LS용산타워
한강로
푸르지오써밋
용산구
센트레빌아스테리움
한강로동
용산동5가
신원빌딩
센트럴파크해링턴스퀘어
용산시티파크
한강초등교
용산공고교
용산파크타워
천복궁교회
한양철우아파트
국립중앙박물관
용산동6가
용산세무서
한강빗물펌프장
서빙고동
용산공원
경원선
이촌역
이촌역(국립중앙박물관)
두산위브
트레지움
한강대우아파트
우성아파트
한가람아파트
지하철4호선
서빙고로
국립한글박물관
오수처리장
SK한석
이촌1
상가
한가람아파트
한가람아파트
동부센트레빌
정우맨션
풍원상가
충신교회
citibank 우리
농업기술진흥관
SC
이촌파출소
한가람아파트
용강중교
천주교이촌교회
타워맨션
대한의사협회
한국씨티
KEB하나
이촌동우체국
신용산초등교
이촌코오롱아파트
코스모스맨션
미주맨션 노들맨션
한강쇼핑센터
로얄맨션
상가
한강회관
LG한강빌리지
LG한강자이
유치원
청소년광장
한강맨션아파트
강촌아파트
관리사무소
X-게임
상가
현대아파트
한강삼익아파트
정보아파트
주상복합아파트
상가
이촌1동
관리
삼성리버스위트
중앙하이츠빌라
래미안
첼리투스
반도아파트
한강공원
(이촌지구)
거북축구장
이촌지구사무소
중경고교
왕궁아파트
커뮤니티센터
금강아산병원
KEB하나
신한
온누리교회
쌍용양회
종합전시관
서빙고
우편취급국
신동아쇼핑
거북선나루터
강변북로
롤러스케이트장
체력단련장
한강공원
(이촌)
자연학습장
테니스장
한강
동작대교
99

의료기관
주유소
상가·백화점건물
버스정류장
고속터미널 교차로명
아파트(동)수
지시점
공공건물
지번
S = 1/10,000 (1cm 가 100m 임.)
0 100 200 300m

65 66 67 68
81 82 83 84
97 98 99 100

西氷庫·普光·漢南洞

68

용산구

용산동4가
용산2가동

이태원동
이 태 원 1 동

한남동
한남동

한남재정비촉진지구

보광동
보광동

용산동6가

서 빙 고 동

동빙고동

주성동

용산민속공원
(예정지)

푸르지오파크타운
(1단지)

푸르지오파크타운
(2단지)

한국폴리텍 I 대학
(서울정수캠퍼스)

그린파크
금호베스트빌

서빙고초등교

대원서빙고아파트

서빙고동

서빙고역

신 동 아 아 파 트

온누리교회

한 강

반포동
반포 2 동

한강공원
(반포지구)

반 포 3 동

반포동

한강공원
(반포지구)

솔빛섬
채빛섬
세빛섬
가빛섬
예빛섬
미디어아트갤러리

반원초등교

83

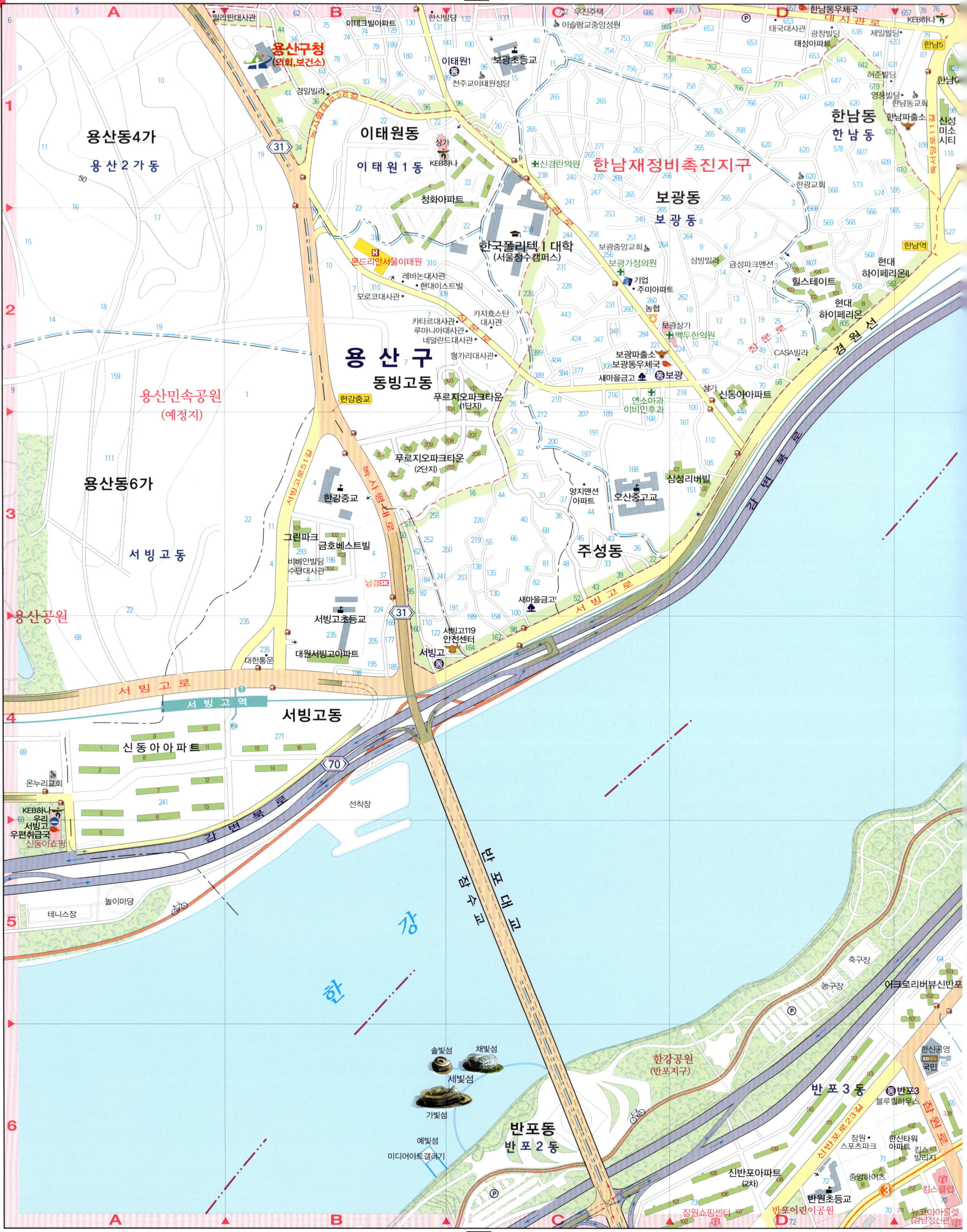

100

범례

고 속 국 도	시의상징(마크)
고 속 화 도 로	구의상징(마크)
주 요 도 로	동 주 민 센 터
	경찰서·치안센터	우체국·우편취급국
	소방서·119안전센터	도 서 관
	대 학 교·학 교	숙 박 시 설

■ 찾아보기 ■

◎주요기관

국민연금공단(강남신사지사)	H5
반포종합사회복지관	E6
보광동우체국	C2
서초여성가족플라자	F5
신사현대우체국	G5
용산구청	B1
한남동우체국	D1

◎동주민센터

반포3동주민센터	D6
보광동주민센터	C2
서빙고동주민센터	B4
신사동주민센터	H3
이태원1동주민센터	C1
잠원동주민센터	F5

◎학교

경원중교	E6
반원초등교	D6
보광초등교	C1
서빙고초등교	B3
신구초등교	H3
신동초등교	F5
신동중교	F5
신사중교	G3
오산중고교	C3
한강중교	B3
한국폴리텍ⅠI대학(서울정수캠퍼스)	C2
현대고교	H3

◎기타

광림사회봉사관	H3
뉴코아아울렛(강남점신관)	E6
더리버사이드호텔	G4
롯데시네마	G5
몬드리안서울이태원	B2
보코서울강남	H4
신동아쇼핑	A5
신사쇼핑센터	F5
잠원쇼핑센터	D6
잠원수영장	E4
킴스클럽	E6
하이랜드호텔	H4
현대백화점(본점)	H2
JS강남웨딩	G5

◎대사관

수단	H4
태국	D1
카자흐스탄 · 네덜란드 · 헝가리 · 루마니아 · 카타르	C2
모로코 · 레바논	B2
필리핀	A1

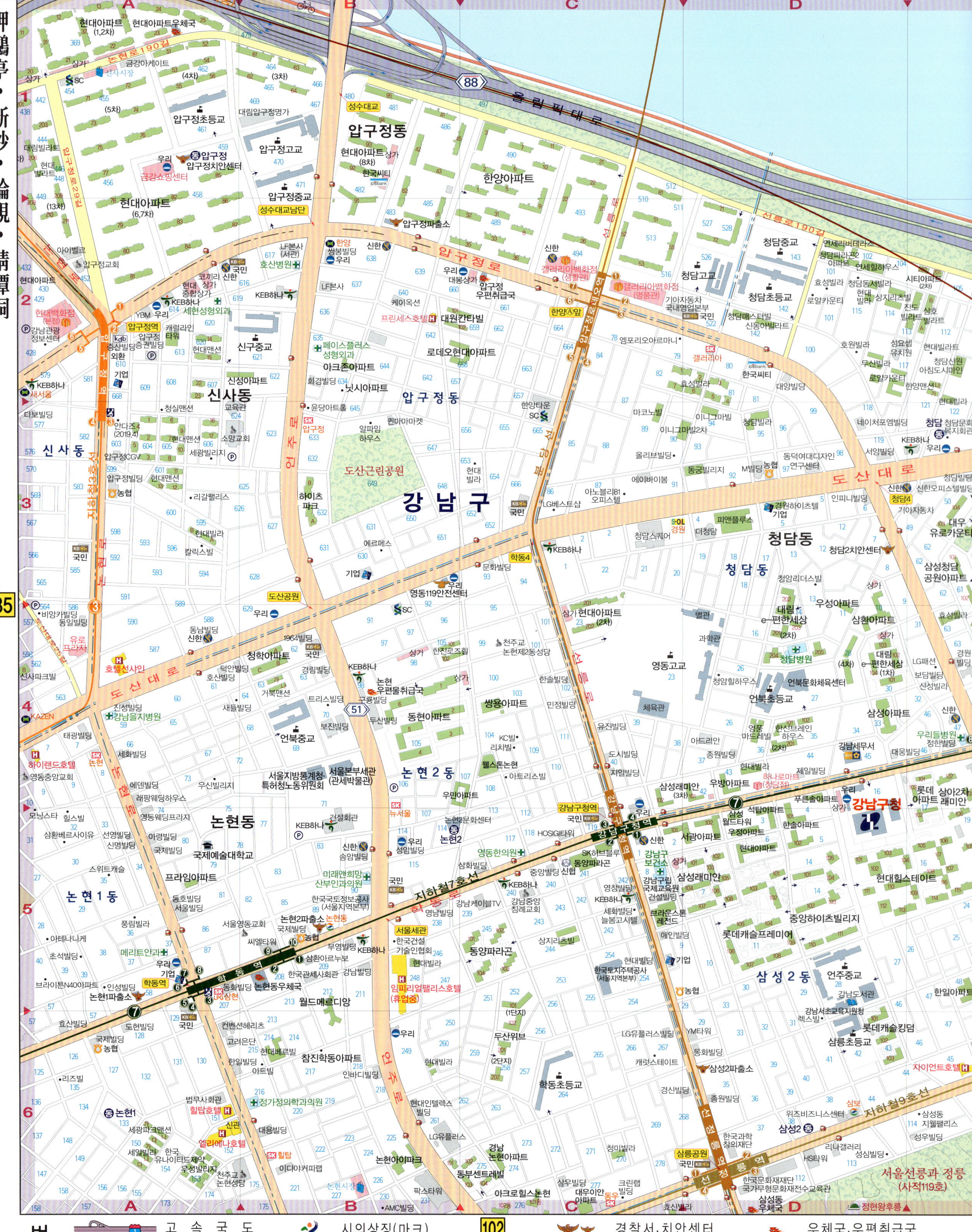
狎鷗亭·新沙·論峴·淸潭洞
70
88
올림픽대로
압구정동
현대아파트 (1,2차)
현대아파트우체국
금강아케이트
논현로 190길
신사시장
SC
대림압구정명가
압구정초등교
압구정고교
압구정정치안센터
우리
압구정동
현대아파트 (8차) 상가
한국씨티
한양아파트
금강쇼핑센터
현대아파트 (6,7차)
성수대교남단
압구정중교
압구정파출소
압구정동
갤러리아백화점 (생활관)
갤러리아백화점 (명품관)
청담중교
연세리버테라스
청담파라곤
아이파크
연세힐유스
대림빌라트
압구정교회
한양 쌍병빌딩 우리
신한
우리
대봉상가
압구정 우편취급국
기아자동차
국내영업본부
청담고교
청담초등교
효성빌라
청담서빌라
시티아파트 (2차)
현대 별리트
코끼리 신한
현대 상가 신한
호산병원
KEB하나
LF본사 (서관)
617
KEB하나
케옥션
압구정 우편취급국
엠포리오아르마니
청담맨스틸
신동아파트
진도 섬포
빌라트 빌라
현대백화점 (본점)
YBM 우리
세현성형외과
LF본사 637
프린세스호텔
대원칸티빌
한양A앞
국민
우리들병원
한국씨티
청담신원
아침도시마인
한양맨션
현대빌라
강남관광 정보센터
압구정역
캐럴라인 타워
현대대션
640
케이옥션
로데오현대아파트
663
SK 갤러리아
citibank
호원빌라
성요셉 유치원
청담신원
로얄카운티
압구정중앙빌딩
신구중교
페이스플러스 성형외과
아크존아파트
회경빌딩
닛시아파트
압구정동
한양타운 SC
효성빌라
마코노빌
이니그마빌
대양빌딩
네이처포엠빌딩
청담 복지회관
KEB하나 우리
현대백화점
신성아파트
교육관
윤답아트홀
알파임 하우스
퀸마마켓
이니그마빌2차
올리빌딩
M빌딩 농협
서양빌딩
신사동
신사동
압구정CGV
현대맨션
소망교회
세관빌라
도산근린공원
강남구
현대 빌라
야노블리81 오피스텔
이베이몸
동덕여대디자인 연구센터
도산대로
청담동
리갈팰리스
하이츠 파크 A
KB국민
LG베스트샵
경원하이츠빌 기업
피앤포루스
인피니빌딩
청담4
기아자동차
현대빌라
에르메스
S-OIL 경희
더청담
청담스퀘어
대우 유로카운티
칼리스빌
도산공원
우리
영동119안전센터
학동4
KEB하나
청담2차안전센터
청담동
우성아파트
삼성청담 공원아파트
기업
청학아파트
문화빌딩
상가 현대아파트 (2차)
별관
청암리더스빌
대림 e-편한세상 (2차)
삼환아파트
효성빌라
덕성빌딩
1964빌딩
SC
과학관
상가
대림 e-편한세상 (1차)
동남빌딩 신한
천주교 논현제2동성당
영동고교
청암하이우스
언북문화체육센터
신한
호산빌딩
경림빌딩
KEB하나
논현 우편물취급국
한솔빌딩
청담병원
언북초등교
삼성아파트
신한
호텔신사인
가북맨션
트리스빌딩
용궁빌딩 51
쌍용아파트
인정빌딩
유진빌딩
영롱 마드레유 하우스
현대빌라
우리들병원
청원빌딩
하이랜드호텔
에덴빌딩
우신빌라지
보진빌딩
동현아파트
KC빌 리치빌
아드리안
종원빌딩
하나로마트 (청담점)
제일빌딩
영동중앙교회
래랑웨딩하우스
서울지방통계청 특허청노동위원회
서울본부세관 (관세박물관)
웰스톤논현
도시빌딩
치안빌딩
삼성래미안 (3차)
우방아파트
푸른솔아파트
래미안
모닝스타 힐스빌
논현동
건설회관
우만아파트
강남구청역
삼성 월드타워
석탑아파트
한솔아파트
강남구청
삼환베르사이유 선영빌딩
신명빌딩
국제예술대학교
신한 송암빌딩
SK 뉴서울
논현2문화센터
국민
서광빌딩
우정아파트
현대아파트
스위트캐슬
프라임아파트
미래앤희망 산부인과의원
영동한의원
삼il빌딩
SK허브블루 동양빌딩
강남구 보건소
현대힐스테이트
논현 1동
동호빌딩 서울빌딩
한국국토정보공사 (서울지역본부)
KEB하나
강남케이블TV
영장빌딩 강남구림 국제교육원
삼성래미안
세화빌딩 눌봄고시텔
중앙빌딩치빌리지
야테나니케
서울영동교회
논현파출소 논현동
씨엘타워
부엉덤빌딩
한국건설 기술인협회
동양파라곤
한국토지주택공사 (서울지역본부)
브라운스톤 레젠드
롯데캐슬프레미어
초석빌딩
메리트안과
우리 기업
삼환아르누부
한국관세사회관 강남빌딩
현대빌라
애인빌딩
브라이트N400아파트 인성빌딩
학동역
지하철7호선
헌릉로
논현동우체국
임피리얼팰리스호텔 (휴업중)
월드메르디앙
상지리츠빌
현대빌딩
기업
삼성2동
언주중교
효산빌딩
국제빌딩
동현빌딩
컨벤션헤리츠
두산위브 (2단지)
LG유플러스빌딩 YMI타워
캐럿스테이트
현대빌딩
삼성초등교
한일아파트
리즈빌
농협
고려은단
현대베르빌
한일빌딩
아트빌
참진학동아파트
인바디빌딩
삼성2파출소
한국과학 창의재단
롯데캐슬킴덤
법무사회관
정가정의학과의원
힐탑호텔
신관
대용빌딩
학동초등교
현대인텔렉투 빌딩
경신빌딩
동화빌딩
삼성동도서관
지웰유스텔
성우빌딩
논현1
세광파크맨션
한국 유나이티드제약
SK힐탑
엘리에나호텔
세일빌딩
신라 우정빌딩
논현아이파크
강남 논현아파트
청림빌라
삼릉공원
한국과학 창의재단
자이언트호텔
삼성동 우체국
서울선릉과 정릉 (사적119호)
논현당
이디야커피랩
논현시장
선정릉
한국문화재단
국가무형문화재수교육관
AMC빌딩
아크로빌스톤현
대우이안 빌딩
크린랩 빌딩
동우
정현왕후릉
범례
고속국도
고속화도로
주요도로
동주민센터
시의상징(마크)
구의상징(마크)
경찰서·치안센터
소방서·119안전센터
대학교·학교
우체국·우편취급국
도서관
숙박시설
102
85

■ 찾아보기 ■

◎주요기관

119뚝섬수난재난구조대 ······ G1
강남경찰서 ······ H6
서초강남교육지원청 ······ D5
강남구보건소 ······ C5
강남구청 ······ D5
강남도서관 ······ D5
강남세무서 ······ D4
강남소방서 ······ H6
구립국제교육원 ······ C5
논현동우체국 ······ H6
대한지적공사 ······ H6
삼성동우체국 ······ D6
서울무역센터우체국 ······ G6
서울본부세관(관세박물관) ··· B4
언북문화체육센터 ······ D4
영동우체국 ······ B5
한국국토정보공사 ······ B6
한국자산관리공사 ······ G6
한국전력(본사) ······ G6
트레이드타워 ······ G6
한국토지정보공사(강남서초지사) ·· C5
한국토지주택공사(서울지역본부) ·· C5

◎동주민센터

논현1동주민센터 ······ A6
논현2동주민센터 ······ B5
삼성1동주민센터 ······ H5
삼성2동주민센터 ······ D6
압구정동주민센터 ······ A1
청담동주민센터 ······ E3

◎학교

경기고교 ······ F5
국제예술대학교 ······ A5
봉은초등교 ······ G4
봉은중교 ······ G4
삼릉초등교 ······ D6
서울정애학교 ······ F5
신구중교 ······ B2
신양중교 ······ G1
언북초등교 ······ D4
압구정고교 ······ B1
압구정중교 ······ B1
압구정초등교 ······ A1
언북중교 ······ B4
언주중교 ······ D5
영동고교 ······ D4
청담고교 ······ D2
청담초등교 ······ D2
청담중교 ······ D2
학동초등교 ······ C6

◎기타

강남을지병원 ······ A4
갤러리아백화점 ······ C2
그랜드인터컨티넨탈서울호텔··· G6
금강쇼핑센터 ······ A1
논현시장 ······ B6
엘리에나호텔 ······ A6
더조은병원 ······ A5
도심공항터미널 ······ G6
미도호텔 ······ D6
봉은사 ······ F5
삼성시장 ······ E6
서울의료원 ······ H6
호텔선샤인 ······ A4
엘루이호텔 ······ F2
임피리얼팰리스호텔(휴업중) ······ B5
자이언트호텔 ······ E6
더청담 ······ D3
코엑스인터콘티넨탈서울호텔··· F6
코엑스(회의장·전시장) ······ F6
프린세스호텔 ······ B2
하이랜드호텔 ······ A4
하와이호텔 ······ G5
현대백화점(본점) ······ A2
호텔리베라 ······ F3
힐탑호텔 ······ A6

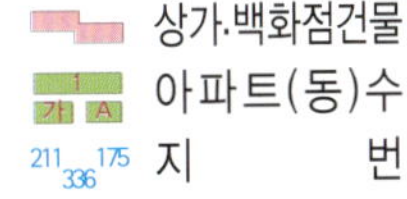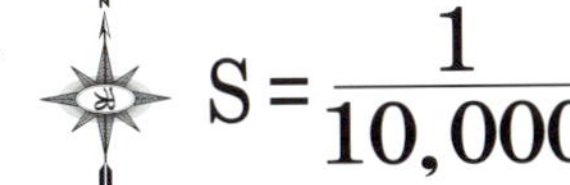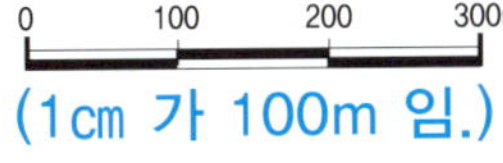

69	70	71	72
85	86	87	88
101	102	103	104

紫陽·蠶室洞

72
자양동
자양1동
자양2동
자양3동
광진구
신자초등교입구
신자초등교
선린교회
우성아파트(2차)
현대홈타운
삼성아파트
상가
한양연립
금강빌라
현대연립
삼원연립
동작공원
행운연립
대양리버빌
명성아파트
농협
국민 자양동우체국
성자초등교
성산교회
자양아파트
태림빌딩
남일빌딩
성동초등교
한양아파트
광진교회
구의유수지 수변공원
한양빌딩
부광교회
아레빌딩
현대빌라 한양진양빌라
우방리버파크
현대'PARK
강변북로
70
한강공원
(뚝섬지구)
음악분수
장애인농구장
베드민턴장
축구장2
축구장1
장미원
테니스장
농구장
자양한강도서관
경남아파트
현대아파트
현대빌라트
제일평화교회
민들레어린이집
동아아파트
현대아파트(2차)(3차)
한솔리베르
한강
87
한강공원
매표소
수영장
자연학습장
올림픽대로
88
잠실헬기장
인라인스케이트장
유람선선착장
수상스포츠
배구장 게이트볼장
족구장
농구장
보조경기장
인라인트랙
올림픽주경기장
인라인하키장
실내체육관
서울시체육시설관리사업소
종합운동장3
잠실종합운동장
제1수영장
제2수영장
체조관
동문
동남문
신천중교
엘스
잠일초등교
잠일고교
잠실2동
잠실동
잠신중교
잠신고교
강동송파교육지원청
잠신초등교
잠실리센츠
잠실엘스
지하철9호선
서문
9
서울시학생체육관
남문
야구장
종합운동장역
90
종합운동장앞
아시아공원
잠실7동
정신여중고교
체육관
송파문화예술회관
송파문화원
잠실지구대
파인애플상가
신천역 KEB하나
잠실새내역
잠실2
잠실3사거리
올림픽로
재동빌딩
효성올림픽카운티II
국민 신한
서경빌딩
한이비인후과의원
토리지움상가
신한
KEB하나
잠실토리지움
KEB하나
워너스오피스텔
SKY호텔
잠실종합사회복지관
천주교 잠실성당
잠실빌딩
잠실본동
버들초등교
영동일고교
태원빌딩
우리
올림피아빌딩
관리사무소

범례
고속국도
고속화도로
주요도로
시의상징(마크)
구의상징(마크)
동주민센터
경찰서·치안센터
소방서·119안전센터
대학교·학교
우체국·우편취급국
도서관
숙박시설
104

風納·新川洞

73

90

105

송파구

풍납동
풍납2동
신천동
잠실6동
잠실4동
잠실3동
방이동
방이2동
송파동
송파1동

서울아산병원
현대휘미리타운
신아아파트
극동스타클래스
풍납토성
(사적11호)
송파세무서
풍성초등교
풍성중교

성내천
올림픽로37길
올림픽로35길

잠실파크리오
잠현초등교
잠실고교
잠실초등교
근린공원

장미아파트(1차)
잠실6동
잠동초등교
잠실중교
잠실디#스타파크
푸르지오월드마크
the# 스타리버
잠실한신코아

잠실 미성·크로바아파트
주택재건축정비사업
잠실진주 재건축아파트
잠실 래미안아이파크
잠실 르엘

잠실대교남단
잠실주공아파트(5단지)
잠실3동
삼성웰리스아파트(본부)
국민연금공단
어린이교통안전교육장
한국광고고박물관
삼성SDS타워서관

송파구청
송파보건소
잠실리시온
방이중교

교통회관
서울시교통연수원
대한제당
대우증권
예전빌딩

잠실(송파구청)역
kdb산업
시그마타워

롯데월드타워
롯데월드몰
소피엘 앰배서더 서울
기업

잠실역
에비뉴엘(월드타워점)
잠실4
롯데면세점 롯데월드타워

롯데백화점(잠실점)
롯데월드쇼핑몰
롯데마트(월드점)
롯데월드
호텔롯데월드
갤러리아팰리스
스포츠센터
잠실레이크팰리스

석촌호수공원
석촌호수(동호)
석촌호수(서호)

방이동
방이2동
방이3
방이4

송파동
송파1동

서울놀이마당앞
매직아일랜드
서울놀이마당

잠실로
잠실레이크팰리스

◎ 의료기관 주유소 상가·백화점건물
버스정류장 교차로명 아파트(동)수
지시점 공공건물 지번

S = 1/10,000 (1cm 가 100m 임.)

0 100 200 300m

71	72	73	74
87	88	**89**	90
103	104	105	106

風納·城內·芳荑洞

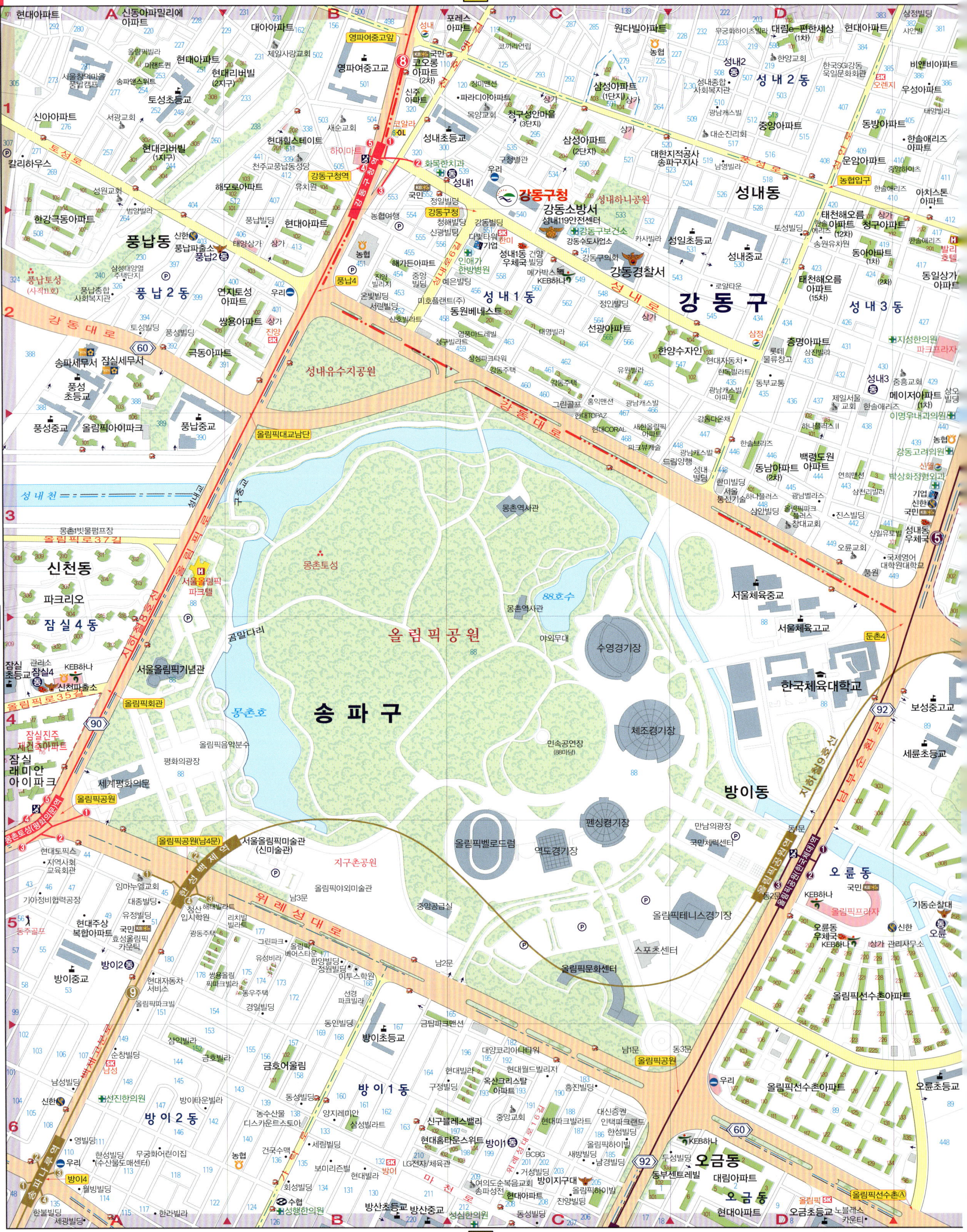

올림픽공원

몽촌토성

몽촌호

88호수

송파구

강동구

풍납동
풍납2동
신천동
잠실4동
성내1동
성내2동
성내동
성내3동
방이동
방이1동
방이2동
오륜동
오금동

강동구청
강동소방서
강동경찰서
한국체육대학교
서울체육중학교
서울체육고교
방이중교
방이초등교
올림픽선수촌아파트
세륜초등교
오륜초등교

범례

고속국도	시의상징(마크)	경찰서·치안센터
고속화도로	구의상징(마크)	소방서·119안전센터
주요도로	동주민센터	대학교·학교
		우체국·우편취급국
		도서관
		숙박시설

■ 찾아보기 ■
◎주요기관
강동구청 …… C1
강동경찰서 …… C1
강동구보건소 …… C2
강동구의회 …… C2
강동수도사업소 …… C2
강동소방서 …… C2
대한지적공사 …… D1
서울창의마을풍납캠프 …… A1
서울올림픽기념관 …… A4
서울올림픽미술관 …… B5
성내동우체국 …… C2
성내동우체국 …… E3
송파세무서·잠실세무서 …… A2
오륜동우체국 …… D5
올림픽문화센터 …… C5
풍납종합사회복지관 …… A2
한국도로공사(중부지역본부) …… H5
한국전력(강동송파지사) …… E3

◎동주민센터
둔촌1동주민센터 …… F1
둔촌2동주민센터 …… F1
방이1동주민센터 …… C6
방이2동주민센터 …… A5
성내1동주민센터 …… C1
성내2동주민센터 …… D1
성내3동주민센터 …… D2
오륜동주민센터 …… E5
잠실6동주민센터 …… A4
풍납2동주민센터 …… A2

◎학교
동북중고교 …… F4
둔촌고교 …… F1
둔촌초등교(휴교) …… E2
둔촌중교 …… G1
방이초등교 …… B6
방이중교 …… A5
방산초중교 …… B6
보성중고교 …… E4
서울체육중고교 …… D3
선린초중교 …… G2
성내초등교 …… C1
성내중교 …… D2
성일초등교 …… D2
세륜초등교 …… E4
영파여중고교 …… B1
오금초등교 …… D6
오륜초등교 …… E6
오륜중교 …… F5
위례초등교(휴교) …… F3
잠실초등교 …… A4
창덕여고교 …… F5
토성초등교 …… A1
풍성중교 …… A3
풍납초등교 …… A2
풍성초등교 …… A2
한국체육대학교 …… D4
한산초등교 …… F2
한산중교 …… F2

◎기타
몽촌토성 …… B3
발라호텔 …… E2
서울올림픽파크텔호텔 …… A3
올림픽프라자 …… D5
중앙보훈병원 …… G2
파크프라자 …… E2
풍납토성 …… A2

일자산자연공원
둔촌2동
둔촌동
둔촌1동
초이동
감북동
감일동
하 남 시
둔촌주공주택재건축
하남감일지구

의 료 기 관
버스정류장
지 시 점
주 유 소
교차로명
고속터미널
공공건물
상가·백화점건물
아파트(동)수
지 번

S = 1/10,000
(1cm 가 100m 임.)

宮 · 溫水洞

76

A B C D

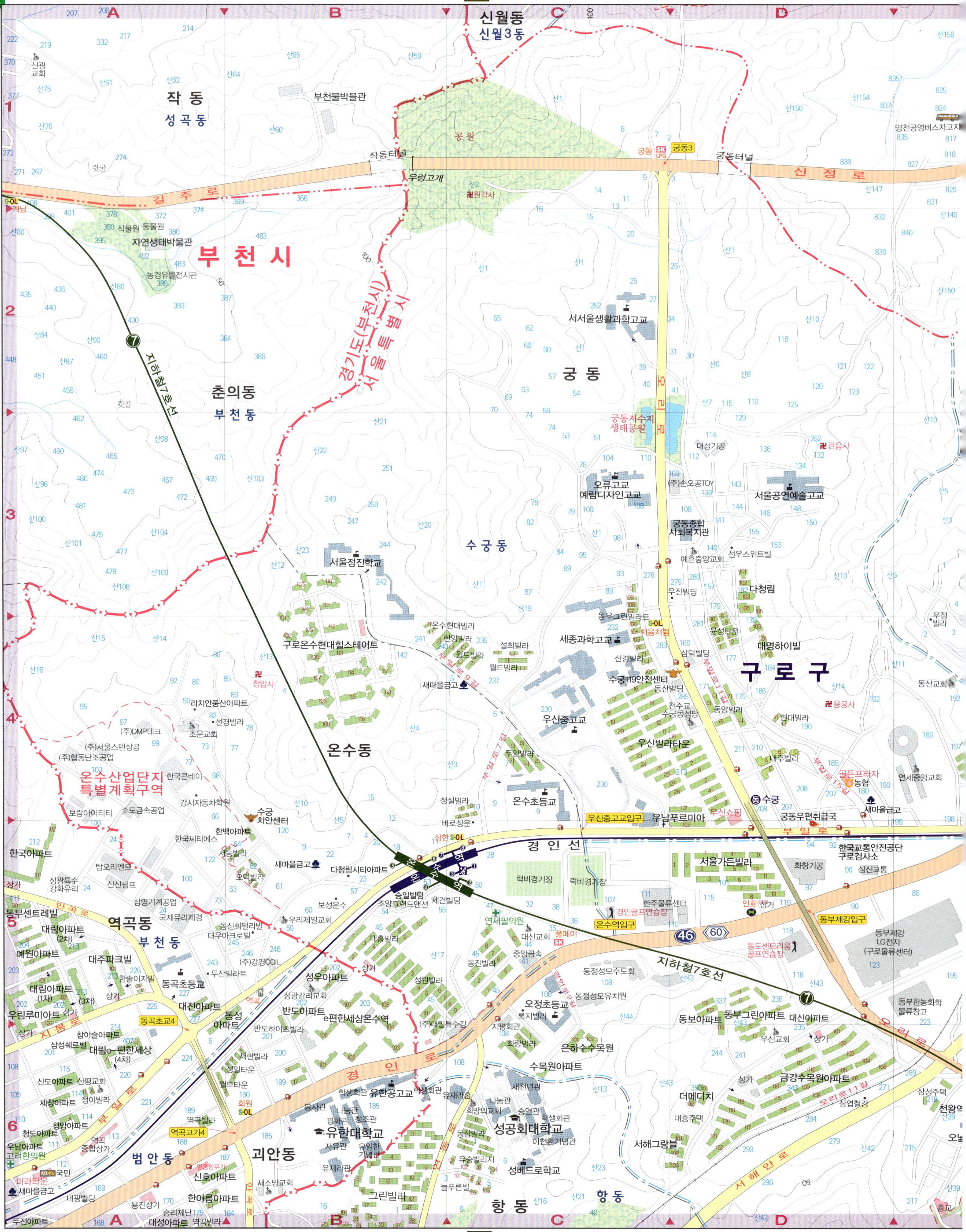

신월동
신월3동

작동
성곡동

부천물박물관

공원

작동터널

궁동
궁동3
궁동터널

신정로

우렁고개

길주로

원각사

식물원 동물원
자연생태박물관
농경유물전시관

부천시

서서울생활과학고교

궁 동

춘의동
부천동

궁동저수지
생태공원

대경기공

관음사

오류고교
예림디자인고교

서울공연예술고교

궁동종합
사회복지관

예흔중앙교회

선우스위트빌

서울정진학교

수궁동

우진빌딩

다청림

온수현대빌라
한양빌라
월드빌라
월성빌라

동우그린빌라트

처음처럼

문성타운

세종과학고교
선경빌라

삼덕빌딩

명성하이빌

구로온수현대힐스테이트

새마을금고

수궁119안전센터

동산빌딩

구 로 구

청암사

우신중고교

천주교
수궁공소성당

동양빌라

현대빌라

용궁사

리치안풍산아파트
선경빌라
초운교회

(주)DMP테크

우신빌라타운

동산교회

대주빌라

(주)서울스텐상공
(주)협동단조공업

동철빌라

골든프라자

연세중앙교회

농협

온수산업단지
특별계획구역

한국콘베이

온수초등교

새마을금고

강서자동차학원
보람아이티티
수도금속공업

청실빌라

바로싱운

수궁
치안센터

우신중고교입구

우남푸르미아

우신소핑

궁동우편취급국

부일로

한백아파트

삼한

경인선

한국교통안전공단
구로검사소
삼신교통

한국씨티에스
새뜸빌라

다청림시티아파트

럭비경기장
럭비경기장

서울가든빌라

화창기공

한국아파트
성광특수
강화유리

탑오리엔트
신신펌프

오력빌라

승일빌딩
조양그랜드맨션
재건빌딩

한주물산센터

인호상가

동부제강입구

심영기계공업
국제유리제경

온수역입구

풀메이

동부센트레빌
대림1아파트
예원아파트

대우이크로빌

동신회밀라빌

우리제일교회

대신교회

46 60

동부제강
(구로물류센터)

대주파크빌

성광감리교회
성우아파트

대흥빌라

동진빌라
중앙금속

동정성모수도회
동정성모유치원

동도센트리움
골프연습장

대림아파트
(1차)
우림루미아트 상가

동곡초등교
대진아파트
반도아파트
편한세상온수역

원광빌라

상가

오정초등교

동보아파트
동부그린아파트
대신아파트

역곡동

동성
아파트

성광교회
반도하이빌라트

지평회관
화랑교회

복지빌라

우신교회
상가

금강수목원아파트

청도아파트
참이슬아파트
삼성쉐르빌
신도아파트 신평교회
세창아파트

대림e·편한세상
(4차)
정이빌라

새한빌라

일신타운
으뜸타운

은하수수목원
수목원아파트

더메디치

삼협청강

동곡초교4

역곡고가4

학생회관 유한공고교 학생회관
봉사관 유재라홀
나눔관
평화관 창조관
유한대학교
저유천

새천년관

희망의교회 승연관 학생회관

성공회대학교
이천환기념관

서해그랑블

청암아파트
우남아파트
고려한의원
미래타운
새마을금고
대광빌딩
두진아파트

신호아파트

한아름아파트

범 안 동

괴안동

신소망교회
유재라홀

그린빌라

유승빌리지

성베드로학교

항 동

대흥주택

천왕역

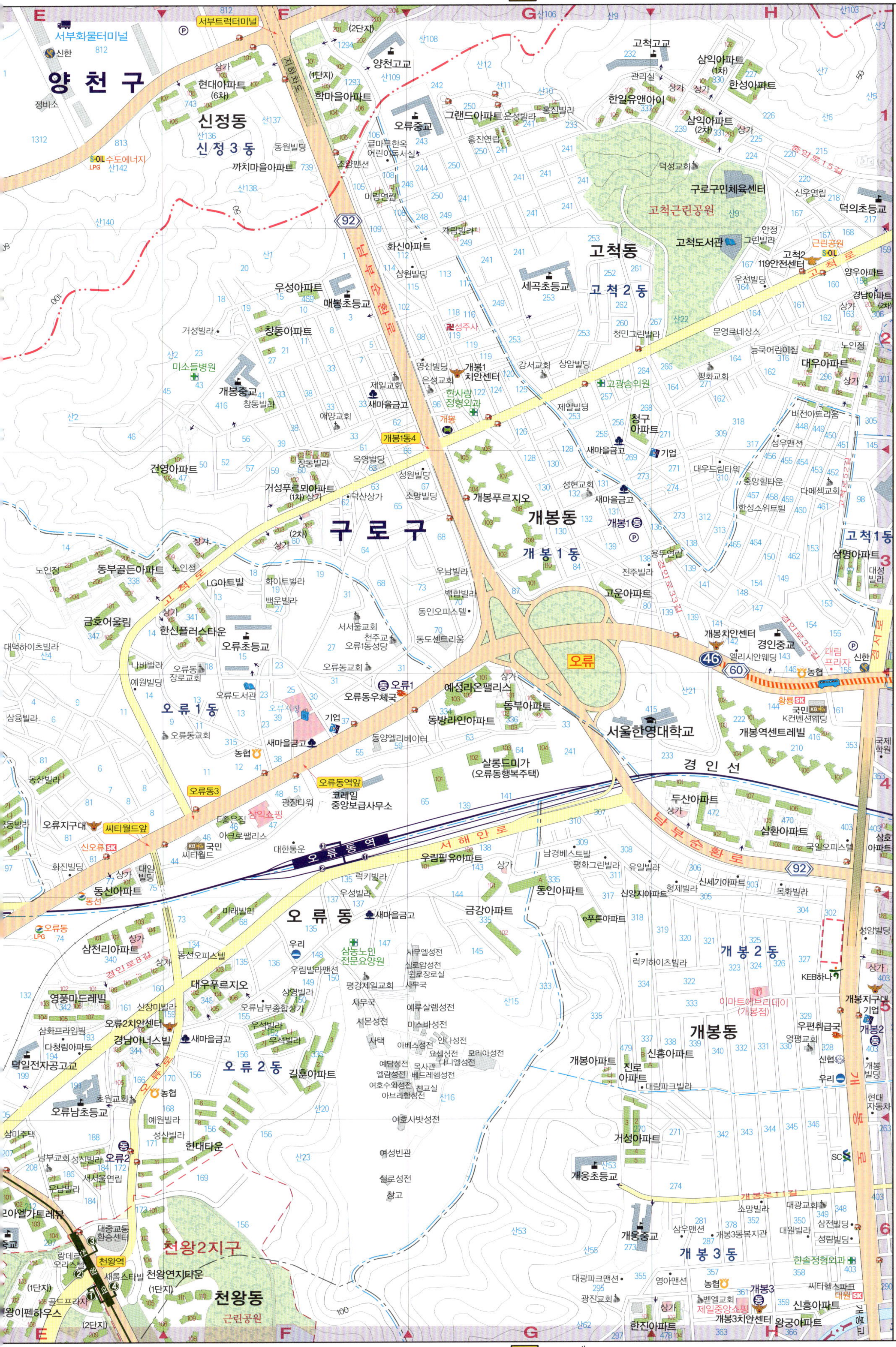

高尺 · 開峰 · 梧柳洞
94

양천구
신정동
신정3동
구로구
고척동
고척2동
고척1동
개봉동
개봉1동
오류1동
오류동
오류2동
오류2동
개봉2동
개봉동
개봉3동
천왕2지구
천왕동
오류
경인선
서울한영대학교
고척근린공원

高尺·開峰·光明市 鐵山洞

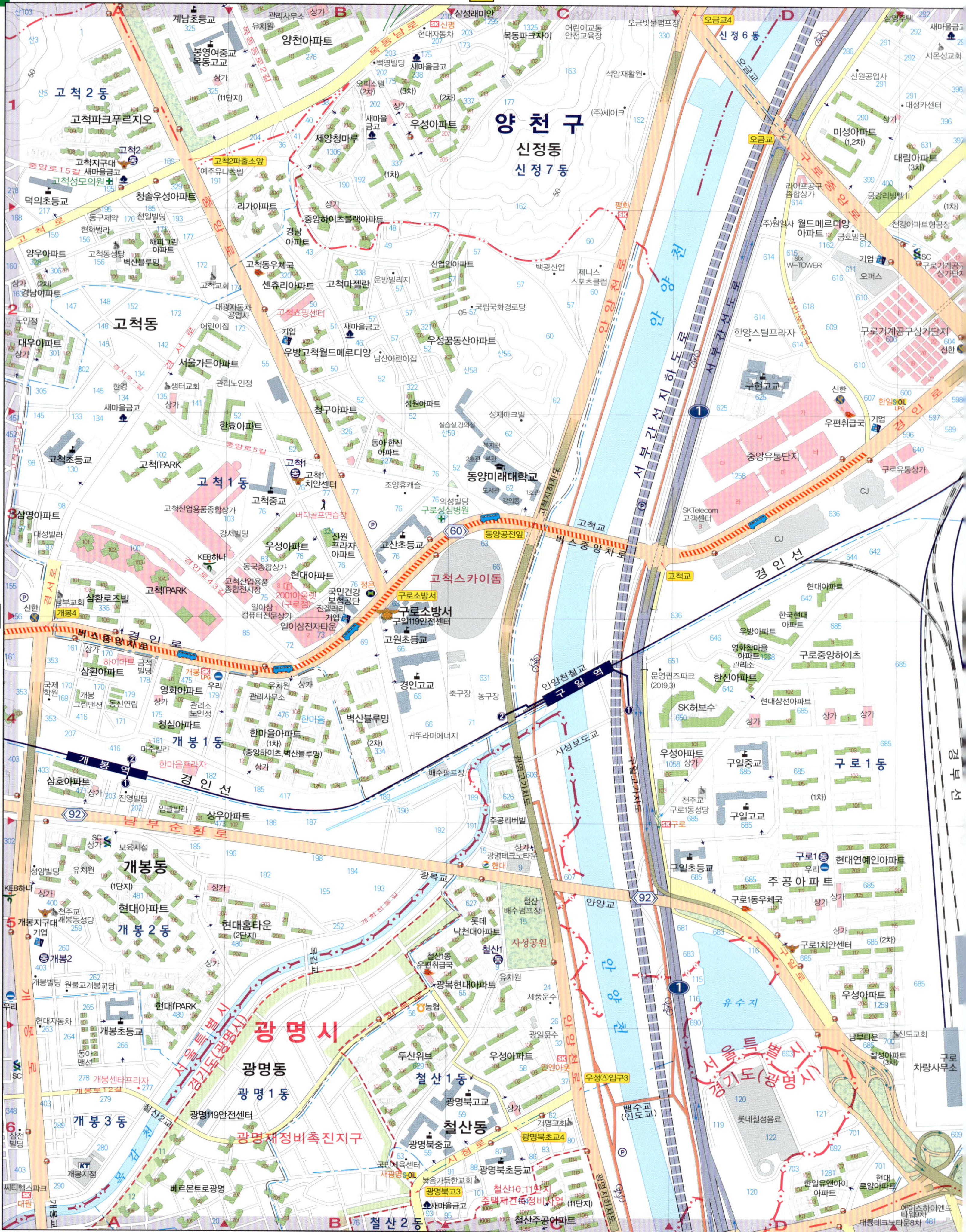

양 천 구
신정동
신 정 7 동

고척 2 동
고척파크푸르지오
덕의초등교
고척동
고척 1 동
고척초등교
삼명아파트
고척'PARK
개봉 4
경인로
개봉 1 동
개봉 역
개봉동
개봉 2 동
개봉 3 동
광 명 시
광명동
광명 1 동
철산 1 동
철산동
철산 2 동

구 로 1 동
구 일 역
안양천철교
구 일 역

동양미래대학교
구로소방서
고척스카이돔
경인선
고척교

남 부 순 환 로

광명재정비촉진지구

범례
고속국도
고속화도로
주요도로
동주민센터
시의상징(마크)
구의상징(마크)
경찰서·치안센터
소방서·119안전센터
대학교·학교
우체국·우편취급국
도 서 관
숙 박 시 설

新道林·九老·大林洞
79
111
구로구
구로동
구로2동
구로4동
구로5동
신도림동
영등포구
대림동
대림2동
가리봉동
도림동

■ 찾아보기 ■

◎주요기관
고척동우체국 ·········· B2
구로경찰서 ·········· F4
구로구민회관 ·········· G4
구로구시설관리공단 ·········· F5
구로구의회 ·········· G4
구로구청 ·········· F4
구로동우체국 ·········· G4
구로도서관 ·········· G3
구로우체국 ·········· D5
구로소방서 ·········· B3
구로종합사회복지관 ·········· G6
구로4동우체국 ·········· F5
국민건강보험공단 ·········· B3
대림정보문화도서관 ·········· H2
화원종합사회복지관 ·········· E4
하늘도서관 ·········· E6
KT개봉지점 ·········· A6

◎동주민센터
개봉2동주민센터 ·········· A5
고척1동주민센터 ·········· B3
고척2동주민센터 ·········· A1
광명1동주민센터 ·········· B6
구로1동주민센터 ·········· D5
구로2동주민센터 ·········· F5
구로4동주민센터 ·········· G6
구로5동주민센터 ·········· G5
구로5동주민센터 ·········· G3
대림1동주민센터 ·········· H5
대림3동주민센터 ·········· H3
도림2동주민센터 ·········· H1
신도림동주민센터 ·········· E1
철산1동주민센터 ·········· C5

◎학교
개봉초등교 ·········· A5
경인고교 ·········· B4
계남초등교 ·········· A1
고일초등교 ·········· B4
고산초등교 ·········· B3
고척초등교 ·········· A3
고척중교 ·········· B3
광명북고교 ·········· C6
광명초등교 ·········· C6
광명북초등교 ·········· B6
구로고교 ·········· F4
구로중교 ·········· G4
구일초등교 ·········· D5
구일중교 ·········· D4
구현고교 ·········· D2
대동초등교 ·········· H5
덕의초등교 ·········· A1
동구로초등교 ·········· F4
동양미래대학교 ·········· C3
목동초등교 ·········· A1
봉영여중교 ·········· A1
신구로초등교 ·········· G3
신미초등교 ·········· E1
신영초등교 ·········· H3
영남중교 ·········· H3
영림중교 ·········· G3
영서초등교 ·········· H6
영일초등교 ·········· F6

◎기타
고려대학교구로병원 ·········· F5
고척쇼핑센터 ·········· B2
구로성심병원 ·········· B3
구로시장 ·········· F6
나인스에비뉴 ·········· F3
대림중앙시장 ·········· H5
서울복지병원 ·········· H5
신도림테크노마트 ·········· G1
이마트(신도림점) ·········· G1
제중요양병원 ·········· F2
홈플러스(신도림점) ·········· F1
2001아울렛(구로점) ·········· B3
AK프라자 ·········· E3

의료기관
주유소
버스정류장
고속터미널 교차로명
지시점
공공건물
상가·백화점건물
아파트(동)수
지번

$S = \dfrac{1}{10{,}000}$
(1cm 가 100m 임.)
0 100 200 300m

77 78 79 80
93 94 95 96
109 110 111 112

新吉·大林·新大方洞

80
도림동
도림동
도림초교
영등포구
신길 3 동
신길 4 동
신길 1 동
신길 7 동
신길동
신길뉴타운I'PARK
대영고교
대영중교
대영초등교
신길 5 동
신길근린공원
영등포구민체육센터
신풍역
자하철 7호선
신풍로
대림 3 동
도신초등교
신길광장공원앞
영등포종합사회복지관
썬프라자앞
대림동
대림 1 동
신길 6 동
우성아파트
대방천로
여의대방로
신대방동
신대방 2 동
보라매공원
보라매역
대방역
대림중교
신대림초등교
대림공원
대림성모병원
신대방 1 동
대림 2 동
명지성모병원
대림파출소
대동초등교
신대방역
신사동
조원동
112
범례
고속국도
고속화도로
주요도로
시의상징(마크)
구의상징(마크)
동주민센터
경찰서·치안센터
소방서·119안전센터
대학교·학교
우체국·우편취급국
도서관
숙박시설
95

大方 · 上道 · 奉天洞

■ 찾아보기 ■

◎주요기관
관악노인종합복지관 …… F5
기상청 …… D4
대림동우체국 …… B6
동작관악교육지원청 …… H2
동작구민체육센터 …… D4
동작구민회관 …… E5
동작노인종합복지관국 …… F3
동작문화복지센터 …… H2
동작세무서 …… D3
동작소방서 …… D4
동작우체국 …… E3
서울시청소년자원봉사센터 …… D4
서울지방병무청 …… D2
시립남부장애인복지관 …… D4
시립보라매청소년수련관 …… E4
신길동우체국 …… E3
신길5동우체국 …… B3
영등포구민체육센터 …… B3
영등포종합사회복지관 …… B4
영등포희망문화회관 …… E3
한국장애인재활협회 …… D5
한국청소년연맹연수원 …… D4
KT대방지사 …… B4

◎동주민센터
노량진2동주민센터 …… H1
대림1동주민센터 …… B4
대림2동주민센터 …… A5
대방동주민센터 …… F1
보라매동주민센터 …… G2
상도2동주민센터 …… H2
상도3동주민센터 …… G3
상도4동주민센터 …… H3
신길3동주민센터 …… B1
신길4동주민센터 …… C1
신길5동주민센터 …… B3
신길6동주민센터 …… C3
신길7동주민센터 …… E1
신대방1동주민센터 …… C6
신대방2동주민센터 …… E3
신림동주민센터 …… F6

◎학교
강남중교 …… E2
강현중교 …… F2
당곡고교 …… G5
당곡초등교 …… F5
당곡중교 …… G5
대길초등교 …… C3
대동초등교 …… A5
대림초등교 …… E3
대림중교 …… B5
대방초등교 …… D2
대방여중교 …… C4
대영고교 …… B2
대영중교 …… B2
대영초등교 …… B2
도림초등교 …… B1
도신초등교 …… A3
문창초등교 …… C6
문창중교 …… E4
보라매초등교 …… D4
상도초등교 …… H3
서울공업고교 …… E3
성남중고교 …… F2
수도여고교 …… D5
숭의여자중고교 …… F1
신길초등교 …… F1
신도림초등교 …… B5
영등포중고교 …… G1
영림초등교 …… A6
영신고교 …… C4
영신초등교 …… D1
영화초등교 …… G1
우신초등교 …… C1
원광디지털대학교(서울캠퍼스) …… C1

◎기타
강남성심병원 …… B5
당곡프라자(신축중) …… F5
대림성모병원 …… B5
대림중앙시장 …… A5
동작경희병원 …… G2
롯데백화점(관악점) …… E5
명지성모병원 …… A4
보라매공원 …… D5
보라매성모병원 …… E3
봉일시장 …… H6
성대시장 …… G3
시립보라매병원 …… E5
썬프라자백화점 …… B4
아이리스프라자 …… H1
영도시장 …… H2
81　98　113

黑石·上道·奉天洞

82
97 
114
92
90

동 작 구
관 악 구

노량진동
노량진2동
노량진1동
본 동
상도2동
상도1동
상도동
상도4동
상도1동
흑석동
청림동
성현동
봉천동
은천동
사당5동

중앙대학교
숭실대학교
중앙대학교병원

범례

	고속국도		시의상징(마크)		경찰서·치안센터		우체국·우편취급국
	고속화도로		구의상징(마크)		소방서·119안전센터		도서관
	주요도로		동주민센터		대학교·학교		숙박시설

銅雀 · 舍堂洞

지도 지명

이촌동
이촌1동

용산구

서빙고동
서빙고동

한강

한강공원
(반포지구)

반포동

신동작2교
동작2교

반포본동
반포주공1단지재개발

흑석초등교
흑석벤엘교회
명수대현대아파트
한강현대아파트
흑석동부센트레빌
흑석2차안센터
이화연립
파크빌
한가람교회
성락암
농안사
명수대한양아파트
흑석한강푸르지오
전봉사
국립현충원
동작주차공원
동작교
한강홍수통제소
동작역
현충로

경찰충혼탑
유공자제3묘역
임정묘역
애국지사묘역
장군제2묘역
위패봉안관
한도의용군무명용사탑
유품전시관
현충관
경비대
사진전시관
군악대
묘목장
서묘
국립현충원
장군제3묘역
동묘
동작동
이대통령묘소
유공자제1묘역
장군제1묘역
대여보존관공작지
유격부대전적비
육탄10용사비
박대통령묘소
보문사

사당2동

KCC스위첸(1차)
이수자이첸포레힐즈
신동아갯마을아파트
남성지구대
동작시티빌
청담빌라
유성빌라
로얄하이츠
금강빌라
동작중교
이수힐스테이트
서미희어린이집
KCC금강
동작초등교
대성유니드
삼성아파트
이수푸르지오더프레미움
새림빌라
경문고교
방배본동
방배경찰서
서초구
방배동
방배현대
동명교회
한성교회
왕실빌딩
현대홈타운(3차)
현대 · 파크
천주교동작동성당
건영섬유
극동아파트
경문빌라
신동신중교
신동신정보산업고교
신동아파트
우성아파트(3단지)
(4단지)
(5단지)
이수역리가
현대홈타운(2차)
방배4동
서문여중고교
현대아파트(1차)
대아아파트우편취급국
두성아파트부성프라자
우리
사당2
남성사계시장
기업
현대아파트(1차)
농협
신한
우성아파트(2단지)
총신대입구역

총신대학교(사당캠퍼스)
신남성초등교
사당5치안센터
종합관
제2종합관
학생회관
삼성래미안
사당동
경남아너스빌아파트
사당3동
현대아파트
래미안로이파크
이수역리가
삼일초등교
사당2동교
대림e-편한세상
경오빌라
만강교회
삼일공원
남해오네뜨
대장센티아아파트
미드맨션
은진빌라
사당3동
이너스내안애아파트
삼호그린아파트
LG빌라
꿈마타운
송백빌딩
새마을금고
신남성초등교
가족사
학생회관
신관

■ 찾아보기 ■

◎주요기관

국립현충원	F3
동작문화복지센터	A2
방배경찰서	H6
봉천동우체국	C6
상도동우체국	A2
선언관악종합사회복지관	A5
흑석동우체국	D1
YMCA봉천사회복지관	C6

◎동주민센터

동작동주민센터	G5
사당2동주민센터	G6
사당3동주민센터	F6
상도1동주민센터	C4
상도2동주민센터	A2
성현동주민센터	B6
흑석동주민센터	E2
청림동주민센터	D5

◎학교

강남초등교	C1
경문고교	H5
구암초등교	B6
구암중교	B5
구암고교	B5
국사봉중교	A5
동양중교	C1
동작초등교	G4
동작중교	G4
본동초등교	C1
봉현초등교	C5
사당중교	F6
삼일초등교	G6
상도초등교	D5
상현초등교	C4
상도중교	D4
숭실대학교	D4
서문여중고교	H6
서울관악고교	A6
서울삼성학교	A3
신남초등교	E6
신동신중교	G5
신동신정산고교	G5
신봉초등교	B6
신상도초등교	A3
은천초등교	A6
은천중교	A6
장승중교	A2
중대부속초등교	D2
중대부속중교	D2
중앙대학교	C2
중앙중교	C1
총신대학교(사당캠퍼스)	E6
흑석초등교	E1

◎기타

의림한방병원	H5
남성사계시장	H6
남부종합시장	H4
중앙대학교병원	D1
현대시장	A6

100

범례

🏥 의료기관	🅿 주유소	상가 · 백화점건물	
🚏 버스정류장	고속터미널 교차로명	아파트(동)수	
지시점	공공건물	지번	

S = 1/10,000
(1cm 가 100m 임.)

0 100 200 300m

81	82	83	84
97	98	**99**	100
113	114	115	116

盤浦·方背洞

한강
한강공원
(반포지구)

반포서래섬

88

올림픽대로

반포3동
잠원동
신반포아파트
(4차)
기아자동차

신반포아파트
(2차)
잠원쇼핑센터
반포르엘2차
반포성당
현신교회
반원초등학교
반원상가
3
태남빌딩
시티1 신반포센트럴자이
오미스빌
반포르엘
아파트
반포쇼핑타운
신한

아크로리버파크
래미안원베일리아파트

신반포쇼핑센터
KEB하나
전주교
반포2
반포우체국
구반포치안센터
신반포중교
계성초등교

반포동
래미안원
펜타스아파트

반포2동
9
반포대우아파트

신반포
우편취급국
3동
반포쇼핑타운
2동
고속터미널 역
서울고속버스터미널
(경부선영동선)

국민
르본시티
신세계백화점
우편물취급국
강남
센트럴시티
(호남선)
우리
신한
J.W메리어트호텔

반포주공1단지재개발
반포본동

고속터미널

래미안퍼스티지

반포본
우리
국민
한신종합상가
엘루체웨딩
린벤스
KB하나
6
4
서울성모병원

반포초등교
반포중교

버스중앙차로

신반포로

구반포역

반포본동3

세화고교
세화여고교
세화여중교

서래파출소

잠원초등교
반포힐스테이트

서울성모병원

가톨릭대학교
(성의교정)
우리
우체국

반포주공1단지재개발

반포종합운동장

반포천

반포힐스테이트

사평지하차도

팔레스호텔
현대동궁아파트
신반포궁전아파트

7
농협
조달청
청구지청
성의회관
반포4동
서울성모병원
(별관)

동작구

이수교차로

방배아크로리버
KEB하나

서초구민
체육센터
서초소방서
반포119안전센터
반포그린공원

이수고가차도
부원이지스

31
디지털도서관
그린포럼(광장)
국립중앙도서관

서리풀공원

대검찰청

대법원
(법원행정처)

서초경찰서

99

삼호아파트

서초구

방배본동

방배동

방배4동

방배1동

내방역

범례
고속국도
고속화도로
주요도로
동주민센터
시의상징(마크)
구의상징(마크)
경찰서·치안센터
소방서·119안전센터
대학교·학교
우체국·우편취급국
도서관
숙박시설

盤浦 · 瑞草洞

■ 찾아보기 ■

◎ 주요기관

◎ 동주민센터

◎ 학교

◎ 기타

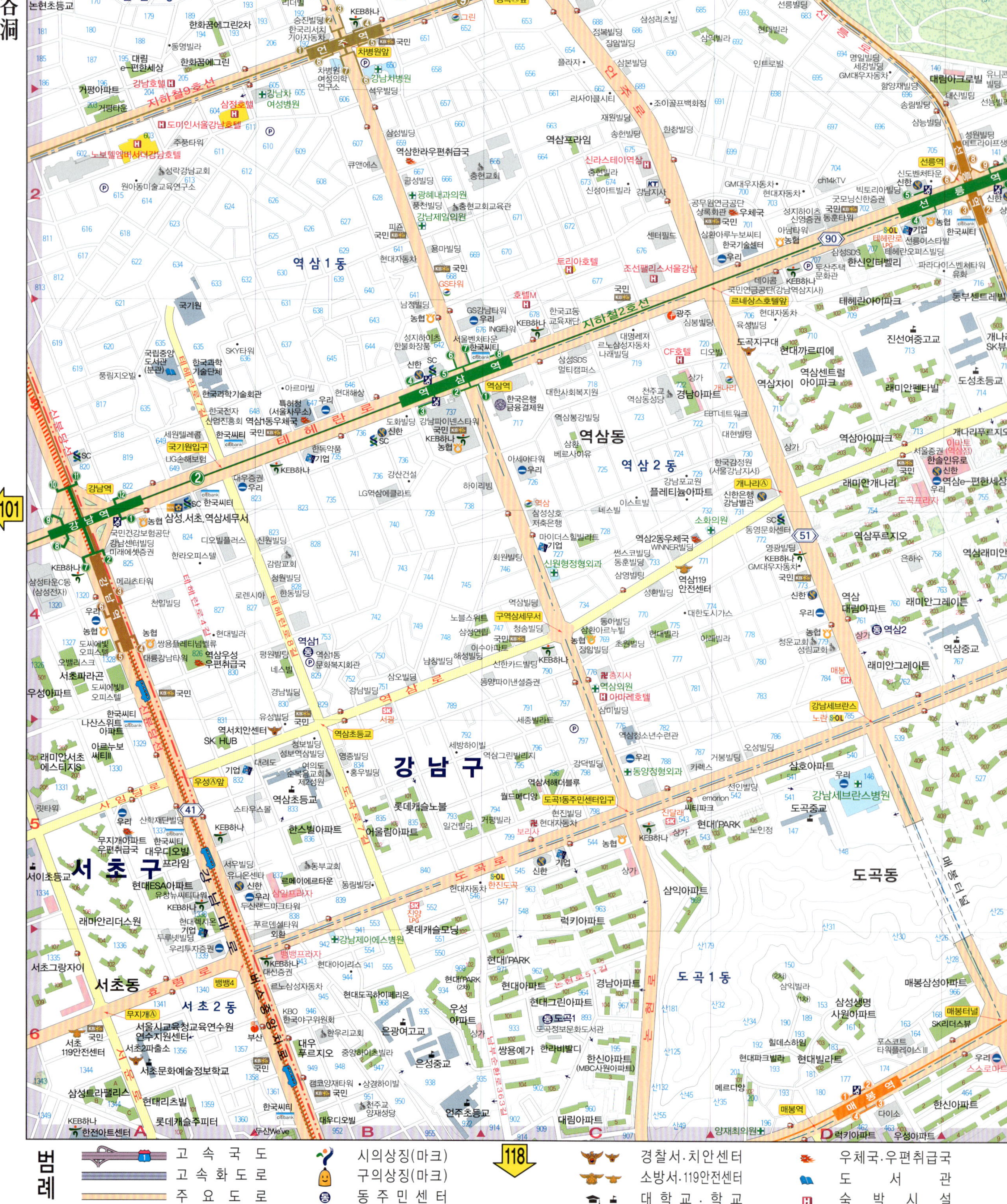
驛三·道谷洞
86
논현동
논현2동
논현1동
논현1동
동부센트레빌
강남논현아파트
국민
서울선릉과 정릉
(사적제119호)
정현왕후릉
선릉
역삼1동
국기원
국립중앙도서관(분관)
역삼역
역삼동
역삼2동
강남구
강남역
101
서초구
서초동
서초2동
서초1동
도곡동
도곡1동
도곡로
매봉역
118

범례
고속국도
고속화도로
주요도로
시의상징(마크)
구의상징(마크)
동주민센터
경찰서·치안센터
소방서·119안전센터
대학교·학교
우체국·우편취급국
도서관
숙박시설

大峙洞

■ 찾아보기 ■

◎주요기관
국기원 ······ D2
국민건강보험공단 ······ A4
국민연금공단(강남청사지사) ······ H1
강남경찰서 ······ H1
강남구민회관 ······ G5
강남구의회 ······ G5
강남등기소 ······ E1
강남소방서 ······ H1
강남운전면허시험장 ······ H1
공무원연금공단 ······ D2
국립중앙도서관(분관) ······ A3
삼성동우체국 ······ D1
역삼동우체국 ······ B3
삼성청소년수련관 ······ C5
서울특별시농업기술센터 ······ C6
삼성.서초.역삼세무서 ······ A4
특허청(서울사무소) ······ B3
한국과학기술원 ······ A3
한국은행금융결제원 ······ G1
한국증권금융 ······ G1
한전아트센터 ······ A6
KT영동지사 ······ C2

◎동주민센터
개포동주민센터 ······ H6
대치1동주민센터 ······ F5
대치2동주민센터 ······ G2
대치4동주민센터 ······ F3
도곡동주민센터 ······ C6
역삼1동주민센터 ······ B2
역삼2동주민센터 ······ D4

◎학교
개일초등교 ······ F6
개포초등교 ······ H6
경기여고교 ······ H6
구룡중교 ······ F6
단국공업고교 ······ F4
단국사대부속중고교 ······ F4
대곡초등교 ······ H4
대도초등교 ······ E5
대명중교 ······ G2
대청중교 ······ E5
대치초등교 ······ G5
대치중등교 ······ G2
도곡초등교 ······ D5
도곡중교 ······ D5
도성초등교 ······ E3
서초문화예술정보학교 ······ A6
숙명여고교 ······ E5
양전초등교 ······ H5
언주초등교 ······ B6
역삼초등교 ······ B5
역삼중교 ······ E4
은광여고교 ······ B6
은성중교 ······ B6
서울일본어학교 ······ H6
중앙사대부속고교 ······ D3
진선여중고교 ······ D3
휘문중고교 ······ G2

◎기타
강남세브란스병원 ······ D5
강남차병원 ······ B1
강남나무병원 ······ H3
그랜드인터컨티넨탈서울호텔 ······ G1
노보텔앰배서더강남호텔 ······ A2
논현시장 ······ B1
도심공항터미널 ······ A2
도미인서울강남호텔 ······ A2
라마다르네상스서울호텔 ······ C2
롯데백화점(강남점) ······ F5
삼릉공원 ······ D1
삼정호텔 ······ A2
센트럴500쇼핑몰 ······ F5
역삼종합시장 ······ C5
우성쇼핑센터 ······ H3
은마종합상가 ······ F4
이마트(역삼점) ······ E4
이비스앰배서더서울호텔 ······ F2
킴스마트(서초점) ······ A6
파크하얏트호텔 ······ G1
하나로마트(대치점) ······ H3
현대백화점(무역센터점) ······ G1
호텔M ······ C3

삼성동
삼성1동
삼성2동
강남구
대치2동
대치4동
대치동
대치1동
도곡2동
도곡동
개포동
개포1동
개포2동
송파구
잠실7동
잠실동

삼성역
선릉역
한티역
도곡역
대치역
은마아파트
선경아파트
우성아파트
미도아파트
타워팰리스

S = 1/10,000 (1cm 가 100m 임.)
0 100 200 300m

의료기관   주유소   상가.백화점건물
버스정류장   고속터미널 교차로명   아파트(동)수
지시점   공공건물   지번

85 86 87 88
101 102 103 104
117 118 119 120

蠶室·逸院洞

88

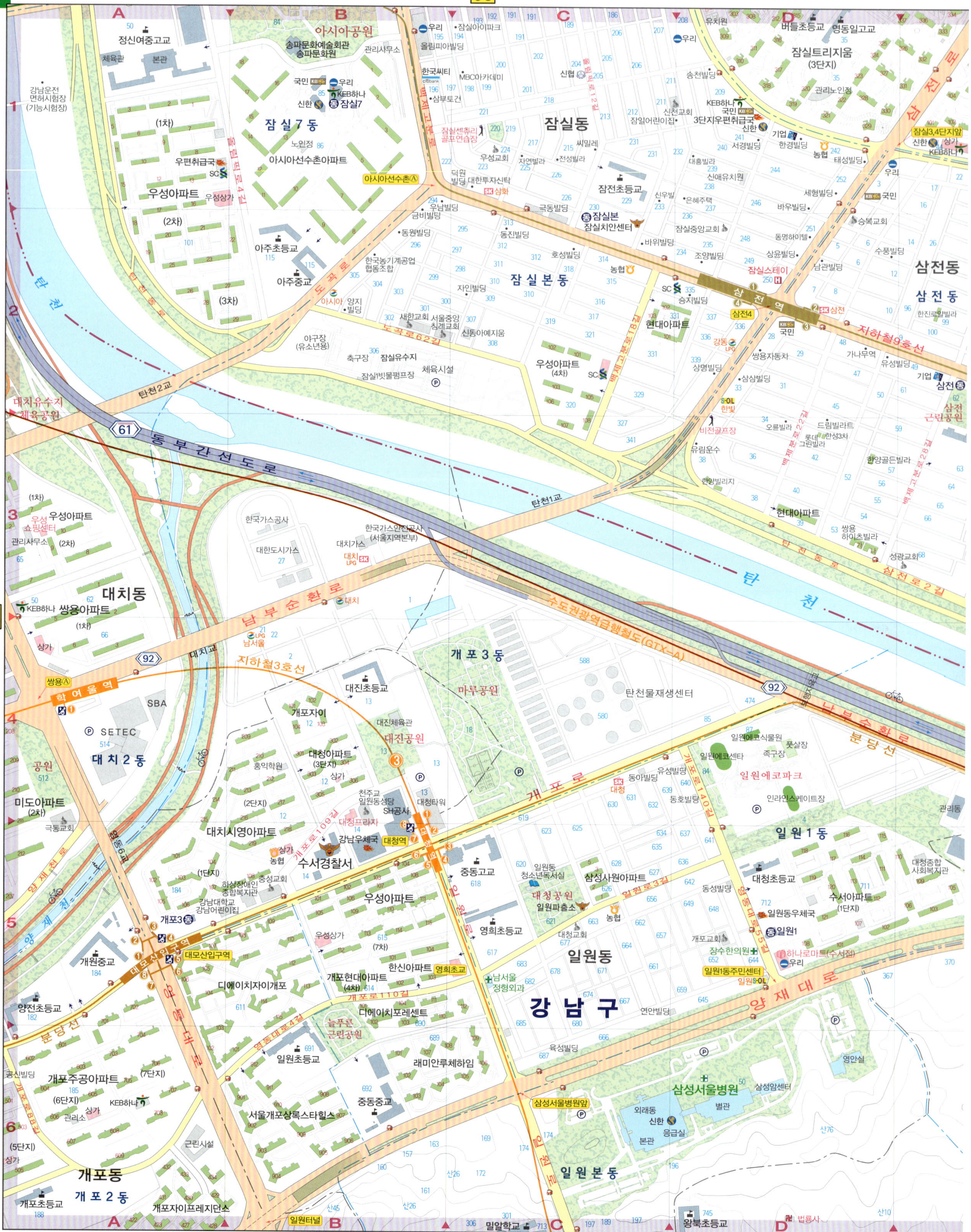

A B C D

정신여중고교
체육관
본관
강남운전면허시험장
(기능시험장)

아시아공원
송파문화예술회관
송파문화원
관리사무소
올림피아빌딩
우리
잠실아이마크
유치원
버들초등교 영동일고교
우리

(1차)
한국씨티 citibank
MBC아카데미
신협
국민 KB국
우리
KEB하나
신한 잠실7
잠실트리지움
(3단지)
송천교회
국민
3단지우편취급국
신한
KEB하나
관리노인정

잠실 7 동
노인정
잠실동
잠실센추리
골프연습장
신천교회
잠일어린이집
기업
서경빌딩
한경빌딩
농협
태성빌딩
잠실3,4단지우
신한 KEB하나 국민

우편취급국
SC
아시아선수촌아파트
씨마레
신애유치원
은혜주택
세형빌딩
바우빌딩
승복교회

우성아파트
우성상가
한국농기계공업
협동조합
동원빌딩
동진빌딩
잠전초등교
극동빌딩
잠실본
잠실치안센터
바위빌딩
잠실중앙교회
조양빌딩
상윤빌딩
상관빌딩
동명아텔
수풍빌딩

(2차)
우편취급국
금비빌딩
우남빌딩
아시아선수촌
덕원빌딩 대한투자신탁
SK상화
자인빌딩
우성교회
전성빌라
자연빌라
삼전동
삼전 동

아주초등교
아주중교

(3차)
아시아 양지
빌딩
새한교회 서울중앙
침례교회
신동아예지움
잠실본동
잠실스테이
농협
현대아파트
삼전역
삼전4
SK삼전
한진폭격빌딩
강동
가나무역
유성빌딩
기업
삼전

야구장
(유소년용)
축구장
잠실유수지
잠실1빗물펌프장
체육시설
우성아파트
(4차)
SC
쌍용자동차
상명빌딩
S-OIL
한빛
삼삼빌딩
드림빌라트
한성3차
그린빌라
오류빌라
삼전
근린공원

대지유수지
체육공원
통부간선도로
탄천2교
61
한국가스공사
한국가스안전공사
(서울지역본부)
대치가스
대치 LPG SK
탄천1교
유림운수
현대아파트
한양골든빌라
쌍용
하이츠빌라
성광교회

대치동
대한도시가스
27
남부순환로
대치
현대아파트
쌍용
삼전로 2길
KEB하나 쌍용아파트
(1차)
상가
대치교
92
학여울역
SBA
지하철3호선
남서울
대치
LPG
개포 3 동
마루공원
탄천물재생센터
92

SETEC
대치 2 동
공원
대진초등교
대진체육관
대진공원
3
개포자이
일원에코빌물관
풋살장
족구장
일원에코파크
일원에코센터

미도아파트
(2차)
극동교회
대청아파트
(3단지)
상가
홍익학원
천주교
일원동성당
SH공사
동아빌딩
우성빌딩
동호빌딩
인라인스케이트장

대치시영아파트
(2단지)
대청프라자
대청플라자
강남우체국
대청역
중동고교
일원동
청소년독서실
삼성사원아파트
대청초등교
수서아파트
(1단지)

농협
하상장애인
종합복지관
강남대학교
강남어린이집
수서경찰서
우성아파트
영희초등교
대청공원
일원파출소
대청교회
일원동우체국
일원1
일원 1 동

개포3
우성상가
(7차)
한신아파트
영희초교
개포교회
장수한의원
하나로마트(수서점)
우리

대모산입구역
개포현대아파트
(4차)
남서울
정형외과
일원동
강남구
연안빌딩
양재대로

양전초등교
디에이치자이개포
디에이치포레센트
일원동
육성빌딩
영안실

홍신빌딩
개포주공아파트
(7단지)
KEB하나
늘푸른
근린공원
일원초등교
래미안루체하임
삼성서울병원
삼성암센터
별관

개포동
개포 2 동
개포초등교
관리소
(5단지)
상가
중동중교
서울개포상록스타힐스
근린시설
일원터널
밀알학교
삼성서울병원앞
일원본동
외래동
신한
응급실
본관
왕북초등교
법룡사

103

120

고속국도
고속화도로
주요도로

시의상징(마크)
구의상징(마크)
동주민센터

경찰서·치안센터
소방서·119안전센터
대학교·학교

우체국·우편취급국
도서관
숙박시설

石村 · 松坡 · 可樂 · 水西洞

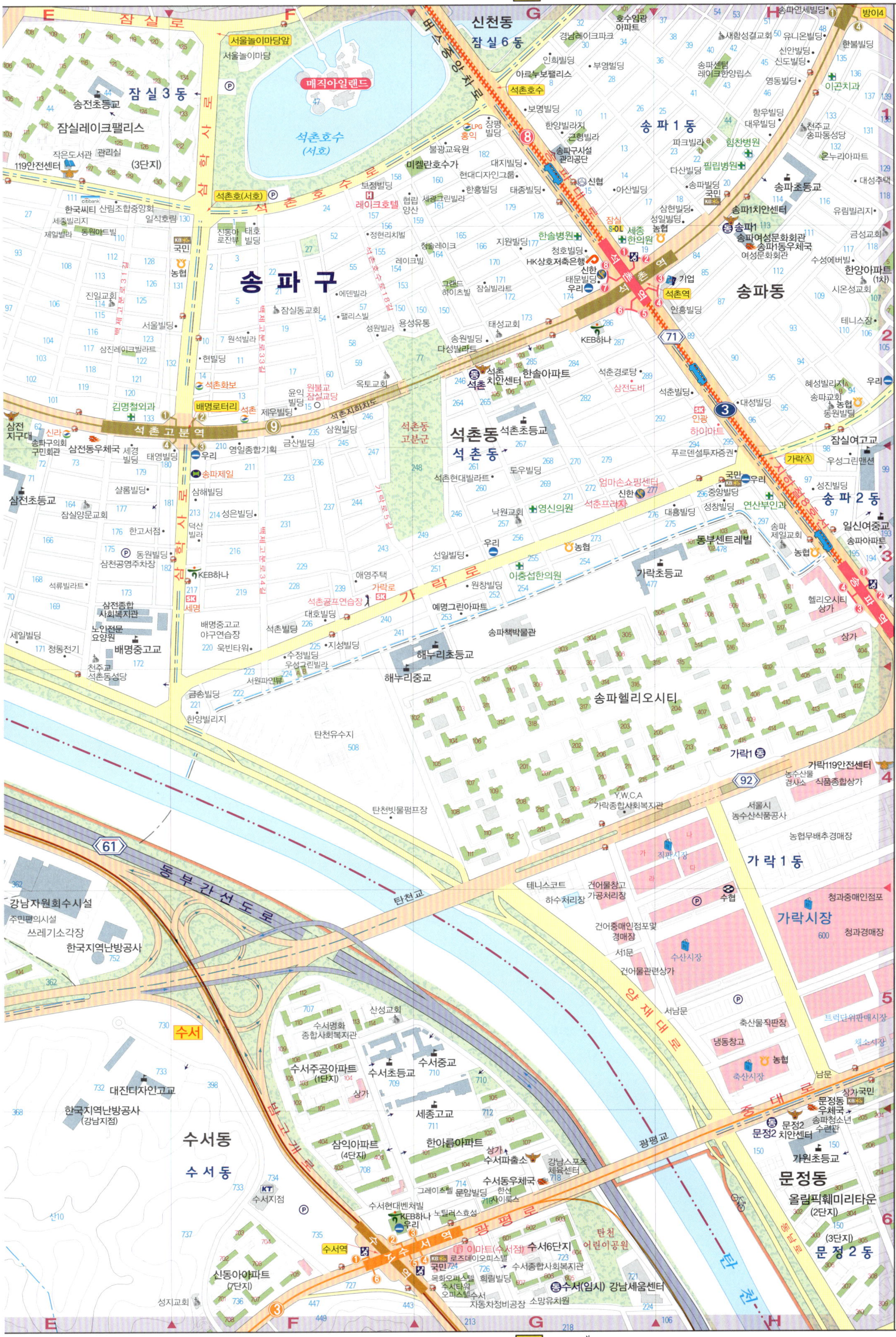

■ 찾아보기 ■

◎ 주요기관

가락1동우체국 ················ G4
강남우체국 ················ B5
강남운전면허시험장 ················ A1
개포동우체국 ················ A6
문정동우체국 ················ H6
산림조합중앙회 ················ E1
삼전동우체국 ················ E2
삼전종합사회복지관 ················ E3
서울무역전시장 ················ A4
서울산업통상진흥원 ················ A4
송파구회의원 ················ E2
송파구의회 ················ E2
송파문화예술회관 ················ B1
송파문화원 ················ B1
수서경찰서 ················ B5
수서동우체국 ················ G6
수서성림종합사회복지관 ················ E5
한양아파트(1차) ················ D5
탄천물재생센터 ················ C4
한국가스공사 ················ B3
한지지역난방공사 ················ E5
KT수서지점 ················ F6
SH공사 ················ E3
YMCA가락종합사회복지관 ················ G4

◎ 동주민센터

가락1동주민센터 ················ G4
문정2동주민센터 ················ H6
삼전동주민센터 ················ E2
석촌동주민센터 ················ G2
수서동주민센터 ················ H2
수서동주민센터 ················ G6
일원1동주민센터 ················ D5
일원본동주민센터 ················ A5
잠실본동주민센터 ················ C2
잠실7동주민센터 ················ B1

◎ 학교

가락초등교 ················ H3
가원초등교 ················ H6
개원중교 ················ A5
개포초등교 ················ A6
대진초등교 ················ B4
대진디자인고교 ················ E5
대청초등교 ················ D5
밀양학교 ················ C6
배명중고교 ················ E3
버들초등교 ················ D1
삼전초등교 ················ E3
석촌초등교 ················ G2
세종고교 ················ G5
송전초등교 ················ E1
송파초등교 ················ H1
수서초등교 ················ F5
수서중교 ················ G5
아주초등교 ················ B2
아주중교 ················ B2
양전초등교 ················ A5
영동일고교 ················ D1
영희초등교 ················ C5
일신여상고교 ················ H3
일신여중교 ················ H3
일원초등교 ················ B6
왕북초등교 ················ D6
잠실여고교 ················ H3
잠전초등교 ················ C1
정신여중고교 ················ A1
중동고교 ················ C5
중동중교 ················ B6

◎ 기타

가락시장 ················ H5
레이크호텔 ················ F1
백제고분군 ················ F2,G2
삼성서울병원 ················ D6
석촌호수(서호) ················ F1
엄마손쇼핑센터 ················ G3
이마트(수서점) ················ G6
잠실스테이 ················ D2
장애인운전연습장 ················ F4
하나로마트(수서점) ················ D5

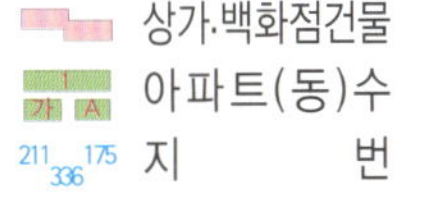

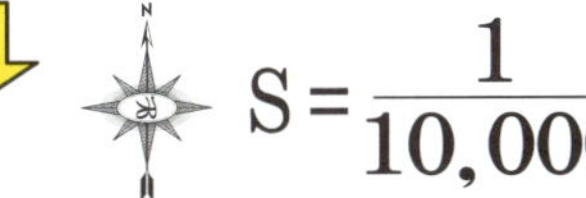

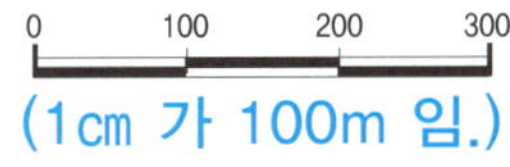

$$S = \frac{1}{10,000}$$

(1cm 가 100m 임.)

0　100　200　300m

87	88	89	90
103	104	105	106
119	120	121	122

松坡·梧琴·可樂·文井洞

방이2동
방이동
방이1동
방이역
송파1동
송파동
송파2동
오금동
오금공원
가락본동
가락동
가락2동
가락1동
송파구
가락시장
가락시장역
문정1동
문정동
문정2동
장지동
백제고분군
서울방이동고분군
오금공원
송파경찰서
국립경찰병원
올림픽훼미리타운
미래형업무단지
(법조단지)
올림픽선수촌
개롱역
가락시장역
경찰병원
송파헬리오시티

범례
고속국도
고속화도로
주요도로
시의상징(마크)
구의상징(마크)
동주민센터
경찰서·치안센터
소방서·119안전센터
대학교·학교
우체국·우편취급국
도서관
숙박시설

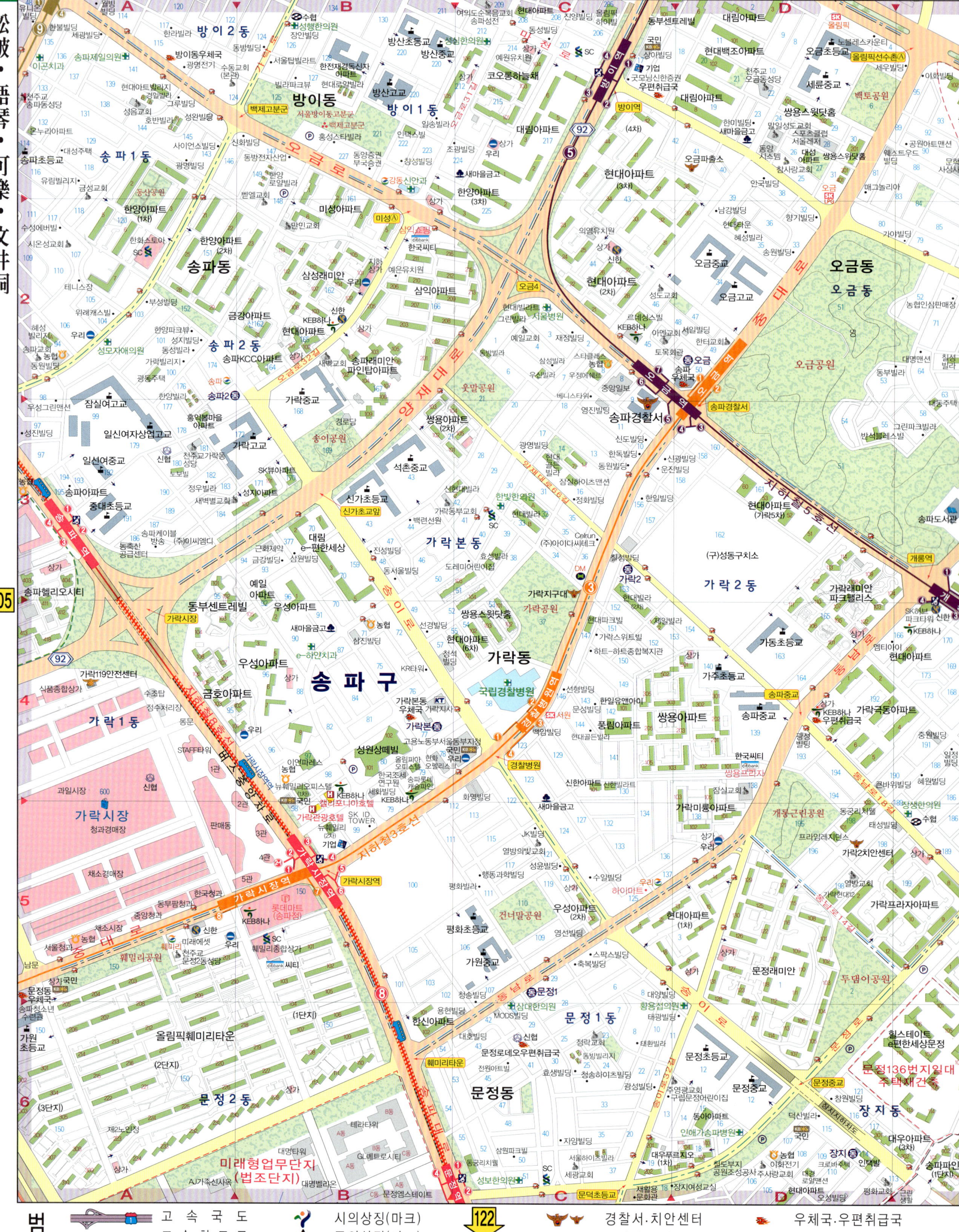

馬川·巨余洞

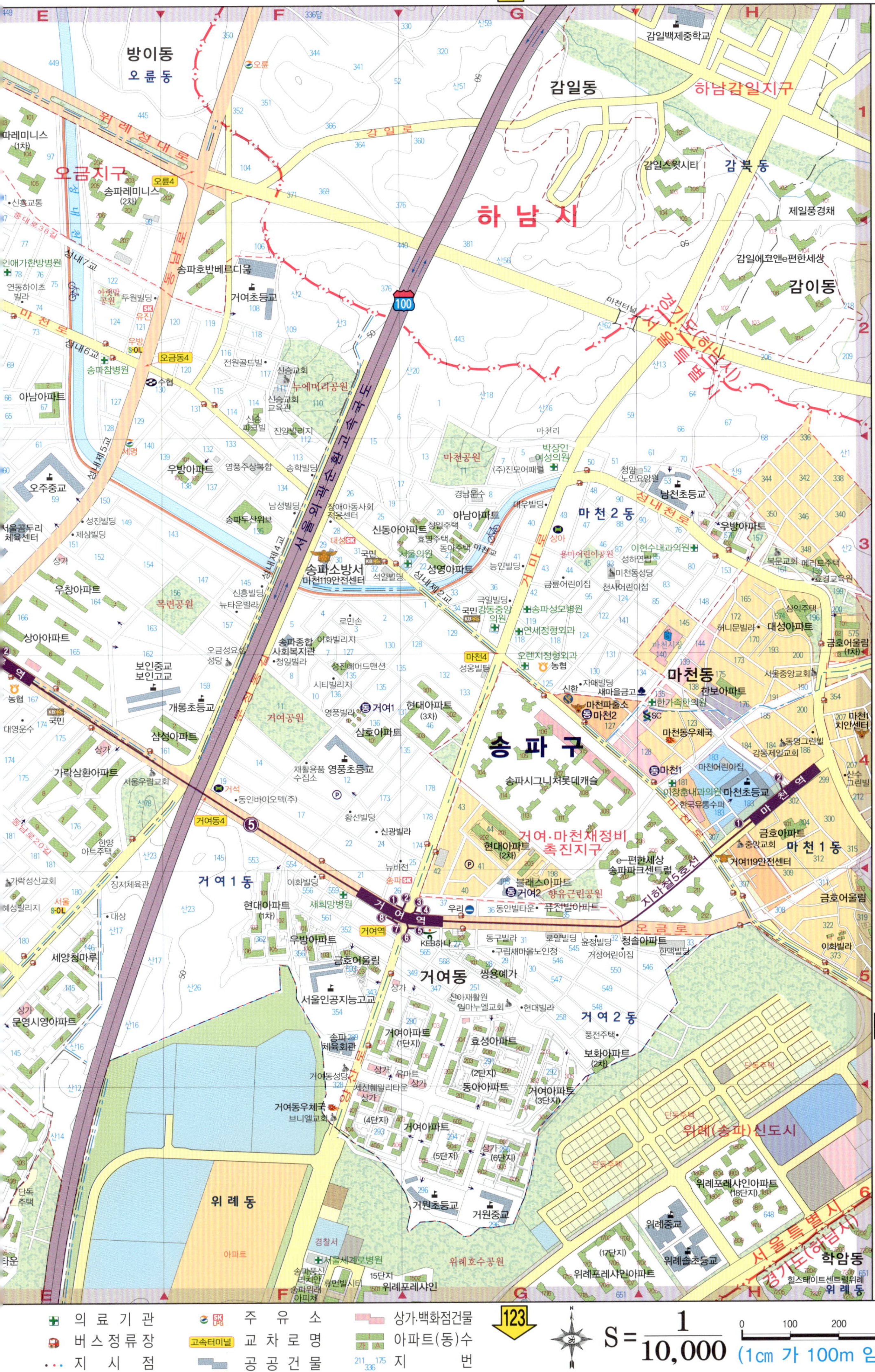

※123쪽 연결부참조

$$S = \frac{1}{10,000}$$

(1cm 가 100m 임.)

0 100 200 300m

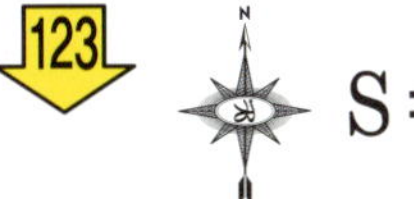

副川市 槐安 · 航洞

92

오류동

구 로 구

오류2동

항 동
항동

항동지구

항동저수지
항동중교
항동푸른도서관
현대홈타운 스위트
서울수목원
푸른수목원

하버라인2단지
중흥S클래스
하버라인4단지
하버라인9단지
하버라인3단지
하버라인10단지
하버라인11단지
한양수자인와이즈파크
하버라인1단지
우남퍼스트빌
SH매화마을 빌라
항동초교

골프존파크
천왕타운 하우스
흥왕교회

괴안동

미래타운
국민
새마을금고
대광빌딩
신호아파트
한아름아파트
용진상가
승리제단
박영숙 산부인과
대성아파트
리라아파트
흥농빌딩
삼월아파트
삼풍아파트
금호아파트 풍원아파트
청신빌라
덕문빌딩
동신시장
새마을금고
두진아파트
대화당한의원
강남그린빌라
대우아파트
대원(7차)빌딩
헤덴빌라
인광빌딩
성원파크타운
남영연립
아랫괴안
대현아파트
트윈파크 아파트
대성아파트
부안아파트
동원주택
은천교회
단독주택
평안의교회
한일연립
초원아파트
삼성아파트
신한일연립
예진교회
삼우빌라
금결빌라
한성빌라
청운빌라
금강원드빌
양지초등교
소사동로

범방휴먼시아
(1단지)
유수지
구로SKV1센터
구로에이스캠프 지식산업센터
경관녹지
제일풍경채
공원
경관녹지
하버라인8단지

범안동

부 천 시

부천옥길 LH1단지
부천옥길 A-4BL아파트

소사3지구

범박중교
범박동

글로벌사인유치원
옥길유치원
중·고교
햇살공원
경관녹지
부천범박휴먼시아 (2단지)
유수지
근린공원

개농농장
관리홍보동
남부수자원 생태공원
경기화학숙소
녀구리골양계장

광 명 시
부 천 시

옥길동
옥길
양계장
부천소사경찰서
쩐즈파크옥길
우성테크노파크1
부천옥길 별빛마루도서관
꿀든IT타워
광양프런티어밸리 5차
한신휴플러스
광양프런티어밸리 7차
제일풍경채
LH옥길 헤일라움
버들초교
옥길센트리뷰아파트
사택말
옥길브리즈힐아파트
LH옥길 센트럴힐
옥길중교
아주산업 광명사업소
행운
산들초교
우창

고속국도
고속화도로
주요도로
시의상징(마크)
구의상징(마크)
동주민센터
경찰서 · 치안센터
소방서 · 119안전센터
대학교 · 학교
우체국 · 우편취급국
도 서 관
숙 박 시 설

天旺·光明市 光明洞

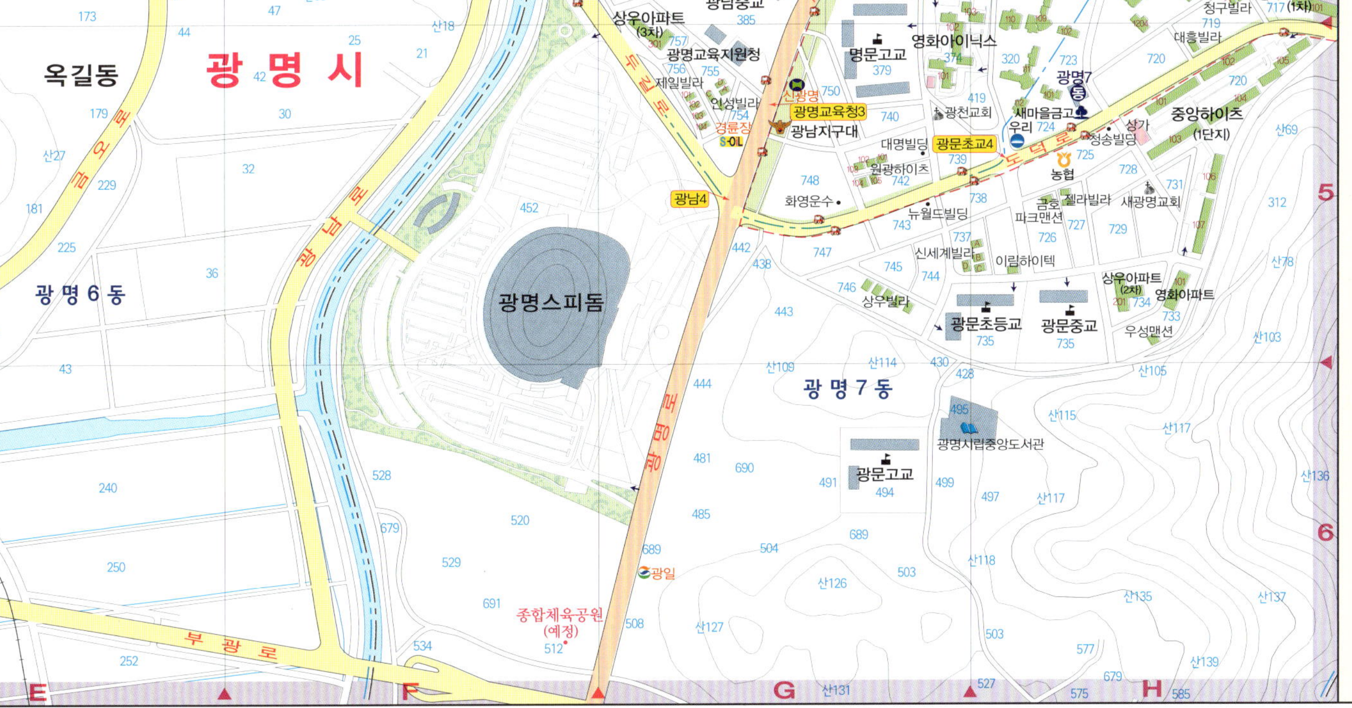
93
■ 찾아보기 ■
◎주요기관
광명교육지원청 ………… G5
광명2동우체국 ………… H1
광명6동우체국 ………… G4
광명동경륜장 ………… F5
광명시중앙도서관 ………… H6
광명장애인종합복지관 ………… G2
광명종합사회복지관 ………… G2

◎동주민센터
광명2동주민센터 ………… H1
광명3동주민센터 ………… H2
광명4동주민센터 ………… H3
광명5동주민센터 ………… G2
광명7동주민센터 ………… G4
광명동주민센터 ………… H5
개봉3동주민센터 ………… H1

◎학교
광남중교 ………… G4
광명남초등교 ………… H3
광명서초등교 ………… G3
광문초등교 ………… H5
광문중교 ………… H5
광문고교 ………… G6
광일초등교 ………… G4
개봉초등교 ………… G1
명문고교 ………… G5
천왕초등교 ………… E2
천왕중교 ………… E1

◎기타
광명새마을시장 ………… G4
광명시장 ………… H2
광명크로앙스 ………… H2
이마트(광명점) ………… H2
제일중앙쇼핑 ………… H1
홈플러스(소사점) ………… A1

천왕2지구
천왕1지구
천왕동
옥길동
광명시
광명6동
광명7동
개봉동
개봉3동
광명2동
광명3동
광명4동
광명5동
광명동
광명6
광명7
광명스피돔
광명재정비촉진지구
종합체육공원
(예정)

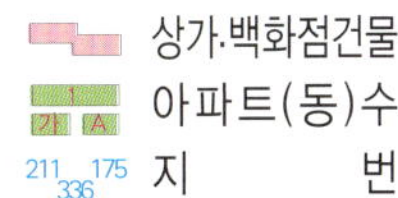
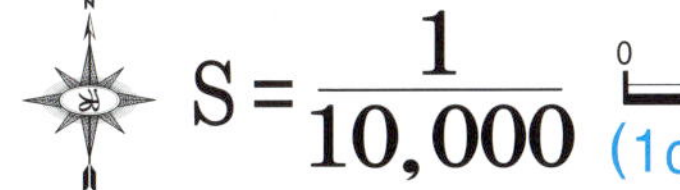
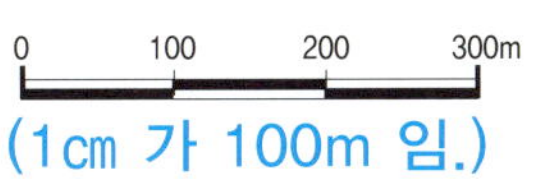
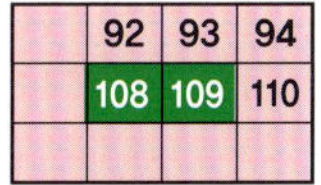
의료기관　주유소　상가·백화점건물
버스정류장　교차로명　아파트(동)수
지시점　공공건물　지번
S = 1/10,000
(1cm 가 100m 임.)
0　100　200　300m
92　93　94
108　109　110

94

109

개봉동
개봉3동
광명1동
광명재정비촉진지구
현충근린공원
광명동초등교
광명종합사회복지관
광명2동
한국SGI 광명문화회관
광명시보훈회관
영문교회
철산1동 B
붉음가득한교회
광명북초등교
철산주공아파트
철산10.11단지 주택재건축정비사업
철산2
도덕초등교
철산2동
철산8.9단지 주택재건축정비사업
철산자이더헤리티지
철산주공
철산우체국
철산3동우체국
롯데슈퍼
신한
철산13단지
광명3동
광명초등교
영풍타운
반석교회
청룡사
광명재정비촉진지구
광명동
대림빌리지
광명시의회
농협
광명시청
종합민원실
광명고교
광명중교
롯데캐슬앤SKVIEW
클래스티지아파트
철산주공아파트
철산동
광성초등교
해연빌딩
삼호연립
광명4동
삼광빌라
심미연립
한국전력
광명등기소
쌍마한신아파트
명동프라자
중앙로4
광성초교입구3
사회체육센터
철산지구대
효도프라자
성림빌딩
광명세무서
광명시고용지원센터
대광빌딩
국민건강보험공단
철산3
롯데그린빌
동방연립
동산교회
광명시
새마을금고
철산역앞4
기업
하이마트
KEB하나
우리
광명프라자
citibank
한국씨티
농협
왕재산근린공원
철산주공아파트
(12단지)
광명푸르지오
포레나아파트
팰리스필아파트
경기항공고교
광명아크포레
자이위브아파트
광명현대아파트
광산교회
철산4동
삼성아크로빌
상지빌라
철산4
경찰서3
광덕초등교
브라운스톤
광명푸르지오
브라운스톤광명
철산센트럴푸르지오
한복빌딩
금강빌딩
평생학습원
광명경찰서
광명소방서앞4
JS부티크
호텔
청덕빌딩
디지털로
광명성애병원
광명교회
철산푸르지오하늘채
철산3동
한신아파트
철산래미안자이
철산공원
광덕산
철산동우체국
신원아파트
중앙하이츠
상우아파트
중앙하이츠
광명7동
도덕파크타운
김소아과
안현초등교
두산위브
트레지움
보람채아파트
근로청소년복지관
도덕산공원
현대아파트
늘사랑교회
하안e편한세상
센트레빌
서울하이츠빌라
철망산로
시립하안노인복지관
광명문화원
광명평생학습원
가림근린공원
칠망산근린공원
하안1동
하안주공아파트
하안북중교
하안북초등교
목양교회
광명시민체육관
하안동
하안주공아파트
광명중앙교회
하안2동
하안주공아파트
하안4동
하안초등교

범례
고속국도
고속화도로
주요도로
시의상징(마크)
구의상징(마크)
동주민센터
경찰서·치안센터
소방서·119안전센터
대학교·학교
우체국·우편취급국
도서관
숙박시설

九老·架山·禿山洞

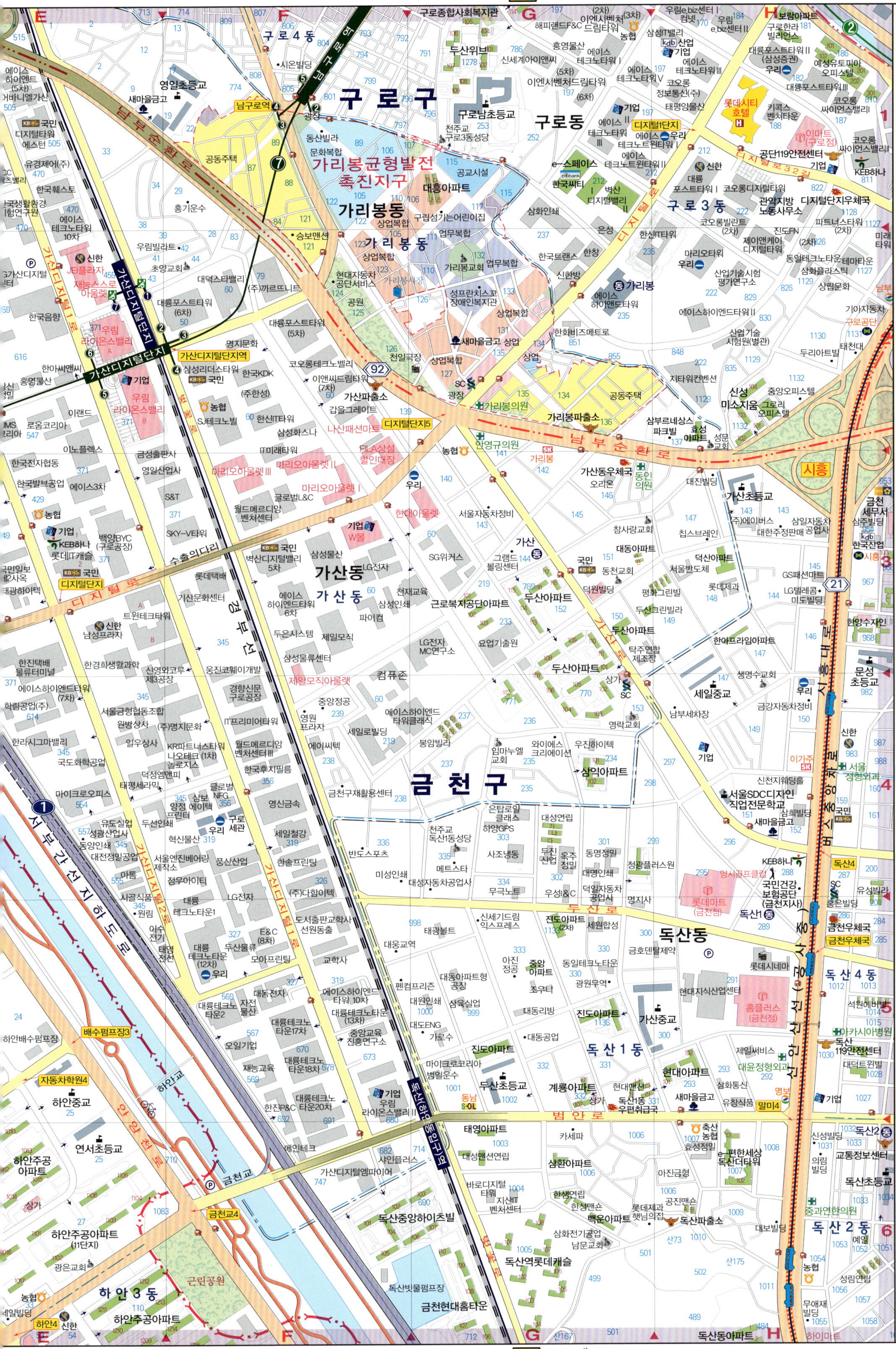

■ 찾아보기 ■

◎주요기관

◎동주민센터

◎학교

◎기타

범례:
의료기관 · 주유소 · 상가·백화점건물
버스정류장 · 고속터미널 교차로명 · 아파트(동)수
지시점 · 공공건물 · 지번

$$S = \frac{1}{10,000}$$

(1cm 가 100m 임.)　0　100　200　300m

新林·禿山洞

범례

고 속 국 도	시의상징(마크)
고 속 화 도 로	구의상징(마크)
주 요 도 로	동 주 민 센 터

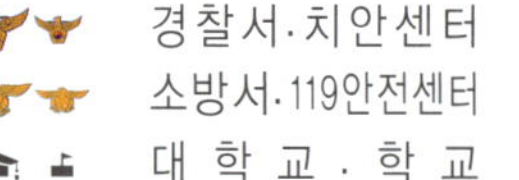

경찰서·치안센터	우체국·우편취급국
소방서·119안전센터	도 서 관
대 학 교 · 학 교	숙 박 시 설

新林 · 奉天洞

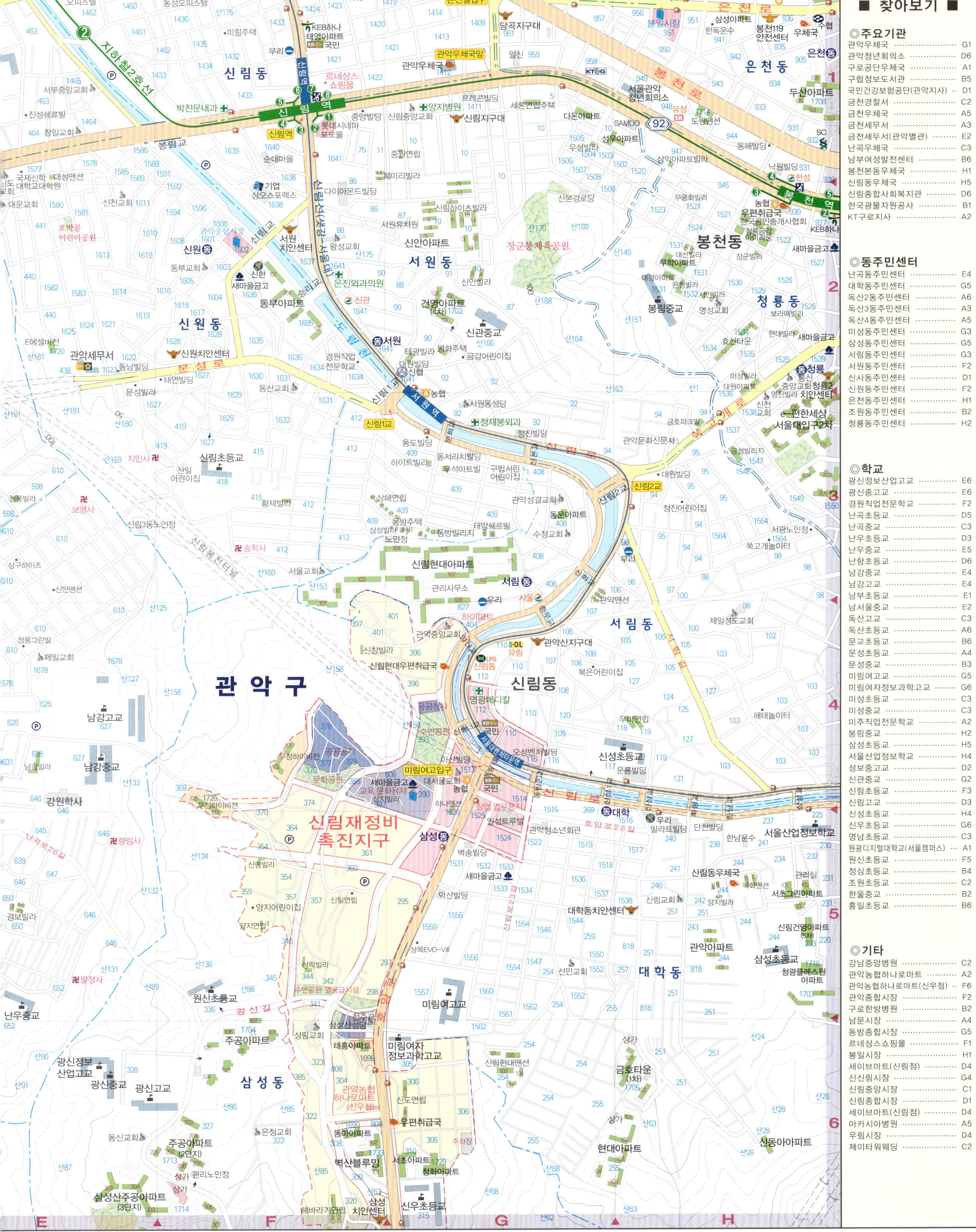

■ 찾아보기 ■

◎ 주요기관
관악우체국 …………… G1
관악청년회의소 ………… D6
구로공단우체국 ………… A1
구립정보도서관 ………… B5
국민건강보험공단(관악지사) … D1
금천경찰서 …………… C2
금천우체국 …………… A5
금천세무서 …………… A3
금천세무서(관악별관) …… E2
남부여성발전센터 ……… B6
봉천본동우체국 ………… H1
신림동우체국 ………… H5
신림종합사회복지관 …… D6
한국광물자원공사 ……… B1
KT구로지사 …………… A2

◎ 동주민센터
난곡동주민센터 ………… E4
대학동주민센터 ………… G5
독산1동주민센터 ……… A6
독산3동주민센터 ……… A3
독산4동주민센터 ……… A5
미성동주민센터 ………… G3
삼성동주민센터 ………… G5
서림동주민센터 ………… G3
서원동주민센터 ………… F2
신사동주민센터 ………… D1
신원동주민센터 ………… F2
은천동주민센터 ………… H1
조원동주민센터 ………… B2
청룡동주민센터 ………… H2

◎ 학교
광신정보산업고교 ……… E6
광신중고교 …………… E6
경원직업전문학교 ……… F2
난곡초등교 …………… D5
난우초등교 …………… D3
난우중교 ……………… E5
난향초등교 …………… D6
남강중교 ……………… E4
남강고교 ……………… E4
남부초등교 …………… E1
남서울중교 …………… E2
독산고교 ……………… C3
독산초등교 …………… A6
문교초등교 …………… B6
문성초등교 …………… A4
문성중교 ……………… B3
미림여고교 …………… G5
미림여자정보과학고교 …… G6
미성초등교 …………… C3
미성중교 ……………… C3
미주직업전문학교 ……… A2
봉림중교 ……………… H2
삼성초등교 …………… H5
서울산업정보학교 ……… H4
성보중고교 …………… D2
신관중교 ……………… G2
신림초등교 …………… F3
신림고교 ……………… D3
신성초등교 …………… H4
신우초등교 …………… G6
영남초등교 …………… C3
원광디지털대학교(서울캠퍼스) … A1
원신초등교 …………… F5
정심초등교 …………… B4
조원초등교 …………… C2
한일중교 ……………… B2
흥일초등교 …………… B6

◎ 기타
강남중앙병원 …………… C2
관악농협하나로마트 …… A2
관악농협하나로마트(신우점) … F6
관악종합시장 …………… F2
구로한방병원 …………… B2
남문시장 ……………… A4
동방종합시장 …………… G5
르네상스쇼핑몰 ………… F1
봉일시장 ……………… H1
세이브마트(신림점) …… D4
신신림시장 …………… G4
신림중앙시장 …………… C1
신림종합시장 …………… D1
세이브마트(신림점) …… D4
아카시아병원 …………… A5
우림시장 ……………… D4
제이타워웨딩 …………… C2

奉天·新林洞
98
113
127

은천동
성현동
중앙동
청림동
행운동
관악구
청룡동
봉천동
낙성대동
서림동
신림동
대학동
서울대학교

봉천로
은천로
관악로
낙성대로
남부순환로
지하철2호선
쪽고개로
청룡산
관악IC
관악구청
관악경찰서
관악소방서
서울대입구
낙성대입구
원당초입구
두산위브아파트
두산아파트
현대하이츠
관악초등교
신봉초등교
신봉아파트
봉천초등교
봉천중교
관악중교
우성아파트
대우푸르지오
태영그린힐아파트
임대아파트
관악푸르지오
관악파크푸르지오
행림초등교
월드메르디앙
낙성현대홈타운아파트
삼성아파트
청룡초등교
건영아파트
서울여자상업고교
문영여중고교
서울대
포스코생활관
수의과대학
입학관리본부
경영도서관
행정대학원
박물관
종합운동장
자연과학대학
사회과학대학
미술대학
예술대학
음악대학
법대
서울과학전시관
낙성대공원
덕수공원
관악구민종합체육센터
서울영어마을관악캠프
관악구청
현대시장
현대시장입구

범례
고속국도
고속화도로
주요도로
동주민센터
시의상징(마크)
구의상징(마크)
경찰서·치안센터
소방서·119안전센터
대학교·학교
우체국·우편취급국
도서관
숙박시설

숨堂·南峴洞

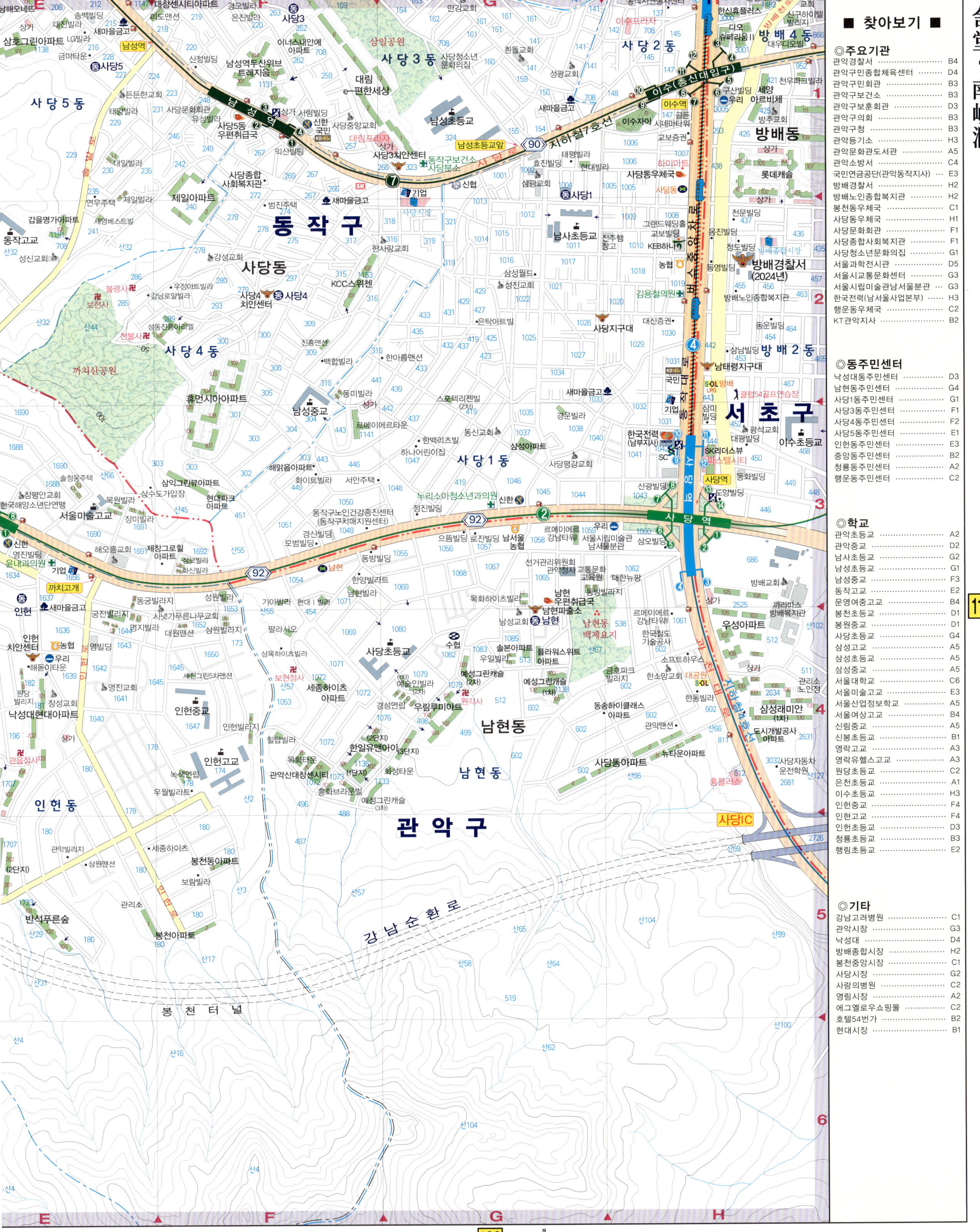
찾아보기

◎주요기관
관악경찰서 …………………… B4
관악구민종합체육센터 ……… D4
관악구민회관 ………………… B3
관악구보건소 ………………… D3
관악구보훈회관 ……………… D3
관악구의회 …………………… B3
관악구청 ……………………… H3
관악등기소 …………………… H3
관악문화관도서관 …………… A5
국민연금공단(관악동작지사) … E3
방배경찰서 …………………… H2
방배노인종합복지관 ………… H2
봉천동우체국 ………………… C1
사당동우체국 ………………… H1
사당문화회관 ………………… F1
사당종합사회복지관 ………… F1
사당청소년문화의집 ………… G1
서울과학전시관 ……………… D5
서울시교통문화센터 ………… G3
서울시립미술관남서울분관 … G3
한국전력(남서울사업본부) … H3
행운동우체국 ………………… C2
KT관악지사 …………………… B2

◎동주민센터
낙성대동주민센터 …………… D3
남현동주민센터 ……………… G4
사당1동주민센터 …………… G1
사당3동주민센터 …………… F1
사당4동주민센터 …………… F2
사당5동주민센터 …………… E1
인현동주민센터 ……………… E3
중앙동주민센터 ……………… B2
청룡동주민센터 ……………… A2
행운동주민센터 ……………… C2

◎학교
관악초등교 …………………… A2
관악중교 ……………………… D2
남사초등교 …………………… G2
남성초등교 …………………… G1
남성중교 ……………………… F3
동작교 ………………………… B4
문영여중고교 ………………… B4
봉천초등교 …………………… D1
봉원중교 ……………………… D1
사당초등교 …………………… G4
삼성고교 ……………………… A5
삼성초등교 …………………… A5
삼성중교 ……………………… A5
서울대학교 …………………… C6
서울미술고교 ………………… E3
서울산업정보학교 …………… A5
서울여상고교 ………………… B4
신림중교 ……………………… A5
신봉초등교 …………………… B1
영락고교 ……………………… A3
영락유헬스고교 ……………… A3
원당초등교 …………………… C2
온천초등교 …………………… A1
이수초등교 …………………… H3
인헌중교 ……………………… F4
인헌고교 ……………………… F4
청룡초등교 …………………… D3
행림초등교 …………………… E2

◎기타
강남고려병원 ………………… C1
관악시장 ……………………… G3
낙성대 ………………………… D4
방배종합시장 ………………… H2
봉천중앙시장 ………………… A2
사당시장 ……………………… G2
사랑의병원 …………………… C2
영림시장 ……………………… A2
에그옐로우쇼핑몰 …………… C2
호텔54번가 …………………… B2
현대시장 ……………………… B1

方背洞

서초대로
서리풀공원
효령대군묘 (청권사)
효령로
서울고교
방배 4 동
방배초등교
방배초등교입구
방배 5주택재건축
방배 1 동
방배역
방배 역
서초구
방배동
방배 2 동
방배근린공원
방배 3 동
이수초등교
대한병원
연세사랑병원
방배119안전센터
방배래미안
방배종합체육공원
강남순환로
우면산도시자연공원
서초터널
사당IC
서울전자고교
CJ ENM
관악구
남현동
남태령
서울특별시
경기도(과천시)
과천시
과천동

범례

	고속국도
	고속화도로
	주요도로
	시의상징(마크)
	구의상징(마크)
	동주민센터
	경찰서·치안센터
	소방서·119안전센터
	대학교·학교
	우체국·우편취급국
	도서관
	숙박시설

瑞草 · 牛眼洞

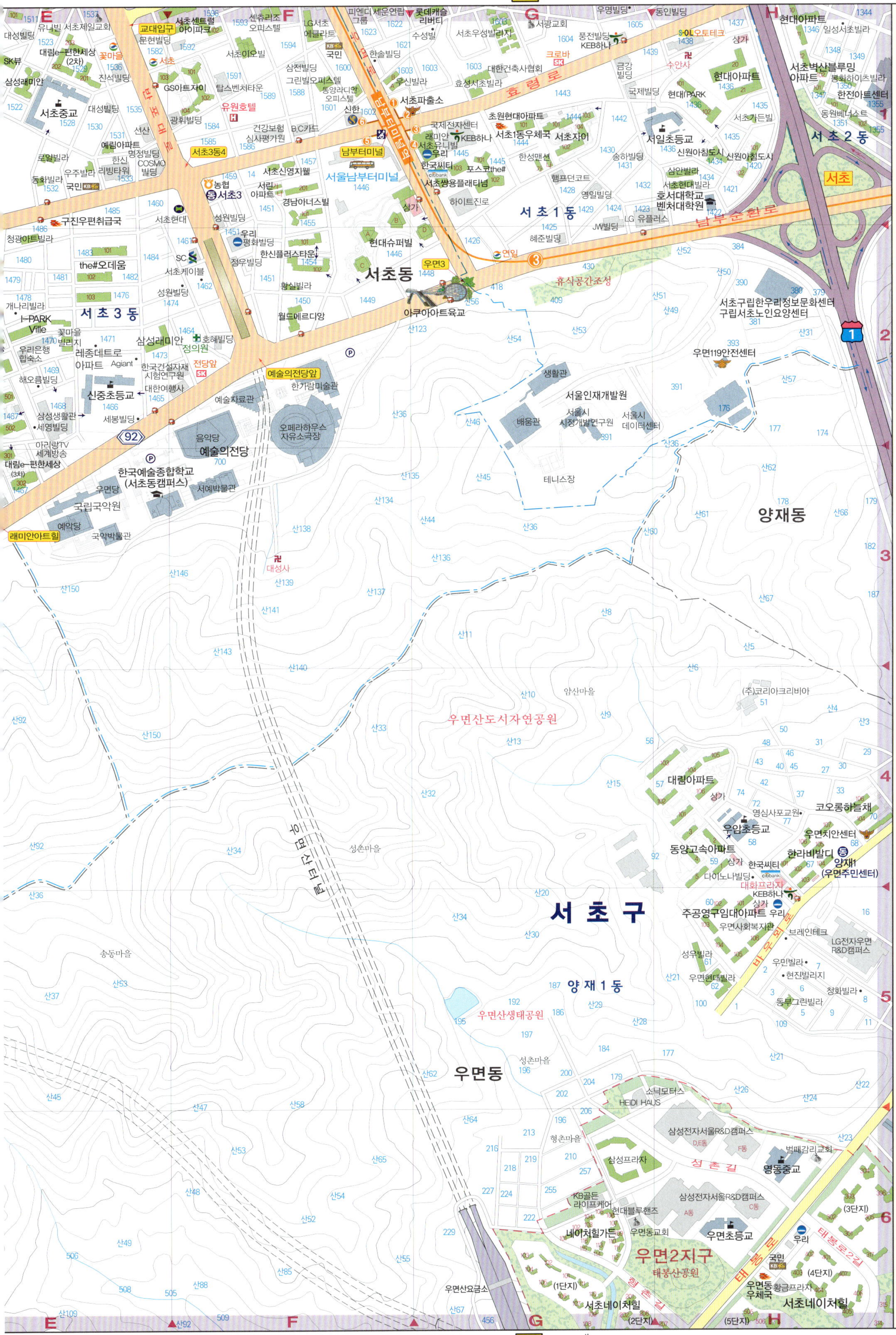

S = $\frac{1}{10,000}$ (1cm 가 100m 임.)

99	100	101	102
115	116	117	118
128	129	130	131

의료기관　주유소　상가·백화점건물
버스정류장　고속터미널　교차로명　아파트(동)수
지시점　공공건물　지번

良才 · 道谷洞

주요 지명

서초동 · 서초2동
도곡1동 · 도곡동 · 도곡2동
양재1동 · 양재2동 · 양재동
우면동 · 우면2지구
서초구
과천시 · 주암동

범례

고속국도	시의상징(마크)	우체국 · 우편취급국
고속화도로	구의상징(마크)	도 서 관
주요도로	동주민센터	숙 박 시 설
	경찰서 · 치안센터	
	소방서 · 119안전센터	
	대학교 · 학교	

■ 찾아보기 ■

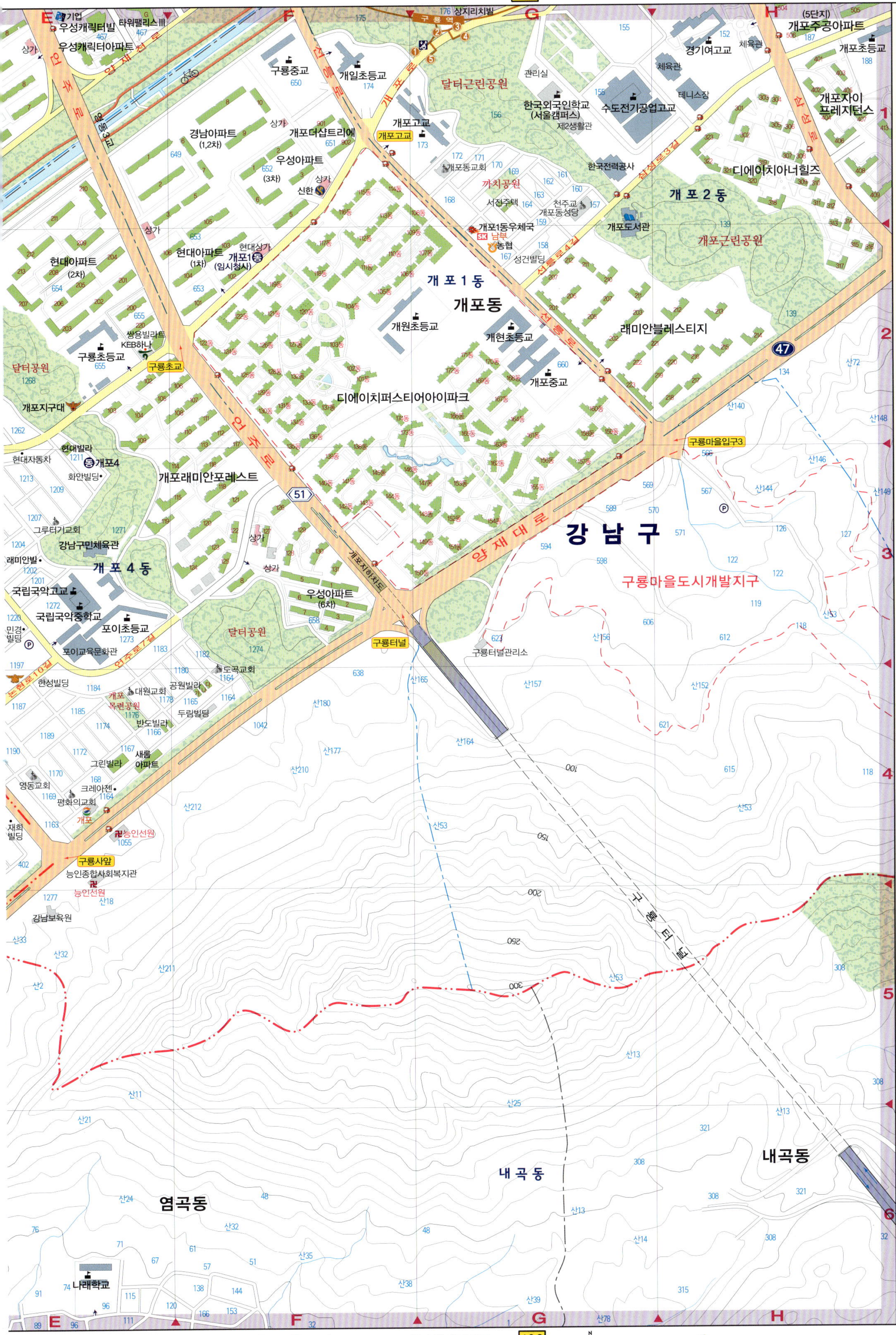

◎ 주요기관
강남구민체육센터 ············ E3
개포도서관 ················· G1
개포4동우체국 ·············· G2
남부적십자혈액원 ············ E2
대한결핵협회결핵연구원 ······ A5
도로교통공단 ··············· D6
농수산물유통공사 ··········· C6
서울교육문화회관 ··········· B6
서울시보건환경연구원 ········ B6
서울시품질시험소 ··········· A5
서초구민회관 ··············· B2
서초구보건소 ··············· B1
서초구청 ·················· B1
서초우체국 ················ C5
양재4동우체국 ·············· C1
외교센터 ·················· A1
외교안보연구원 ············· A1
정보통신정책연구원 ·········· A6
한국교원단체총연합회 ········ A6
한국소비자원 ··············· D6
한국전력(서초지사) ·········· A1
한국학술진흥재단 ··········· D6
한전아트센터 ··············· A1
AT센터 ··················· C5
KT양재지사 ················ C1
KT연구개발센터 ············· A4

◎ 동주민센터
개포4동주민센터 ············ F2
개포4동주민센터 ············ E3
도곡2동주민센터 ············ D1
양재1동주민센터(양재사무소) ·· B1
양재1동주민센터(우면사무소) ·· A4
양재2동주민센터 ············ C5

◎ 학교
개원초등교 ················ F2
개일초등교 ················ F1
개포고교 ·················· G1
개포중교 ·················· G2
개포초등교 ················ H1
경기여고교 ················ H1
구룡초등교 ················ E2
구룡중교 ·················· F1
국악고등교 ················ E3
대치중교 ·················· D1
매헌초등교 ················ C4
수도공업고교 ·············· G1
양재고교 ·················· B2
양재초등교 ················ B4
언남고교 ·················· D4
언남중교 ·················· D4
언주초등교 ················ C1
포이초등교 ················ E3
햇불트리니티신학대학원대학교 ·· B2

◎ 기타
강남문화센터웨딩홀 ·········· B1
남서울한방병원 ············· D2
양재화훼공판장 ············· C6
농협하나로클럽(양재점) ······· D6
양재시민의숲 ··············· B5
양재종합시장 ··············· C1
윤봉길의사기념관 ··········· B5
이마트(양재점) ·············· B6
하이브랜드 ················ B6

S = 1/10,000 (1cm 가 100m 임.)

의료기관　주유소　상가·백화점건물
버스정류장　고속터미널 교차로명　아파트(동)수
지시점　공공건물　지번

101	102	103	104
117	118	119	120
130	131	132	133

開浦·逸院·內谷洞

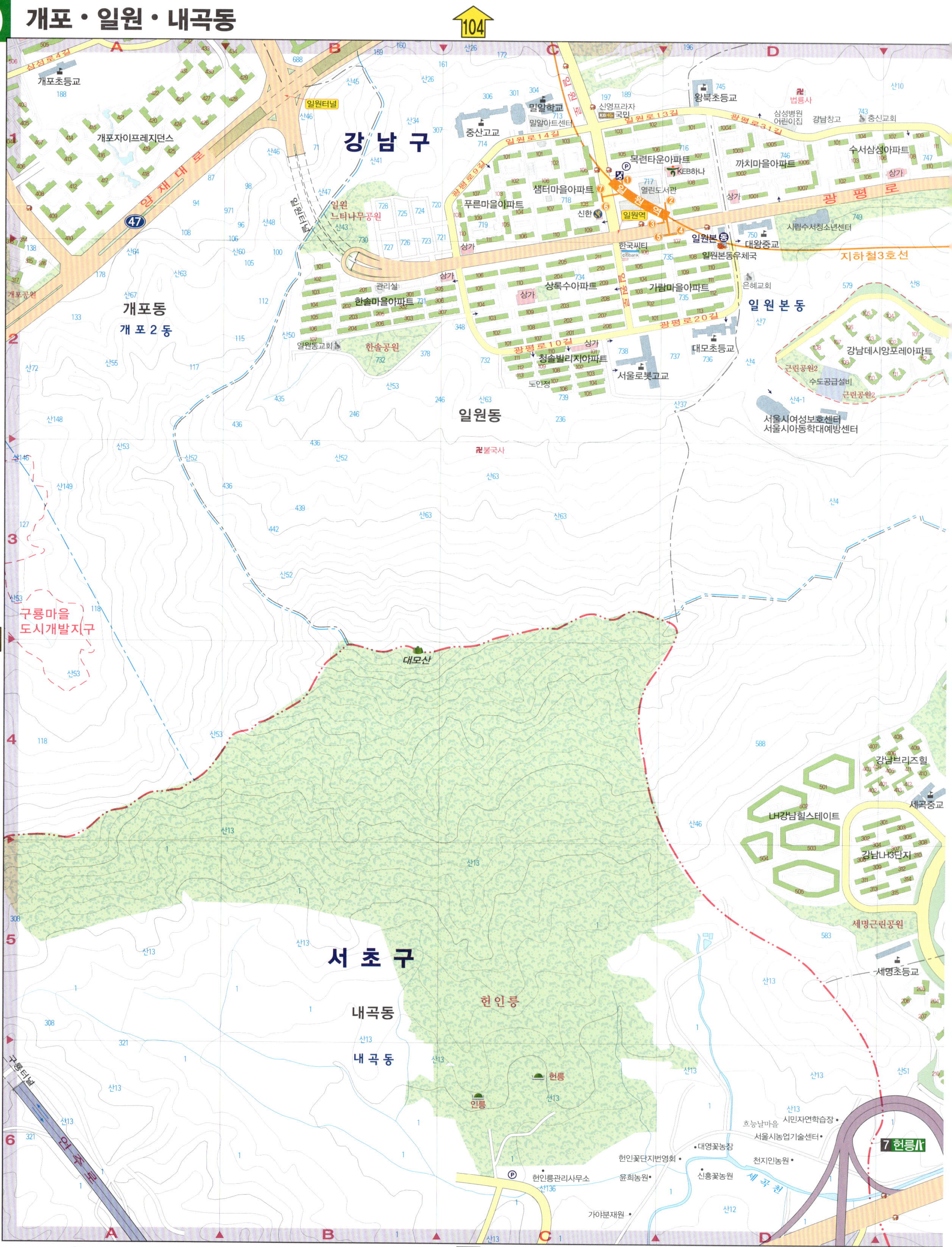

강남구

개포동
개 포 2 동

일원동

일원본동

서초구

내곡동

내 곡 동

헌인릉

헌릉

인릉

대모산

구룡마을
도시개발지구

개포초등교
개포자이프레지던스

일원터널

밀알학교
중산고교
목련타운아파트
샘터마을아파트
푸른마을아파트
신한
한국씨티
citibank
한솔마을아파트
상록수아파트
청솔빌리지아파트
노인정
서울로봇고교
일원동교회
한솔공원

왕북초등교
삼성병원
강남창고
충신교회
수서삼성아파트
까치마을아파트
광평로
일원본동우체국
대왕중교
시립수서청소년센터
가람마을아파트
은혜교회
대모초등교
강남데시앙포레아파트
수도공급설비
근린공원2
서울시여성보호센터
서울시아동학대예방센터
불국사

지하철3호선

일원역

강남브리즈힐
내강남힐스테이트
강남나3단지
세곡중교
세명근린공원
세명초등교
헌인릉관리사무소
윤희농원
가야분재원
흐능남마을
대영꽃농장
천지인농원
신흥꽃농원
시민자연학습장
서울시농업기술센터
헌인꽃단지번영회

7 헌릉IC

세곡천

일원
느티나무공원

水西 · 紫谷 · 細谷洞

■ 찾아보기 ■

◎주요기관
일원본동우체국 ·········· D1
서울시농업기술센터 ·········· D6
서울시여성보호센터 ·········· D2
서울시아동학대예방센터 ····· D2
세곡동복지회관 ·········· G5
시립수서청소년센터 ·········· D1
수서역 ·········· G1
세곡도서관 ·········· G5

◎동주민센터
일원본동주민센터 ·········· D1
세곡동주민센터 ·········· G5

◎학교
개포초등교 ·········· A1
대모초등교 ·········· D2
대왕초등교 ·········· G6
대왕중교 ·········· D1
밀알학교 ·········· C1
서울로봇고교 ·········· D2
왕북초등교 ·········· D1
중산고교 ·········· C1

◎기타
헌인릉 ·········· C6

122

송파구
문정동
문정2동

강 남 구

수서동
자곡동
세곡동
율현동

서울세곡2 보금자리주택지구
서울세곡2 보금자리주택지구
세곡지구

수서역
SRT 수서역
수서차량기지

헌 릉 로

S = 1/10,000 (1cm 가 100m 임.)

의료기관 주유소 상가·백화점건물
버스정류장 고속터미널 교차로명 아파트(동)수
지시점 공공건물 지번

103	104	105
119	120	121	122
132	133	

文井·長旨洞

106

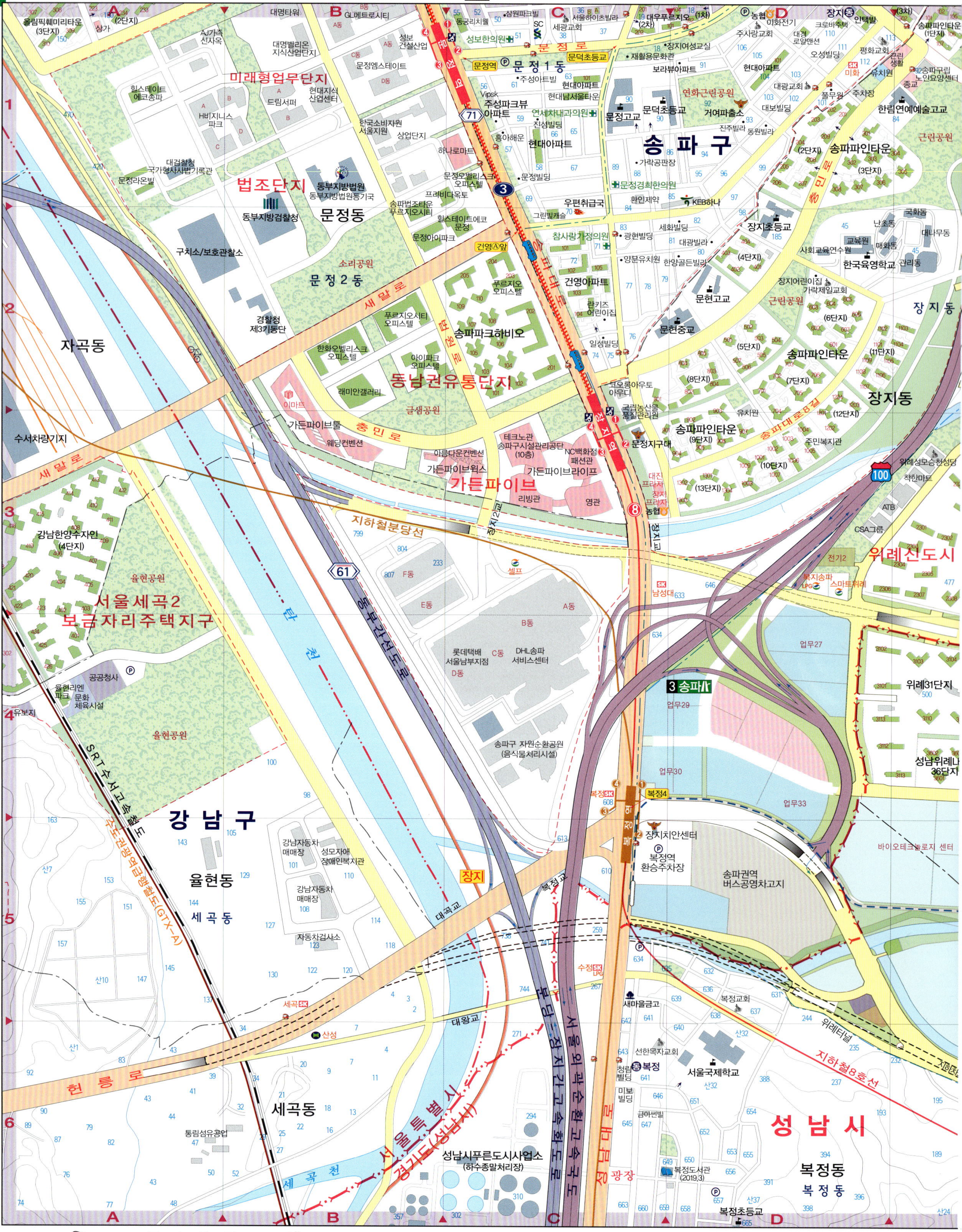

121

범례

고속국도
고속화도로
주요도로

시의상징(마크)
구의상징(마크)
동주민센터

경찰서·치안센터
소방서·119안전센터
대학교·학교

우체국·우편취급국
도 서 관
숙 박 시 설

강 남 구
송 파 구
성 남 시
문정동
문정2동
문정1동
자곡동
율현동
세곡동
장지동
복정동
위례신도시
서울세곡2 보금자리주택지구

미래형업무단지
법조단지
동남권유통단지
가든파이브

동부지방법원
동부지방검찰청
경찰청 제3기동단

율현공원
소리공원
글샘공원
근린공원

올림픽훼미리타운
힐스테이트에코파크
강남한양수자인
서울세곡2

문정역
문정지구대
복정역
장지역

헌 릉 로
새 말 로
충 민 로
송 파 대 로

巨餘·馬川洞

107
서울세계로병원
송파동산리치안
송파위례아파체해르서미
우성늘우리위례
어빌타워
송파헤르서미
더테라스
15단지
위례포레샤인
17단지
위례포레샤인
힐스테이트센트럴위례
651
위례우미린1차
위례호수공원
덕수고등학교
송파위례유치원
거여동
위례동
레이크파크호반써밋
1차
레이크파크호반써밋
2차
597
산빛초등학교
(2026년)
위례포레샤인
599
13단지
위례호수공원
수변공원
서울특별시
경기도(하남시)
위례호반써밋
하남시
감북동
학암동
하남시위례도서관
위례지웰푸르지오
얼공급설비
쓰레기소각장
성남G.C
송파푸르지오
위례아이온스퀘어
KB골든라이프케어
위례동
위례스타힐스
위례스타힐스
I'Park 2차
힐스테이트
스타필드
시티위례
위례동
밀리토피아
골프연습장
송파더센트레
22단지
서울솔가람유치원
위례광명교회위례새솔어린이집
문화시설
대신증권
사회복지
서울위례별유치원
송파위례파출소
위례별초등학교
밀리토피아
위례효성해링턴
오피스텔
P.107(우) 연결
송례초등학교
송례중학교
장지동
엠코타운센트로엘
더샵포웰시티
감일한라비발디
하남감일지구
i Park
와이즈 더샵
송파꿈에그린위례
24단지
감일중교
감일초교
하 남 시
위례중앙푸르지오
1단지 2단지
마 천 2 동
자연&자이 e편한세상
위례중앙타워
위례중앙광장
송파파크데일
(1단지)
감일센트레빌
포웰시티
푸르지오라포레
위례오벨리스크
우성트램타워
아이에스센트럴타워
위례아이플렉스
금호어울림
(1차)
위례중앙초등학교
위례중앙중학교
위례보미리즌빌
중교 고교
마천지구
아트리버푸르지오
(1단지) (2단지)
래미안위례
위례자이
마천치안센터
공공청사
위례우일유치원
송 파 구
산수그린빌
마천동
송파파크데일
(2단지)
캐슬렉스C.C
창곡동
위례동
4단지
밀리토피아호텔
국방전직교육원
마천3행복주택
감이동
감북동
우남역푸르지오
보훈회관
마 천 1 동
금호어울림
5단지 6단지
24시사우나
이화빌라
마천청소년수련관
올스마트
위례우체국슈퍼스타타워
대원프라자
KCC웰츠타워
남위례역아이파크
더초온병원
이너매스우남
위례라크리움
위례헤리움
험찬프라자
남위례역푸르지오시티
342
위례엘포트한라비발디
공공청사
거여동
거 여 2 동
해동이타운
예광빌당
평생교육
청일빌라
우남로3
거여동
학암동
복합용지

■ 찾아보기 ■

◎주요기관
강남자동차검사소 ………… B5
성남시환경사업소 ………… C6
성모자애복지관 ………… B5
송파권역버스공영차고지 …… B5

◎동주민센터
복정동주민센터 ………… C6
장지동주민센터 ………… D1

◎학교
문덕초등학교 ………… C1
문정고교 ………… C1
문현중교 ………… D2
문현고교 ………… D2
복정초등학교 ………… D6
서울국제학교 ………… D6
장지초등학교 ………… D2
한국육영학교 ………… D2
한림연예예술고교 ………… E1

◎기타
광일자동차운전학원 ………… B5
남성대G.C ………… H5
문정자동차운전학원 ………… B1
복정역환승주차장 ………… D5
삼일자동차운전학원 ………… B5
캐슬렉스C.C ………… H5

의료기관
버스정류장
지 시 점
주유소
고속터미널 교차로명
공공건물
상가·백화점건물
아파트(동)수
지 번
S = 1/10,000
(1cm 가 100m 임.)
0 100 200 300m

105 106 107
121 122 123

光明市 下安·所下洞

하안2동
하안주공아파트
(3단지)
세일빌딩
전정형외과
골든힐쇼핑
해태마트
하안4
신한
하안119
안전센터
하안지구대
우리
제일빌딩
신광빌딩
뉴코아아울렛
(광명점)
화평교회
우체국4
국민
하안주공아파트
(12단지)
하안남초등교
하안남초교3
현대홈타운
독산1동
독산동
독산동아파트
공군철매아파트
하이마트
신광교회
금당로
하안3동우체국
금당4
새빛교회
우리내과의원
하안주공아파트
(14단지)
안천중교
롯데캐슬 골드파크
4차
롯데캐슬 골드파크
3차
하안동
하안주공아파트
(7단지)
상가
(13단지)
몰러
스케이트장
금천IC
배구장
롯데캐슬 골드파크
1차
금일모터
세한벤처월드
하안3
가림초등교
하안주공아파트
(8단지)
상가
신독산치안센터
안천초등교
농구장
롯데캐슬 골드파크
2차
금나래초교
동광베르빌
삼성빌딩
대일빌딩
가림중교
광명시시범공단
금나래
중앙공원
구의회
금천구청
금천경찰서
필승아파트
무지개아파트
보건소4
남묘교회
서광교회
신금천지점
한신아파트
후라 건설
아트홀도서관
남서울
무지개아파트
뉴센세이성병원
하안1동
성도순복음교회
형공장앞4
각산
우리아파트
한신아파트
성민교회
뉴센세이성병원
목련아파트
노인요양시설
단독주택
구름산유치원
동양메이저
(2차)
독산교
금천파출소
한내로
광명소하휴먼시아
(1단지)
상가
우림루미아트
정신빌라
평강교회
남서울건영아파트
(1차)
운산고교
상가
성결광성교회
광명삼익
아파트
구립철쭉경로당
근영빌딩
소하휴먼시아
(2단지)
구름산초등교
대길
아파트
평강교회
남서울력키아파트
소하1
소하휴먼시아
(5단지)
금호어울림
독산동교회
새서울
한의원
시흥1동
기아산업
기아자동차서비스
공원
광명소하휴먼시아
(3단지)
한내
근린공원
소하지구
신촌3
농협
종교
성지아파트
배수펌프장
소하지구대
신촌휴먼시아
(1단지)
문일중교
광명시
소하초등교
단독주택
주차장
제이메디의원
신촌지구
문일고교
구름산터널
웅신아트
오피스텔
광명소방서
(소하119안전센터)
소하중교
단독주택
에이스광명타워
신촌휴먼시아
(2단지)
남서울력키아파트
구름산교회
주차장
소하동
소하1동
소하고교
소하휴먼시아
(6단지)
문백초등교
이마트
(광명소하점)
해누리
유치원
광명G타워
한내
근린공원
골드클래스
프레스티지
광명테크노파크
테러리싸이클링
소하로
소하휴먼시아
(7단지)
기아대교3
현대빌라
에덴
빌라
진우그랜드
빌라
오병이어교회
광명아구장
기아대교
임정빌라
기아대교앞
강남순환도로
금천TG
해오름
어린이공원
소하분기점
진정전력
금천구
시흥3동
시흥동연결부분
하단연결부분
경부고속철도
주박기지
박미
한남운수
기업
리치힐
금천구
돈봉대들
삼성기계
대명
중앙철제
종합상가
장호빌라
안양해솔학교
소하리
삼성교회
현대택배
풍년빌라
동서
기계
중앙빌리지
유림빌라
피닉스주택
기아자동차소하동공장
두산위브
석수역
운정빌라
삼미빌라
대도주택
대우푸르지오
덕수아파트

범례
고속국도
시의상징(마크)
경찰서·치안센터
우체국·우편취급국
고속화도로
구의상징(마크)
소방서·119안전센터
도서관
주요도로
동주민센터
대학교·학교
숙박시설

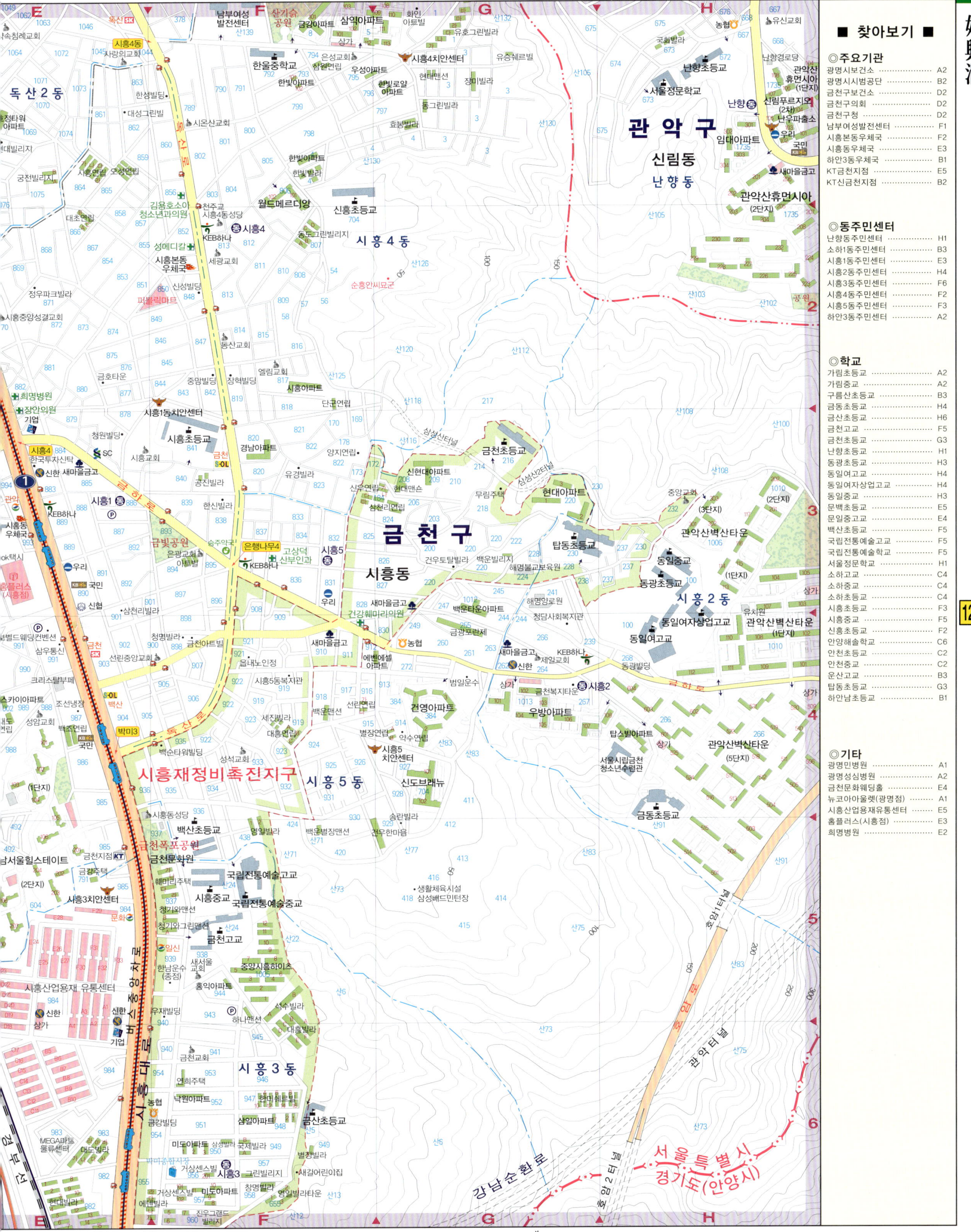

■ 찾아보기 ■

◎주요기관
광명시보건소 …… A2
광명시시범공단 …… B2
금천구보건소 …… D2
금천구의회 …… D2
금천구청 …… D2
남부여성발전센터 …… F1
시흥본동우체국 …… F2
시흥동우체국 …… E3
하안3동우체국 …… B1
KT금천지점 …… E5
KT신금천지점 …… B2

◎동주민센터
난향동주민센터 …… H1
소하동주민센터 …… B3
시흥1동주민센터 …… E3
시흥3동주민센터 …… H4
시흥3동주민센터 …… F6
시흥4동주민센터 …… F2
시흥5동주민센터 …… F3
하안3동주민센터 …… A2

◎학교
가림초등교 …… A2
가림중교 …… A2
구름초등교 …… B3
금동초등교 …… H4
금산초등교 …… H6
금천초교 …… F5
금천초등교 …… G3
난향초등교 …… H1
동광초등교 …… H3
동일여고교 …… H4
동일여자상업고교 …… H4
동일중교 …… H3
문백초등교 …… E5
문일중교 …… E4
백산초등교 …… F5
국립전통예술고교 …… F5
국립전통예술학교 …… F5
서울정문학교 …… H1
소하고교 …… C4
소하중교 …… C4
소하초등교 …… C4
시흥초교 …… F3
시흥초교 …… F5
시흥초등교 …… F2
안양해올학교 …… C6
안천초등교 …… C2
안천중교 …… C2
운산고교 …… B3
탑동초등교 …… G3
하안남초등교 …… B1

◎기타
광명민병원 …… A1
광명성심병원 …… A2
금천문화웨딩홀 …… E4
뉴코아아울렛(광명점) …… A1
시흥산업용재유통센터 …… E5
홈플러스(시흥점) …… E3
희명병원 …… E2

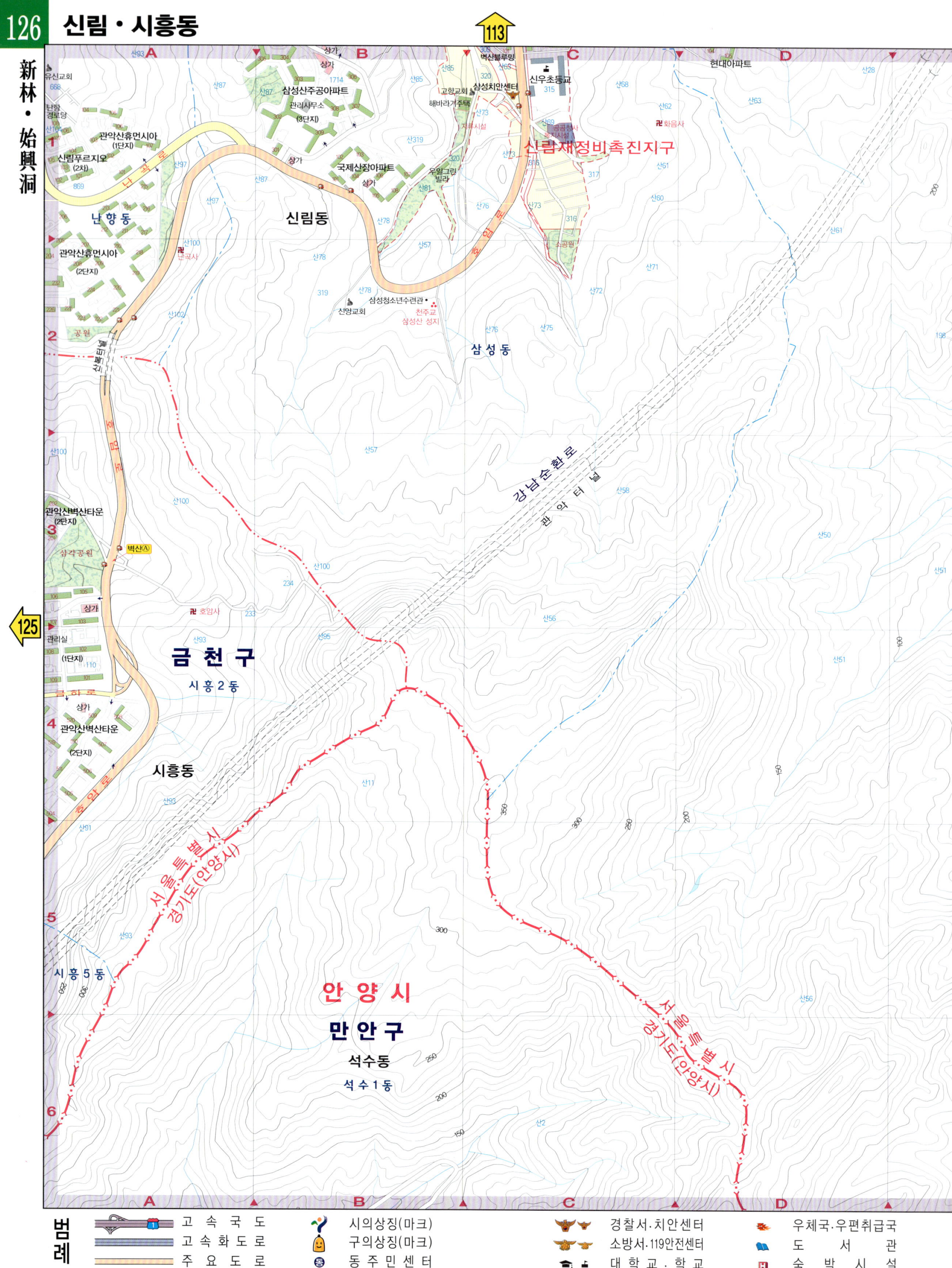
新林·始興洞
113
125
유신교회
난향경로당
관악산휴먼시아 (1단지)
신림푸르지오 (2차)
관악산휴먼시아 (2단지)
난향동
난곡사
공원
신림타워
관악산벽산타운 (2단지)
삼각공원
벽산A
상가
관리실 (1단지)
은하로
관악산벽산타운 (2단지)
시흥동
관악로
낙성로
삼성산주공아파트 관리사무소 (3단지)
상가
상가
국제산장아파트 상가
신림동
삼성청소년수련관·신양교회
천주교 삼성산 성지
호압사
금천구
시흥2동
시흥5동
시흥동
삼성치안센터
신우초등교
현대아파트
화음사
신림재정비촉진지구
고향교회
해바라기주택
벽산불루밍
우일그린빌라
삼성동
강남순환로
관악터널
시흥대로 경기도(안양시)
서울특별시 경기도(안양시)
서울특별시
안양시
만안구
석수동
석수1동
범례
고속국도
고속화도로
주요도로
시의상징(마크)
구의상징(마크)
동주민센터
경찰서·치안센터
소방서·119안전센터
대학교·학교
우체국·우편취급국
도서관
숙박시설

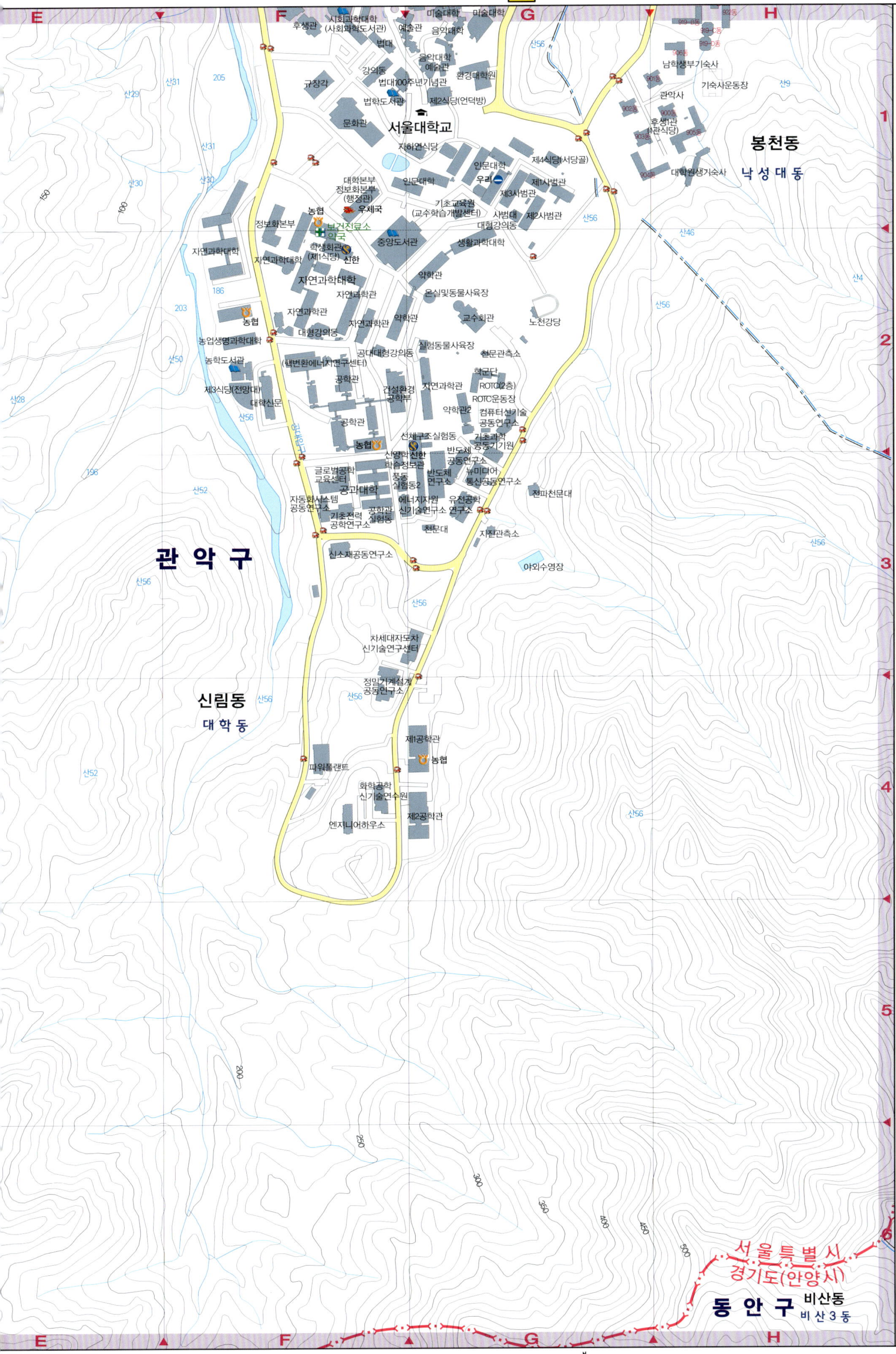

新林 · 奉天洞

■ 찾아보기 ■

◎학교
서울대학교 ·················· G1,2
신우초등교 ·················· C1

◎기타
삼성산청소년수련관 ·········· B2
천주교삼성산성지 ············ B2

지도 내 지명

봉천동
낙성대동

관 악 구

신림동
대 학 동

동 안 구
비산동
비산3동

서울특별시
경기도(안양시)

서울대학교 구역 명칭

사회과학대학
(사회과학도서관)
후생관
미술대학
예술관 음악대학
음악대학
남학생부기숙사
규장각
법대
강의동
법학100주년기념관
법학도서관
문화관
서울대학교
자하연식당
인문대학
대학본부
정보화본부
(행정관)
농협
우체국
보건진료소
학생회관
(제식당) 신한
자연과학대학
자연과학대학
자연과학대학
자연과학관
자연과학관
자연과학관
약학관
농협
농업생명과학대학
농학도서관
제3식당(전망대)
대학신문
공학관
(태양광변환에너지연구센터)
공학부
건설환경
공학부
약학관2
글로벌공학
교육센터
공과대학
공학관
자동화시스템
공동연구소
기초전력
공학연구소
실험동
신소재공동연구소
차세대자동차
신기술연구센터
정밀기계설계
공동연구소
제1공학관
파워플랜트
화학공학
신기술연수원
엔지니어하우스
제2공학관
예술관
환경대학원
제2식당(언덕방)
제4식당(서당골)
제5범관
제3사범관
제2사범관
사범대
대형강의동
중앙도서관
생활과학대학
온실및동물사육장
교수회관
노천강당
실험동물사육장
천문관측소
학군단
ROTC(2층)
ROTC운동장
컴퓨터신기술
공동연구소
기초과학
공동기기원
반도체
공동연구소
뉴미디어
통신공동연구소
전파천문대
야외수영장
지진관측소
천문대
관악사
기숙사운동장
후생관
(관식당)
대학원생기숙사
기초교육원
(교수학습개발센터)
우리
인문대학
학습정보관
선양학
신한
반도체
연구소
풍플
에너지자원
신기술연구소
유전공학
연구소
선체구조실험동

범례

의료기관
버스정류장
지시점
주유소
고속터미널 교차로명
공공건물
상가·백화점건물
아파트(동)수
지번

$S = \dfrac{1}{10,000}$ (1cm 가 100m 임.)

0 100 200 300m

| 112 | 113 | 114 | 115 |
| 125 | 126 | 127 | 128 |

128

南峴 · 新林洞

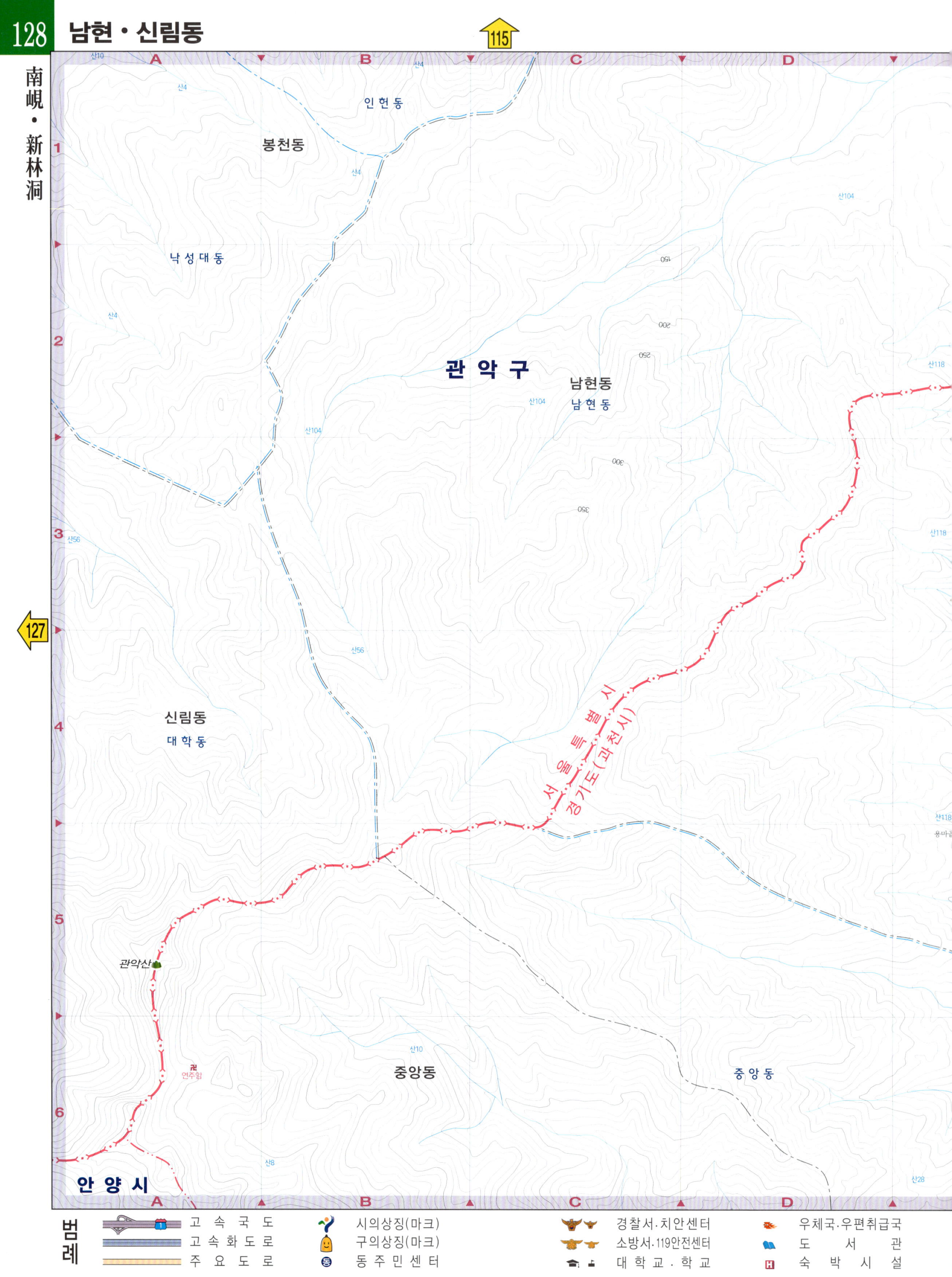

범례

고 속 국 도
고 속 화 도 로
주 요 도 로
시의상징(마크)
구의상징(마크)
동 주 민 센 터
경찰서 · 치안센터
소방서 · 119안전센터
대 학 교 · 학 교
우체국 · 우편취급국
도 서 관
숙 박 시 설

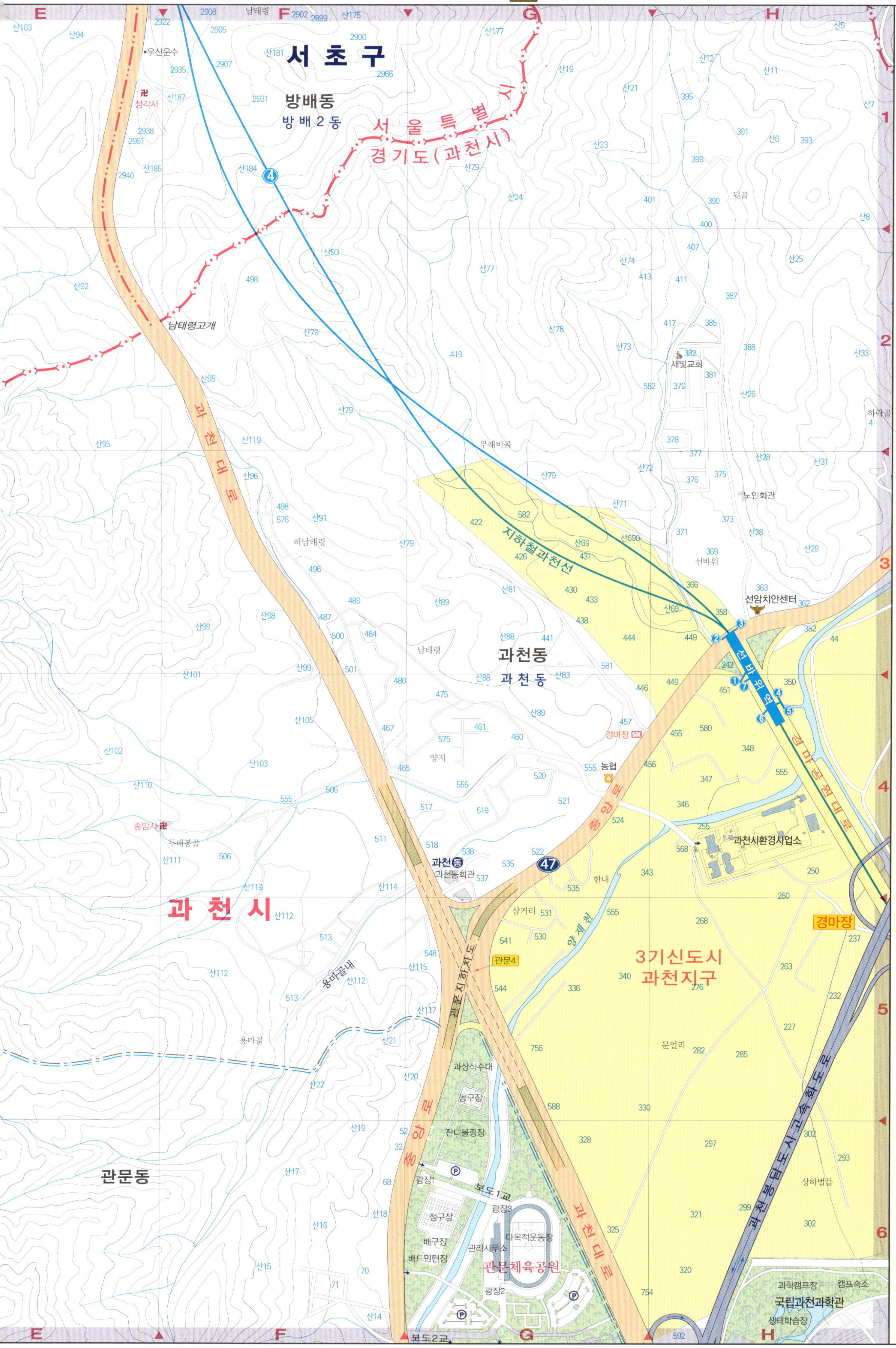

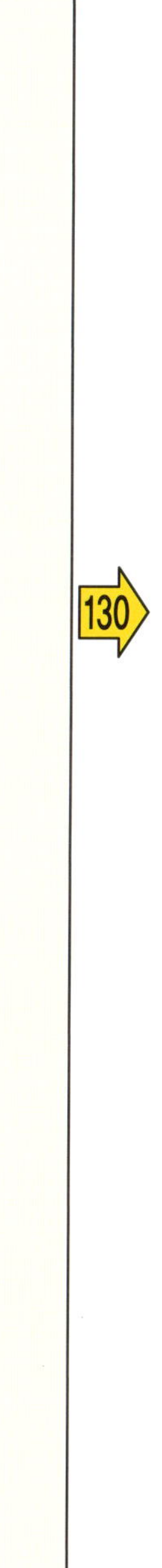

果川市
果川洞
116
130
■ 찾아보기 ■
◎주요기관
과천시환경사업소 ·············· H4
국립과천과학관 ·············· H6
◎동주민센터
과천동주민센터 ·············· G4
◎기타
관문체육공원 ·············· G6
E F G H
서초구
방배동
방배2동
서울특별시
경기도(과천시)
우신운수
정각사
남태령고개
남태령
과천동
과천동
과천시
관문동
무래비골
지하철과천선
새빛교회
노인회관
선바위
선암치안센터
뒷골
하락골
과천동
과천동회관
삼거리
경마장
농협
한내
양재천
과천시환경사업소
3기신도시
과천지구
문얼리
경마장
상하벌들
과천대로
과천봉담도시고속화도로
관문4
송암사
두태봉골
옹마골내
용마골
과천상식수대
동구장
잔디볼링장
광장
정구장
배구장
배드민턴장
관리사무소
다목적운동장
관문체육공원
광장2
복도1교
복도2교
과학캠프장
캠프숙소소
국립과천과학관
생태학습장
의 료 기 관
버 스 정 류 장
지 시 점
주 유 소
고속터미널 교 차 로 명
공 공 건 물
상가·백화점건물
아파트(동)수
지 번
S = 1/10,000
(1cm 가 100m 임.)
0 100 200 300m
114 115 116 117
127 128 129 130

117

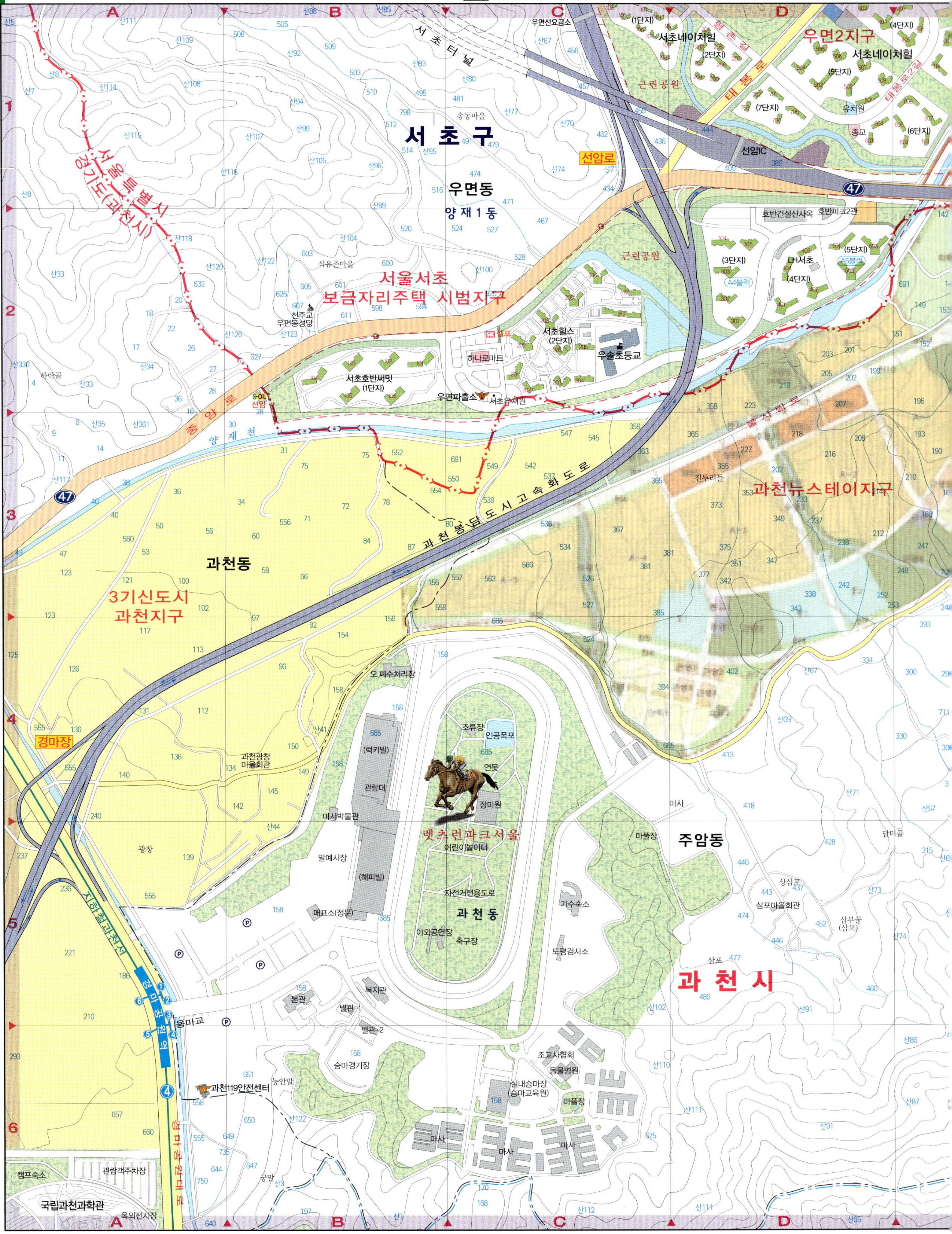

129

서 초 구

서초터널

우면산요금소

우면동
양재1동

서초네이처힐
우면2지구
서초네이처힐

선암로
선암IC

서울서초
보금자리주택 시범지구

근린공원

우면동성당

호반건설신사옥 호반파크2관
LH서초

서초힐스

우솔초등교
우면파출소
서초유치원

과천뉴스테이지구

과천동

3기신도시
과천지구

과천 봉담 도시 고속화 도로

양재천

경마장

과천광창
마을회관

렛츠런파크서울
어린이놀이터

주암동

과천동

마사박물관

말예시장

매표소(정문)

야외공연장
축구장

도평검사소

과 천 시

본관
별관-1
별관-2

용마교

승마경기장

조교사협회
동물병원
실내승마장
(승마교육원)

과천119안전센터

캠프숙소
관람객주차장

국립과천과학관
옥외전시장

범례

良才 · 院趾洞

■ 찾아보기 ■

◎기타
국립과천과학관 ………… A6
농협서울공판장 ………… F2
농협유통양곡사업본부 …… F2
농협하나로클럽(양재점) … H1
서울만남의광장 ………… G1
서울경마공원 ………… C4,C5
신원동꽃도매시장 ………… H1
이마트(양재점) ………… F1
하이브랜드 ………… F1
한국화물터미널 ………… G1
코스트코(양재점) ………… F1

E
F
G
H

118

농협수도권
유통사업본부
농협
하이브랜드
이마트(지하)
대우
모토로라
신한
신한
LG화학
과천R&D센터
과천우면
우편취급국
몬테소리유아원
3단지
65
63
62
216
218
49 양재IC
서울오토갤러리
(양재점)
코스트코
(양재점)
강남교회
LG전자
양재물류센터
트럭터미널앞
양재동
739
221
225
228
SOL
터미널
농협유통
양곡사업본부
양재동양곡도매시장
농협서울공판장
KCTC양재물류센터
서울만남의광장
청계산
청소종합센터
신원동꽃도매시장
농협전통
공예품점
농협하나로
552
548
543
538
531
염곡동
염곡천
염곡로
내곡동
신원동
양 재 대 로
742
222
223
224
604
584
741
21
18
17
99
27
산74
산7
산78
산82
산83
산84
SK경인기술지원센터
주암1동
마을회관
주암시립어린이집
과천동산
교회
죽바위
줄바위
줄바위
산11
70
162
111
110
산13
산77
산13
산14
산16
산17
산15
106
125
117
168
173
170
179
156
144
142
81
89
84
47
54
61
73
74
79
80
46
52
53
76
61
55
72
121
112
76
84
91
89
서 초 구
양 재 2 동
양재2동
원지동
서울추모공원
큰비양골고개
돌무개
(뉴무깨)
돌무깨내
262
266
296
268
281
20
19
26
26
28
산20
산16
산26
산26
산28
산79
산76
산85
산84
산76
181
308
310
산58
산113
312
유당사
산113
산56
산73
산56
산34
산42
산43
272
160
149
163
55
61
52
133
138
152
202
205
207
219
212
222
224
230
234
238
278
275
산72
산71
산86
산87
산88
산94
산95
산96
산76
산4
181
막계동
문원동
산76
산76
산82
산78
산59
산75
산61
산74
산113
산76

의료기관
버스정류장
지시점
주 유 소
고속터미널 교차로명
공공건물
상가·백화점건물
아파트(동)수
지 번

S = 1/10,000
(1cm 가 100m 임.)
0   100   200   300m

116 117 118 119
129 130 131 132

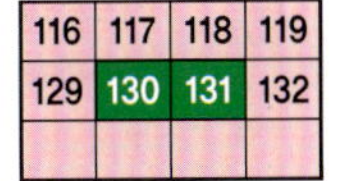

廉谷洞

119

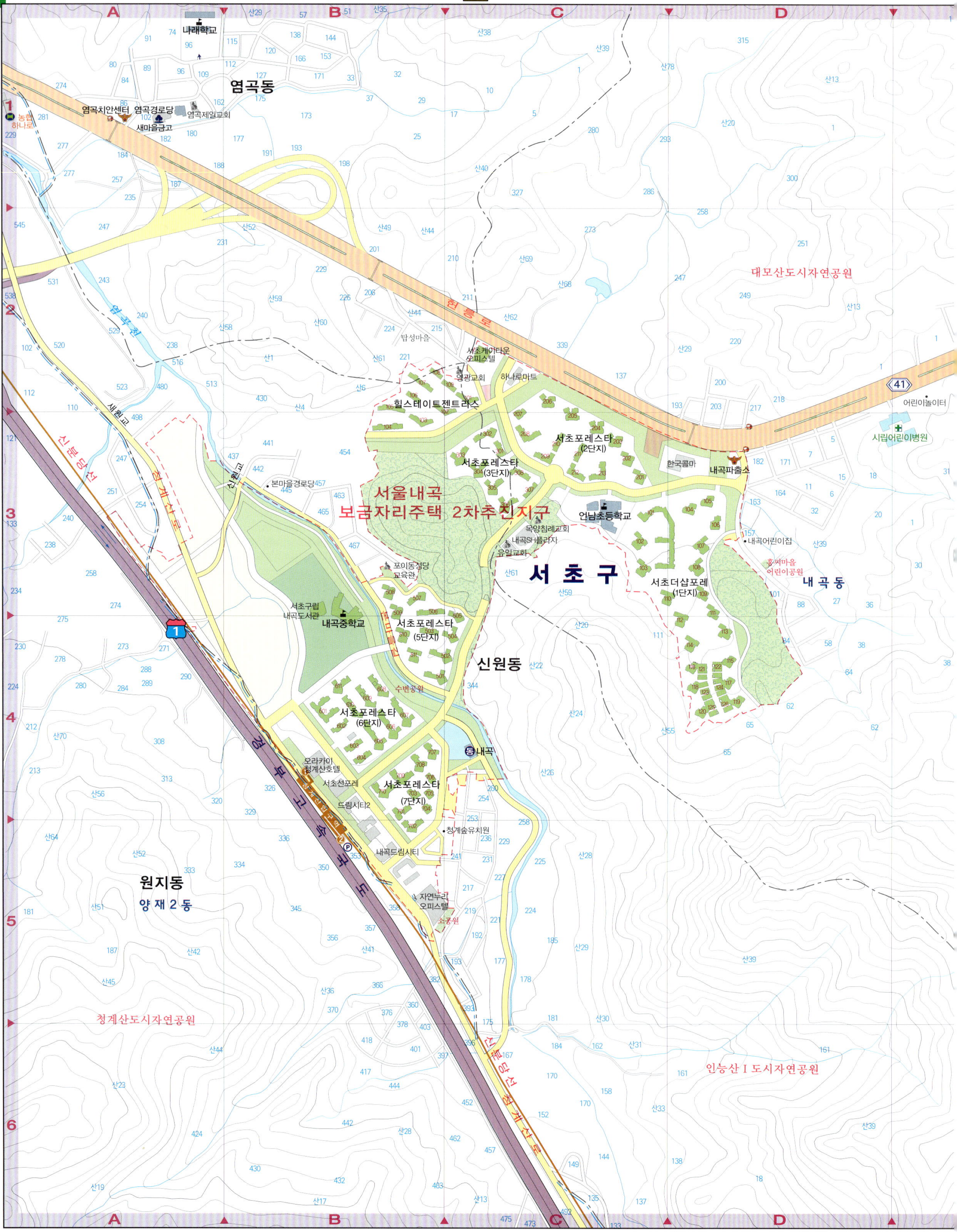

131

內
谷
洞

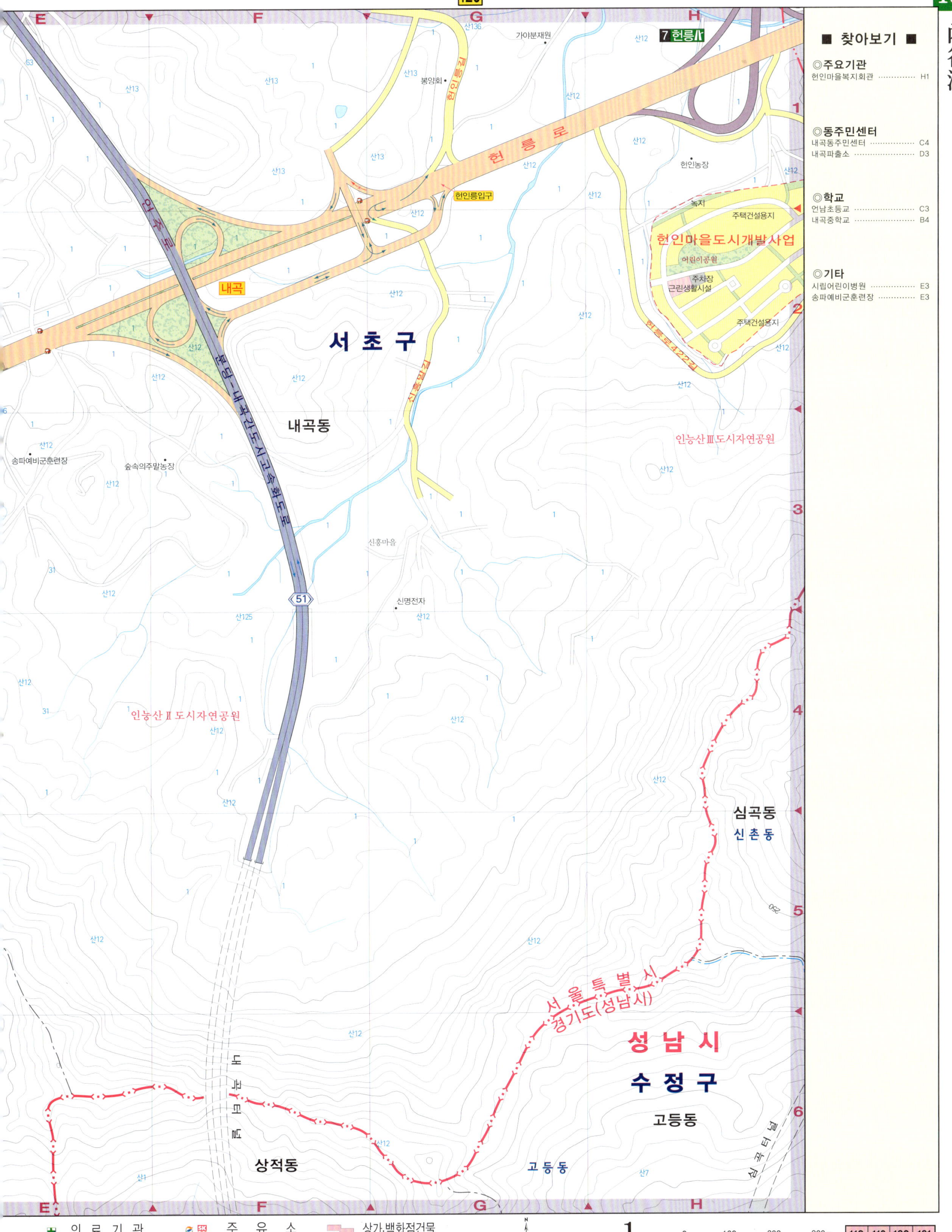

■ 찾아보기 ■

◎주요기관
현인마을복지회관 ·············· H1

◎동주민센터
내곡동주민센터 ·················· C4
내곡파출소 ························· D3

◎학교
언남초등교 ························· C3
내곡중학교 ························· B4

◎기타
시립어린이병원 ·················· E3
송파예비군훈련장 ··············· E3

의 료 기 관　주 유 소　상가.백화점건물
버 스 정 류 장　교 차 로 명　아파트(동)수
지 시 점　공 공 건 물　지 번

S = 1/10,000 (1cm 가 100m 임.)

0　100　200　300m

| 118 | 119 | 120 | 121 |
| 131 | 132 | 133 | |

仁川廣域市

지도찾아보기

인천광역시
S=1:70,000

옹 진 군

시도리
시도
부양염전
수기해수욕장
신도
염촌
신 도
구로자
북 도 면
세계성교센터부설
청소년인성교육장
신도초교
신도분교장
고남
신 도 리
공생염전
선염

미단시티
레저복합도시

영종종합교
금산분교장

운북동

3 금산

공항철도

인천국제공항고속국도

영종역

운검도

매도

영종대교

청라대교

141

중 구

영종도

중산동
석화산

원형골프연습장
(드림골프레인지)

한국풍
(오션코스)

인천공항충전소
국제공항

물류단지

공항지원단지

스코틀랜드풍
(블래식코스)

인천국제
물류센터

플로리다풍
(레이크코스)

화물터미널

인천공항2터미널역

인천국제공항

여객터미널

공항화물청사역

애리조나풍
(하늘코스)

인천공항1터미널역
장기주차장역
주차장

합동청사역

하얏트리젠시
인천호텔

국제업무단지역

인천국제공항

인천C.C

인천공항자기부상열차

워터파크역

제항기지

용유역

명이원
공항중학교
공항고교
정보
밀레시티
국제유통센터
영종하늘문화센터

창보밀레시티

영종하늘도시

공항신도시

인천하늘고교

인천시교육연수원
인천과학고교
인천교육과학연구원
인천국제고교

영종국제물류고교

운서동

운남동

공항신도시분기점

인천서초등교

영종어린이공원

영종초교

영종중교

119안전생활

KT

베스트웨스턴
공항파크텔

운서역

영종119안전센터

영종치안센터

구건소

GS자이

영종하늘도시

스위챈
한양수자인
영종초등교
우미린
스카이뷰
스카이블루빌라트

우미린
비발디
힐스테이트

설척장
영종도골프장

베이사이드파크

신불

2 영종

2 영종

인천대교

황 해

서렴도

무의도

고 속 국 도   기 타 도 로   특별·광역시·도계   행 정 동 계
주 요 도 로   철 도   시·군·구계   구 청
일 반 도 로   지 하 철   법 정 동 계   동 주 민 센 터

138
139
22 계양IC
37 신도시
인천도시가스
서구청
서부경찰서
서부소방서
공촌동
계산초등학교
지하철 1 호선
임학
경인교육대학교
계산동
경인교대입구
계양경찰서
계양여중고
용종동
계양구청
서운분기점
효성동
효성지구
효성초등학교
효성남초등학교
계 양 구
용오동
작전
서운동
서운초교
심곡동
경서동
연희동
북인천여중고
작전동
가정동
한국전력
가정지구
4 부평IC
가좌동
부평소방서
청천동
중앙교회교
쌍용자동차
이남전자
부평북초등학교
삼산동
가정뉴타운
청천동
삼산
삼산1지구
신현중교
가정중앙시장
석남동
산곡초등학교
부평경찰서
산곡
부평구청
부평구
삼산
경찰서
24 중동IC
서 구
소 도
독정
원창동
석남
인천그랜드CC
율도
원창동
마장초등학교
갈산
갈산동
삼산
부개동
남촌
부천시
석남동
서부어촌회관
예화여중고
부평시장
부평동부교회
부평남중교
산곡동
부평
부개동
가 좌 동
대정초등학교
가좌초등학교
가정초등학교
작약도
작약도유원지
화 수 동
한국유리공업
동구
142
송현동
가 좌 동
143
25 송내IC
송내
136
만석초등학교
재능대학교
동국제강
동구청
십정동
부평동
양지마을
일신동
중구청
송림동
도원뉴타운
인천대학교
도화동
수인선가좌단
하천초등학교
산월동
부평산업단지
중부경찰서
중부소방서
사동
동구청
도원동
인천여상고교
제물포
동암여중학교
석정여고교
신흥초등학교
십정동
동인천고교
26 장수IC
중 구
소월미도
인천항
내항
미추홀구청
인천전용경기장
경인선
간석동
만수
만수동
인천대공원
미 추 홀 구
용현동
서민공원
주안재정비촉진지구
주안
인천시청
인천지하철2호선
구월동
남동구청
학익동
옹진군청
인하대학교
인천지방법원
관교동
남동경찰서
인천터미널
남 동 구
수 산 동
6 학익분기점
문학동
7 문학IC
문학경기장
8 남동IC
서창분기점
서창지구
144
옥련IC
145
5 옥련IC
옥련동
청학동
연수동
서창2지구
도림지구
연세대학교
남촌동
남동동
연 수 구
4 연수분기점
송도
동춘동
동춘2지구
연수경찰서
송도국제도시
논현동
논현지구
시흥시
방산동
남동국가산업2단지
고잔동
한화지구
월곶분기점
송도테크노파크
정왕동
정왕IC
달월역

주요건물   초·중·고교   KT지사.지점
경인로   도로명   경찰서   교회
대학교   우체국   병원
S = 1/70,000   (1cm 가 700m 임.)
0 700 1400 2100m

仁川廣域市主要部

만석동
화수동
화수1·화평동
현대제철 송현동
송현3동
인천산업용품유통센터
송월동1가
전동
동인천동
화평동
송현1·2동
동구
송림6동
송림4동
도화2·3동
북성동
인천역
신포동
중구청
중부경찰서
송림1동
송림2동
송림3·5동
인천대학교
도화동
내동
용동
경동
송림시장
동구청
재능대학교
답동
사동
신생동
율목동
유동
금곡동
창영동
도원동
숭의1·3동
인천세무서
미추홀구청
숭의동
선화동
인천항
(내항)
중 구
항동7가
연안동
신흥동
신흥동3가
숭의2동
용현2동
용현동
용현3동
인하대학교
용현5동
옹진군청
인하대역
인하공업전문대학
학익동
학익1동
미추홀경찰서
신흥동3가
신흥동
용현·학익지구
자동차정비단지
제2경인고속국도
인천외항
(남항)

범례
고속국도
주요도로
일반도로
기타도로
철도
지하철
특별·광역시·도계
시·군·구계
법정동계
행정동계
구청
동주민센터

仁川廣域市主要部

서 구
송림동
가좌동
도화동
부평구
십정동
남동구
미추홀구
주안동
구월동
관교동

주요건물
경인로
도로명
대학교
초·중·고교
경찰서
우체국
KT지사.지점
교회
병원

S = 1/19,000
(1cm 가 190m 임.)
0 190 380 570m

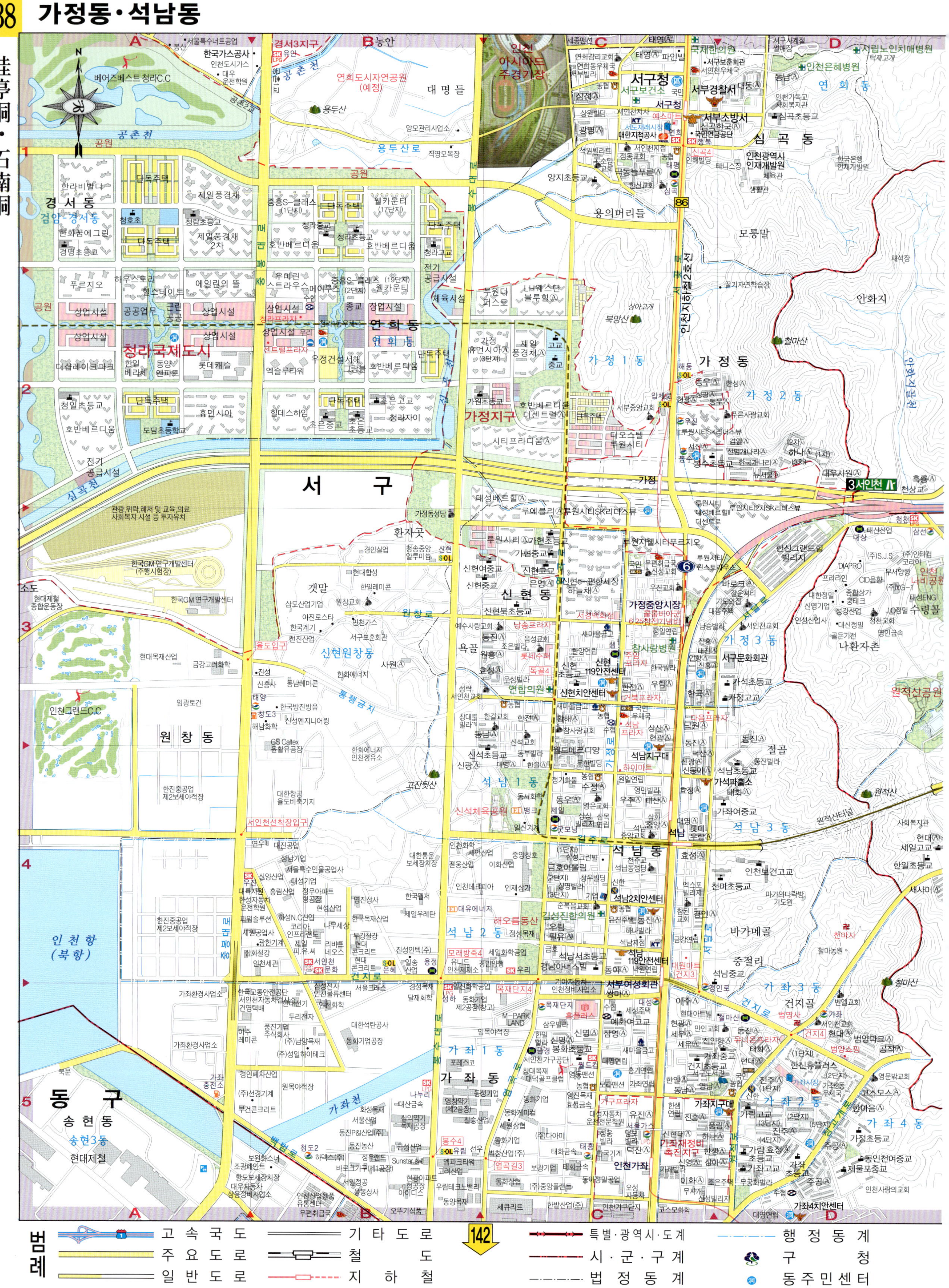

범례
고속국도 　기타도로 　특별·광역시·도계 　행정동계
주요도로 　철　　도 　시·군·구계 　구　　청
일반도로 　지하철 　법정동계 　동주민센터

富平洞·桂山洞

공촌동
효성동
계양구
효성2동
효성1동
효성동
청천동
청천1동
부평구
산곡동
산곡4동
계산1동
계산동
계산2동
계산3동
임학동
용종동
작전1동
작전2동
작전동
서운동
삼산동
삼산1동
삼산2동
갈산동
갈산1동
갈산2동
부평동
부평1동
부평2동
부평3동
부평4동
부평5동
부개동
부개1동
부개2동
부천시
상동
병방동
3기신도시

S = 1/25,000
(1cm 가 250m 임.)

주요건물   초·중·고교   KT지사·지점
경인로   도로명   경찰서   교회
대학교   우체국   병원

138 139
141 142 143

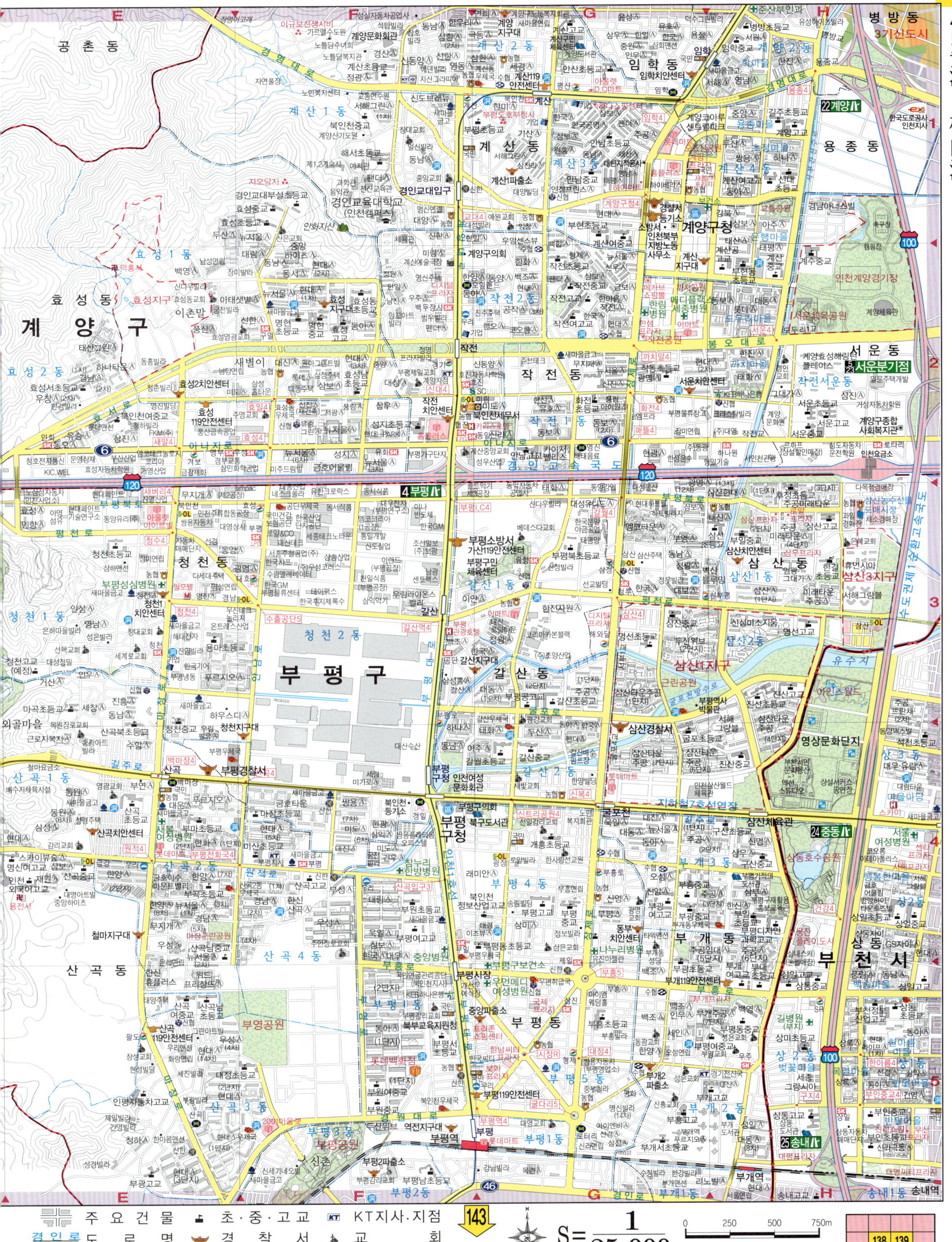

永宗島
A B C D
옹진군
장봉리 장봉도
멀곳 모도 모도리
시도
신도
북도면
신도
염촌
구로지
오도
선염
청소년인성교육장
(세계선교센터부설)
신흥초등교
신도분교
고남
공생염전
노랑섬
미단시티 레저복합도시
운북동
박촌
영종초등교
금산분교장
고염나무골
공항철도
마장포
중산동
석화산
대비현
원형골프연습장
드림골프레인지
영종해안남로
풍림아이원A
삼목도
오션코스
인천공항고교 운서
인천공항초교
3 금산
2 공항입구
용관사권
자연대로
운서동
영종도
영종119안전센터
영종파출소
운남지구 잔다리
인천하늘초등교
우미린 비발디
한양수자인 힐스테이트
선착장
중 구
공항신도시분기점
인천공항충전소
국제공항
공항지원단지
관세자유지역
클래식코스
레이크코스
화물터미널
인천국제공항
공항화물청사
인천국제공항고교
과학고교
인천국제
과학연구원
운서초등교
영종자이A
영종국제
물류고교
영종초등교
영종A
우미린
스카이뷰
노빌리티
영종동
영종중교
영종하늘도시
운남동
신불
BMW 드라이빙센터
을왕동
용유도
남북동
용유초등교
용유로
왕산해수욕장
산덕 인천시교원수련원
용유파출소
인천공항전망대
을왕해수욕장
용유보건지소
삼일독립만세기념비
덕교동
용유관광단지
여객터미널
인천공항1터미널
장기주차장
합동청사
하얏트리젠시 인천호텔
국제업무단지
하늘코스
인천국제공항
인천공항자기부상철도
워터파크
용유
대매도랑
잠진도
황 해
축 척
1:100,000
0 1 2 3km
(1cm 가 1Km 임.)
인천국제공항
여객터미널
교통센터
인천공항1터미널
SKY 72 G.C
(하늘코스)
상주직원 주차장
소형버스 주차장
소형렌터카 주차장
장기주차장역
택시 주차장
장기주차장
하늘공원
렌터카 버스 노선
버스
대형 순환 버스
핸드카 주차장 주차장 주차장
대행버스주차장
편의시설
(간이식당)
국제업무지역
합동청사역
인천국제공항공사
그랜드하얏트
인천호텔
정부합동청사
웨스트타워
이마트
테마쇼핑몰
(에이조이)
WORLDGATE
스카이허브 열정 티오빌
베스트웨스턴
에어포트호텔
파라다이스시티역
서울 인천
인천국제공항
축 척
1:12,000
0 120 240 360m
(1cm 가 120m 임.)
A B C
범례
고 속 국 도   기 타 도 로   특별·광역시·도계   행 정 동 계
주 요 도 로   철   도   시·군·구계   구   청
일 반 도 로   지 하 철   법 정 동 계   동 주 민 센 터

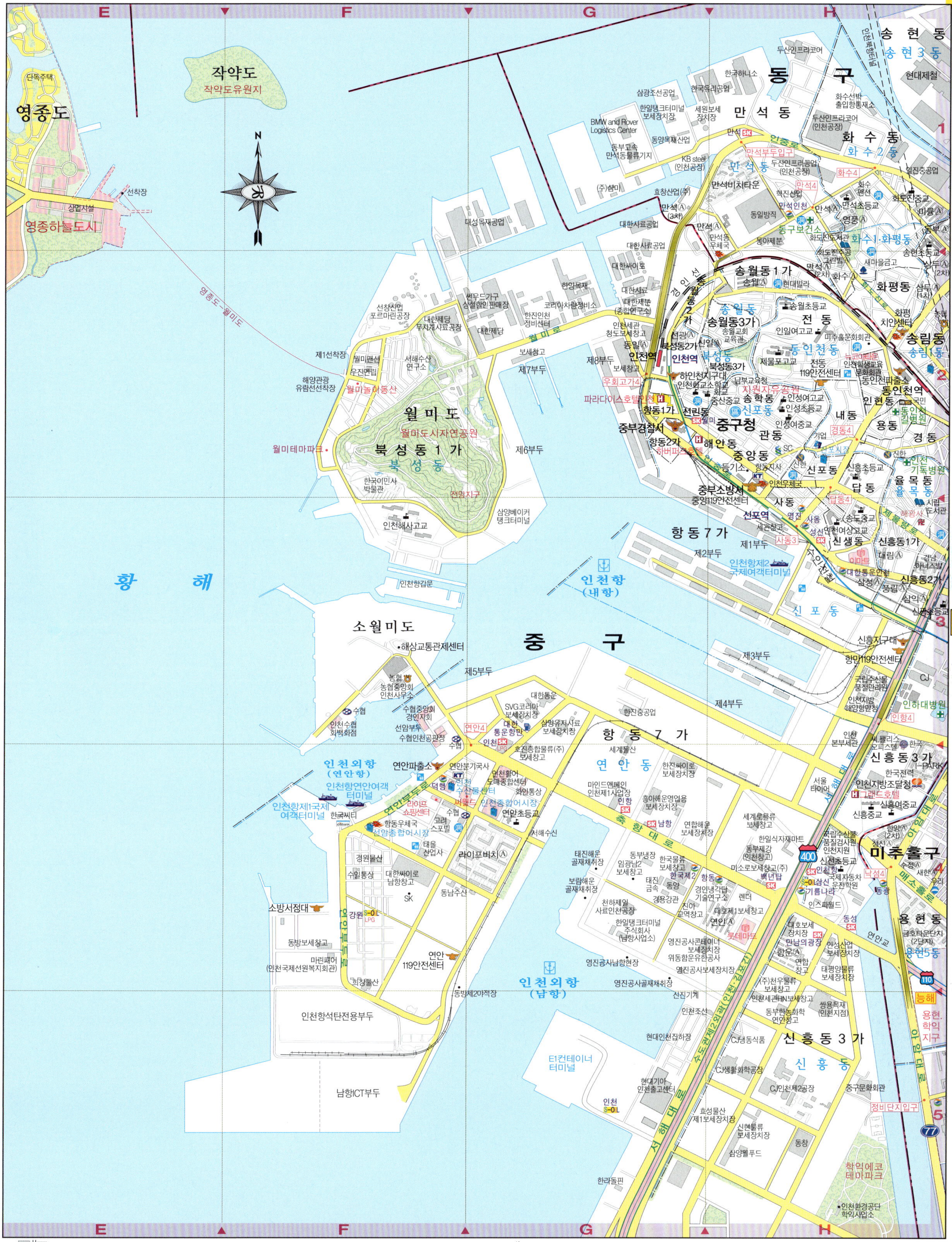

月尾島

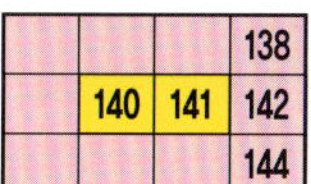

S = $\frac{1}{25,000}$ (1cm 가 250m 임.)

주요건물　초·중·고교　KT지사.지점
경인로　도로명　경찰서　교회
대학교　우체국　병원

		138
140	141	142
		144

朱安

138
141
144
A B C D
서 구
동 구
중 구
미 추 홀 구
연 수 구
현대제철
송현3동
송현동
송림동
송림6동
송림4동
송림동
가좌동
가좌1동
가좌4동
가좌3동
가좌2동
동구청
도화동
도화1·2·3동
도화2·3동
재능대학교
인천대학교
청운대학교
(인천캠퍼스)
주안국가산단
주안5동
주안역
주안1동
주안6동
도원동
중구
숭의동
숭의2동
숭의1·3·4동
도화1동
제물포역
경인선
주안역
주안동
주안2동
주안4동
주안재정비촉진지구
용현동
용현3동
용현1·4동
미 추 홀 구
주안7동
주안3동
주안8동
인하대학교
인하공업전문대학
인하대역
미추홀경찰서
학익동
학익2동
학익1동
관교동
학익1동
문학동
문학경기장
인천문학경기장
제2경인고속국도
옹진군청
미추홀아구장
인천대교
옥련동
옥련2동
청학동
청학동
연수동
연수1동
연 수 구
송도역

범례
고속국도   기타도로   특별·광역시·도계   행정동계
주요도로   철   도   시·군·구계   구   청
일반도로   지하철   법정동계   동주민센터

間石洞

142
A
B
C
D
1
2
3
4
5
옥련2동
옥련동
옥련1동
청학동
연수구
연수1동
연수동
연수3동
연수2동
동춘1동
동춘1지구
동춘2지구
동춘동
동춘3동
동춘2동
송도동
송도2동
송도1동
송도3동
송도국제도시
송도역
송도효자병원(요양병원)
현대프라자
인천해양과학고교
5 옥련 IC
송도테마파크(공사중)
송도G.C
아암도
송도해상공원
인천대교
송도 IC
77
인천시립박물관
인천상륙작전기념관
옥련119안전센터
청량산
연수구청
연수경찰서
연수역
원인재
동막
송도국제병원(예정)
해양경찰청
송도국제도시파출소
중앙공원
해돋이공원
캠퍼스타운
테크노파크
연세대학교(국제캠퍼스)
가톨릭대학교
인천대학교(송도캠퍼스)
인천대입구
지식정보단지
한국뉴욕주립대학교(송도글로벌캠퍼스)
인천카톨릭대학교(송도캠퍼스)
인천재능대학교(송도캠퍼스)
가천대길병원 뇌질환센터
남동국가산업2단지
유수지
가천대학교(메디컬캠퍼스)
송도컨벤시아
롯데몰송도(2025 예정)
해송마을
솔밭마을
수인선
경원대로
인천1호선
승기천
컨벤시아교
송도국제교
바이오산업교
공단소방서
인천환경공단 승기사업소
송도센트럴공원
공원
하수종말처리장

범례
고속국도
주요도로
일반도로
기타도로
철도
지하철
특별·광역시·도계
시·군·구계
법정동계
행정동계
구청
동주민센터

서창동
장수서창동
서창2지구
선학동
남촌동
도림동
남동구
논현1동
등대마을
방산동
신현동
소래습지생태공원
선학동
남촌도림동
논현2동
논현동
논현지구
한화지구
고잔동
논현고잔동
월곶동
월곶동
시흥시
배곧동
정왕동
정왕본동
남동국가산업1단지
주요건물   초·중·고교   KT KT지사.지점
경인로   도 로 명   경찰서   교 회
대 학 교   우 체 국   병 원
S = 1/25,000
(1cm 가 250m 임.)
0   250   500   750m
141 142 143
144 145

水原

범례
고속국도
주요도로
일반도로
기타도로
철도
지하철
특별·광역시·도계
시·군·구계
법정동계
행정동계
시·구청
동주민센터

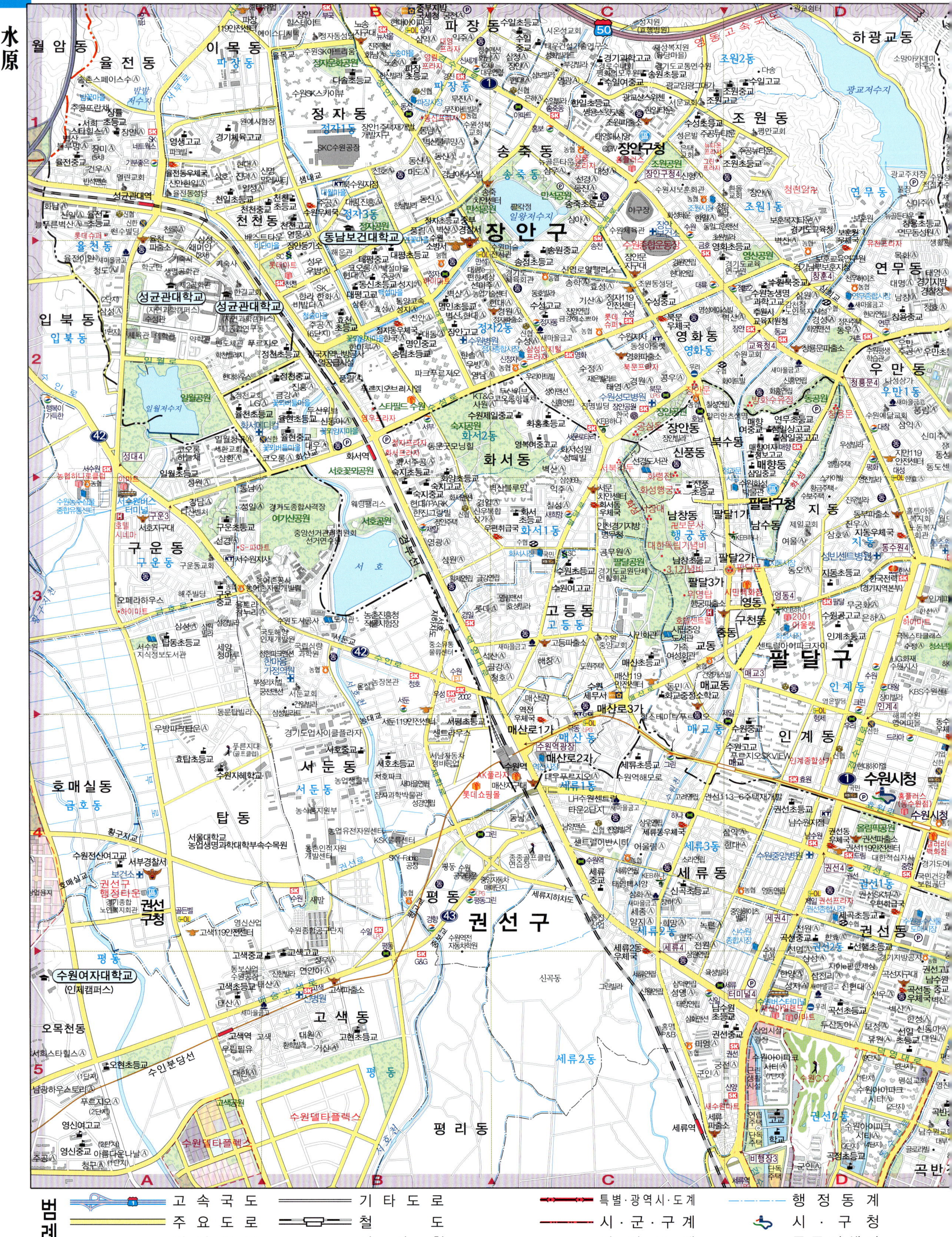

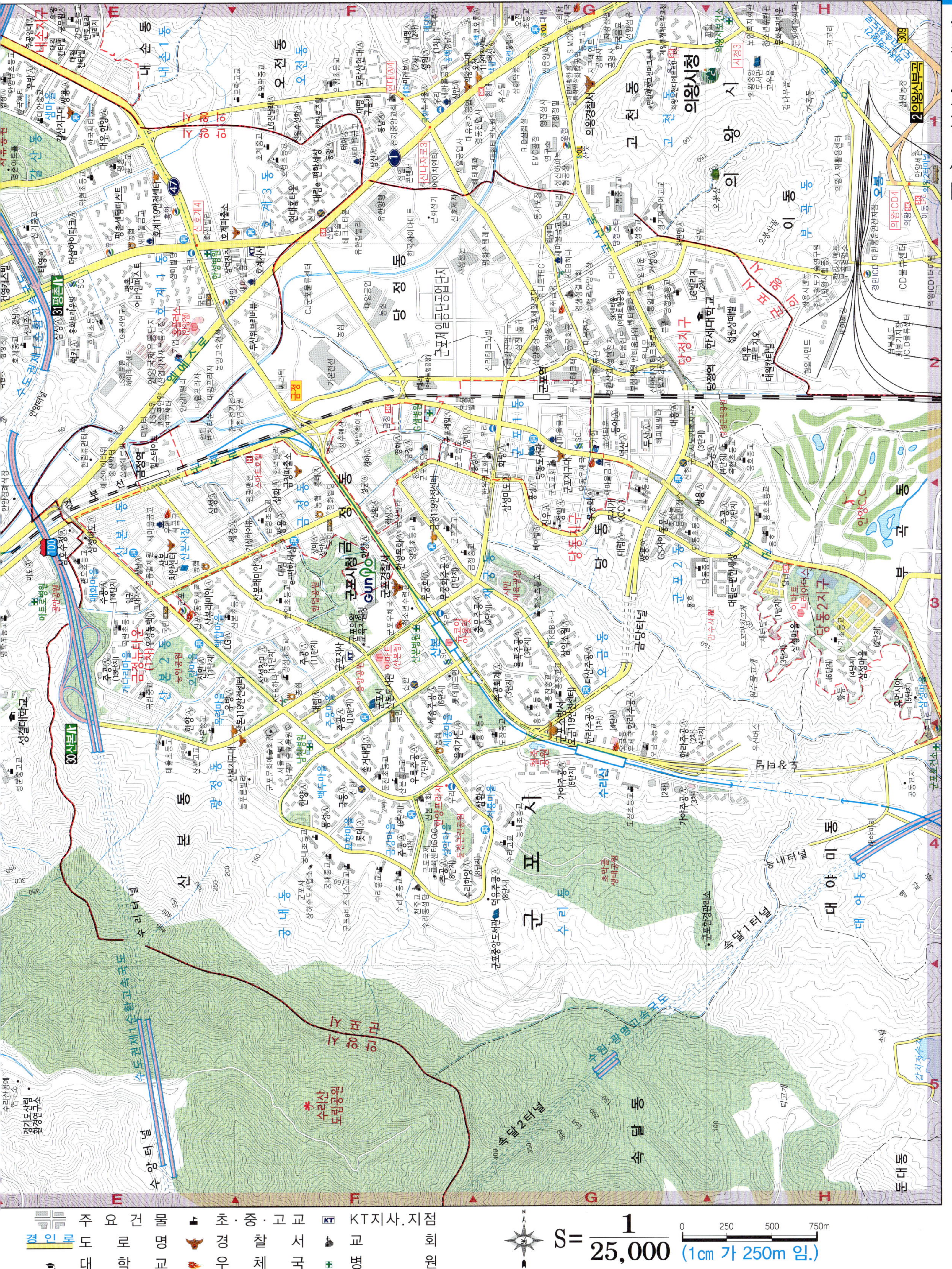
安養 · 軍浦 · 儀旺
군포시
의왕시
안양시
S = 1/25,000
(1cm 가 250m 임.)
0 250 500 750m
주요건물
경인로 도 로 명
대 학 교
초·중·고교
경 찰 서
우 체 국
KT지사.지점
교 회
병 원

坪村地域

비산3동
비산동
비산2동
부흥동
관악마을
달안동
호계동
호계2동
관양1동
관양동
관양2동
평촌동
안양동
귀인동
갈산동
내손2동
내손동
내손1동
의 왕 시
산본동
산본1동
군 포 시
금정동
당정동
호계동
호계3동
오전동
과천시
갈현동
인덕원
안양시청
동안구청
안양경찰서
관악대로
시민대로
시민대로
안양판교로
수도권제1순환고속국도
안양터널
S = 1 / 18,000
범례
고속국도
주요도로
일반도로
기타도로
철도
지하철
특별·광역시·도계
시·군·구계
법정동계
0 180 360 540m

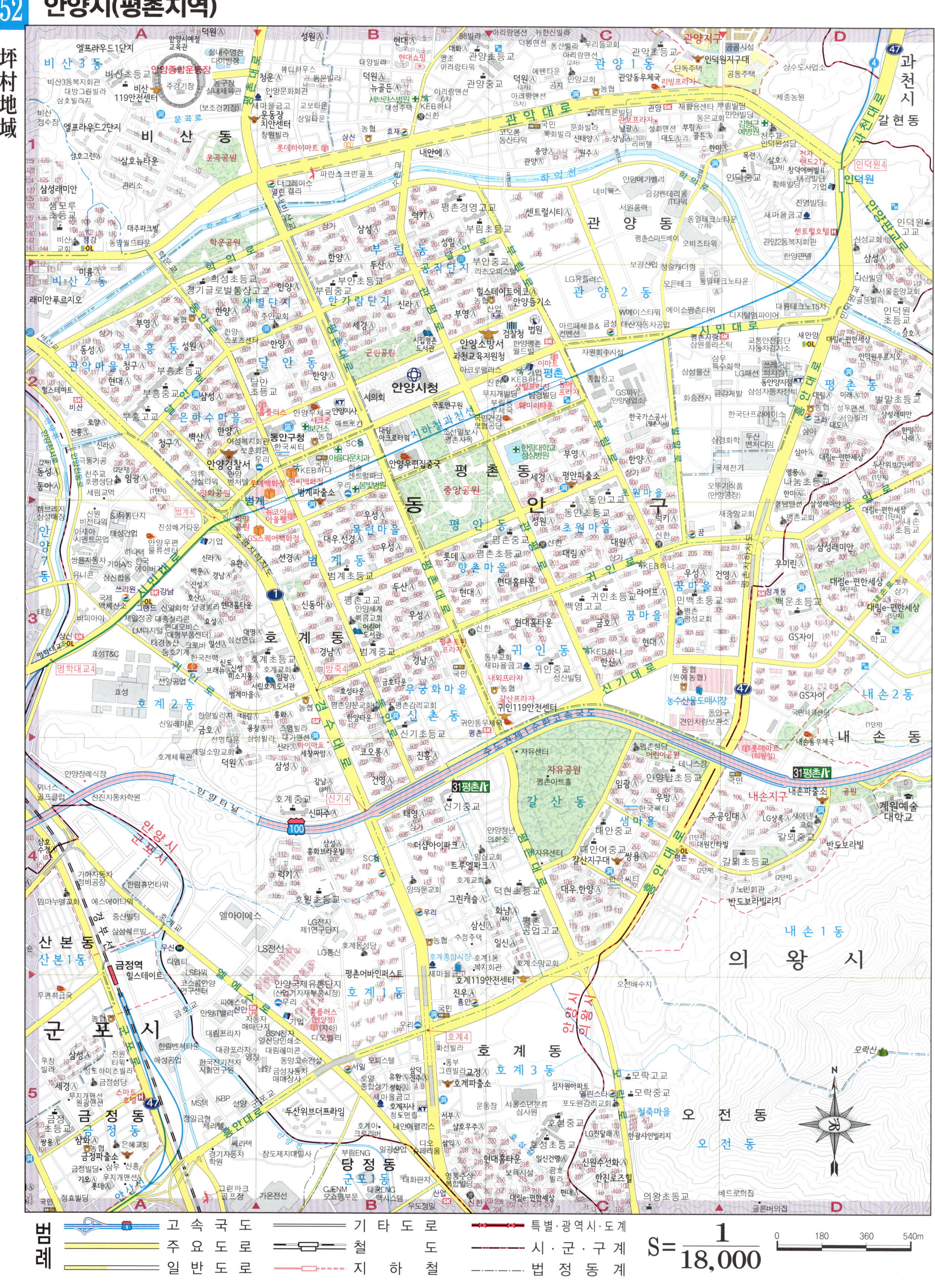

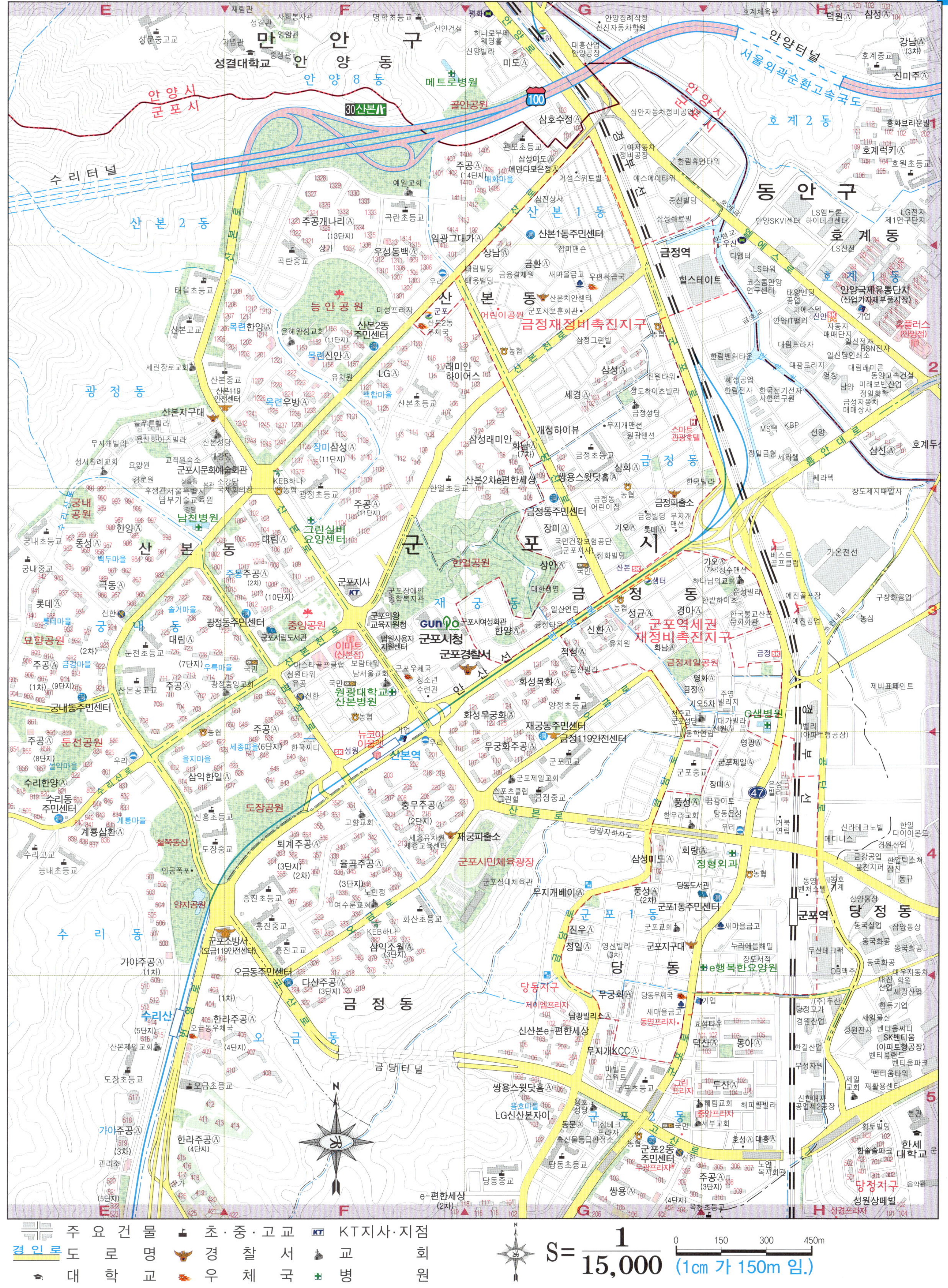
軍浦市

河南

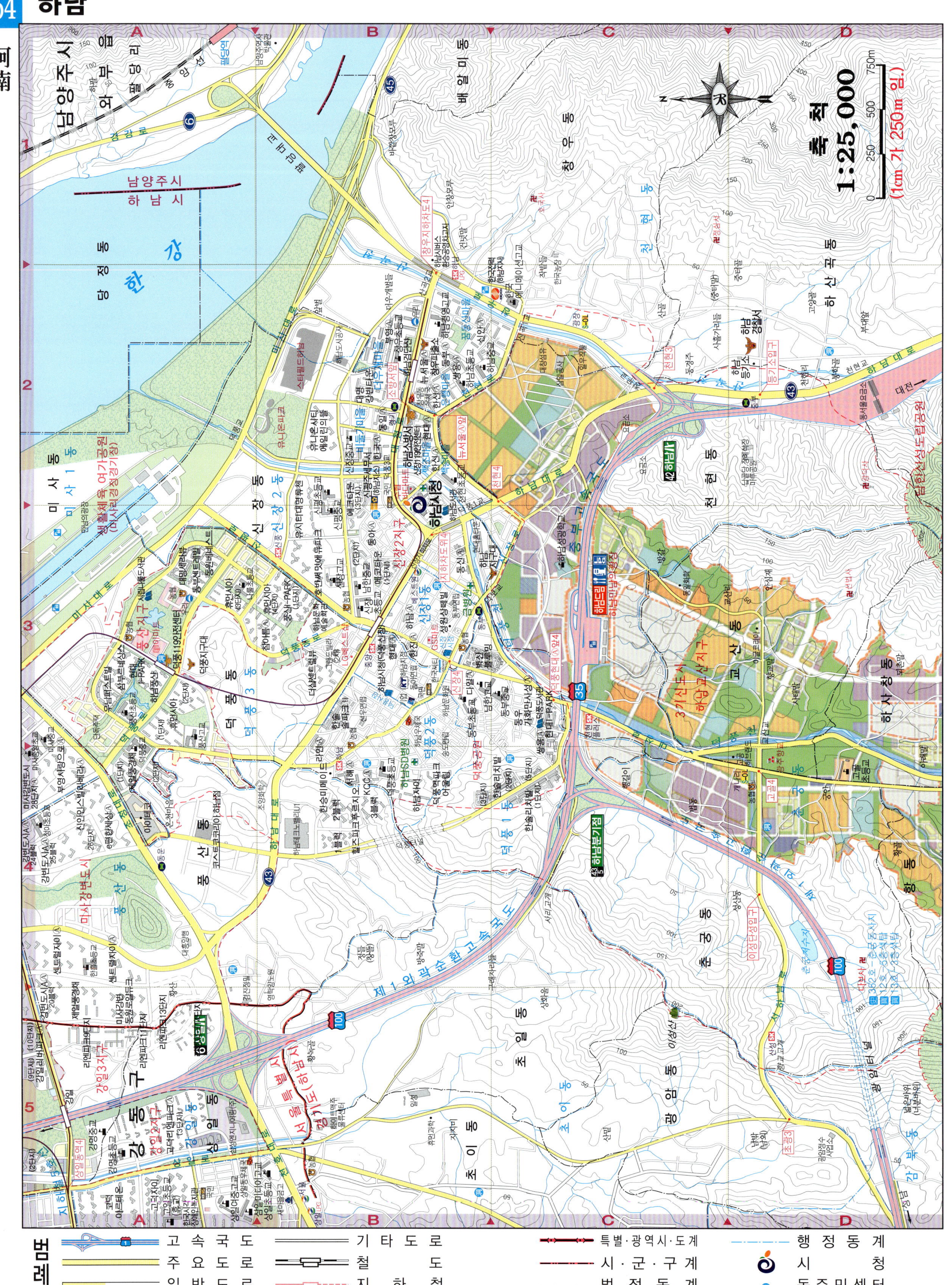

범례

고속국도	기타도로	특별·광역시·도계	행정동계
주요도로	철도	시·군·구계	시청
일반도로	지하철	법정동계	동주민센터

북한산국립공원
의정부시청
경민대학교
신한대학교
경기도청
신곡동
용현동
호원동
장암동
가능동
녹양동
금오동
자금동
민락동
낙양동
고산동
송산1동
송산2동
양주시
S = 1/25,000
(1cm 가 250m 임.)
주요건물
초·중·고교
KT지사·지점
경인로
도로명
경찰서
교회
대학교
우체국
병원

城南市 · 龍仁市

지도찾아보기
서울특별시
서초구
서울특별시
강남구
송파
남한산성면
남한산성도립공원
S=1:90,000
과천시
의왕시
시흥
성남시
광주시
수지구
용인시
처인구
수원시
권선구
영통구
팔달구
분당구
중원구
수정구
157
158
159
160
161
162
163
164
165

범례
고속국도   기타도로   특별·광역시·도계   행정동계
주요도로   철   도   시·군·구계   구   청
일반도로   지하철   법정동계   동주민센터

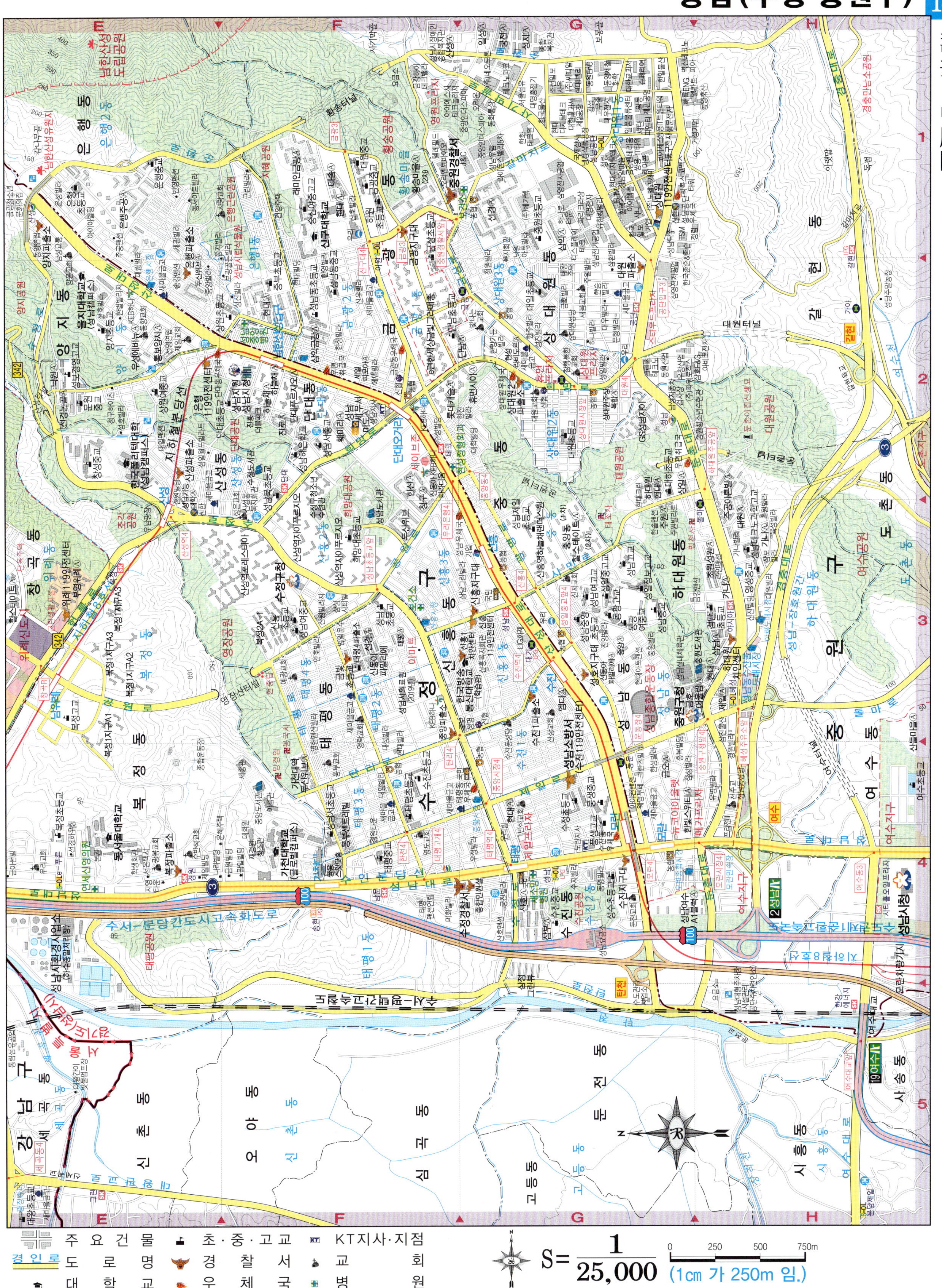

S = $\frac{1}{25,000}$ (1cm 가 250m 임.)

城南市 盆唐地域

수 정 구
시 흥 동
사 송 동
금토분기점
신분당선
판교창조경제밸리
경기기업성장센터
LH 판교제2테크노밸리
기업성장센터
세종연구소앞
금토동
린든그로브(A)
18 동판교
한국수자원공사
(성남권관리단)
대왕판교
48
성남금토A3
에너지메뉴오피스텔
110
수도권제1순환고속국도
금토 동
성남금토A4
판교창조경제밸리
판교이노베이션센터
판교분기점
48
삼 평 동
봇돌공원
신미주(A)
SK C&C
한국파스퇴르연구소
글로벌R&D센터
봇들마을
봇들4
제2경인고속국도
휴먼시아
(13단지)
공원
공원
삼성중공업
만도중앙연구소
우림W-CITY
판교실리콘파크
코스맥스
바이오센터
코리아
스타트업
캠퍼스
LG넥스원
한화테크윈
휴먼시아리슈빌
(3단지)
휴먼시아
(5단지)
초등학교
힐스테이트
(12단지)
낙원교회
판교박물관
새마을금고
이노밸리
판교로
(주)SK케미칼
kakao
판교테크노밸리
H스퀘어S동
삼환컨소시엄
다산타워
휴먼시아
삼평초교
성 남 시
분 당 구
힐스테이트
(11단지)
생명권치스코성당
불꽃교회
판교생태학습원
판교수질복원센터
판교환경에너지시설
화랑공원
남근린공원
판교
47
판교영업소
공영
판교119안전센터
쓰레기저동
집하시설
한신교회
휴먼시아
(7단지)
휴먼시아
판교신도시
근린공원
운 중 동
힐스테이트
(10단지)
꿈꾸는교회
미르공원
지역난방공사
판교지사
알파리움
(1단지)
카카오 판교아지트
판교
휴먼시아
(8단지)
보평중교
푸르지오.그랑블
(1단지)
하 산 운 동
단독주택
산운마을
판교초교
분당판교
청소년수련관
판교
동
알파리움
(2단지)
알파돔타워
현대백화점
판교점
SK허브
(6단지)
휴먼시아
(4단지)
휴먼시아
화랑초등교
휴먼시아이푸르지오
(1단지)
이마트
에브리데이
서현
활천교회
KB저축은행
하나로마트
판교역
판교노인
종합복지관
휴먼시아
백현마을
(7단지)
휴먼시아이푸르지오
(2단지)
저류지
농협
열린하늘문화의집
한림풀에버
(9단지)
판교동주민센터
공공의청사
판교동
낙생대공원
백현동주민센터
신백현초등교
판교원마을
(3단지)
휴먼시아이푸르지오
(5단지)
진원로제비앙
미래도
(7단지)
상록(A)
(8단지)
판교중교
판교초등교
백 현
동
분당현대교회
휴먼시아 (8단지)
신백현
중교
경관녹지
판교어린이도서관
고교
휴먼시아이푸르지오
(4단지)
판교시립어린이집
경관녹지
경관녹지
낙생교
57
e-편한세상
(9단지)
중성정로교회
판교더샵퍼스트파크
기압장
남서울C.C
우리들교회

범례
고속국도   기타도로   특별·광역시·도계   행정동계
주요도로   철   도   시·군·구계   구   청
일반도로   지하철   법정동계   동주민센터

城南市 盆唐地域

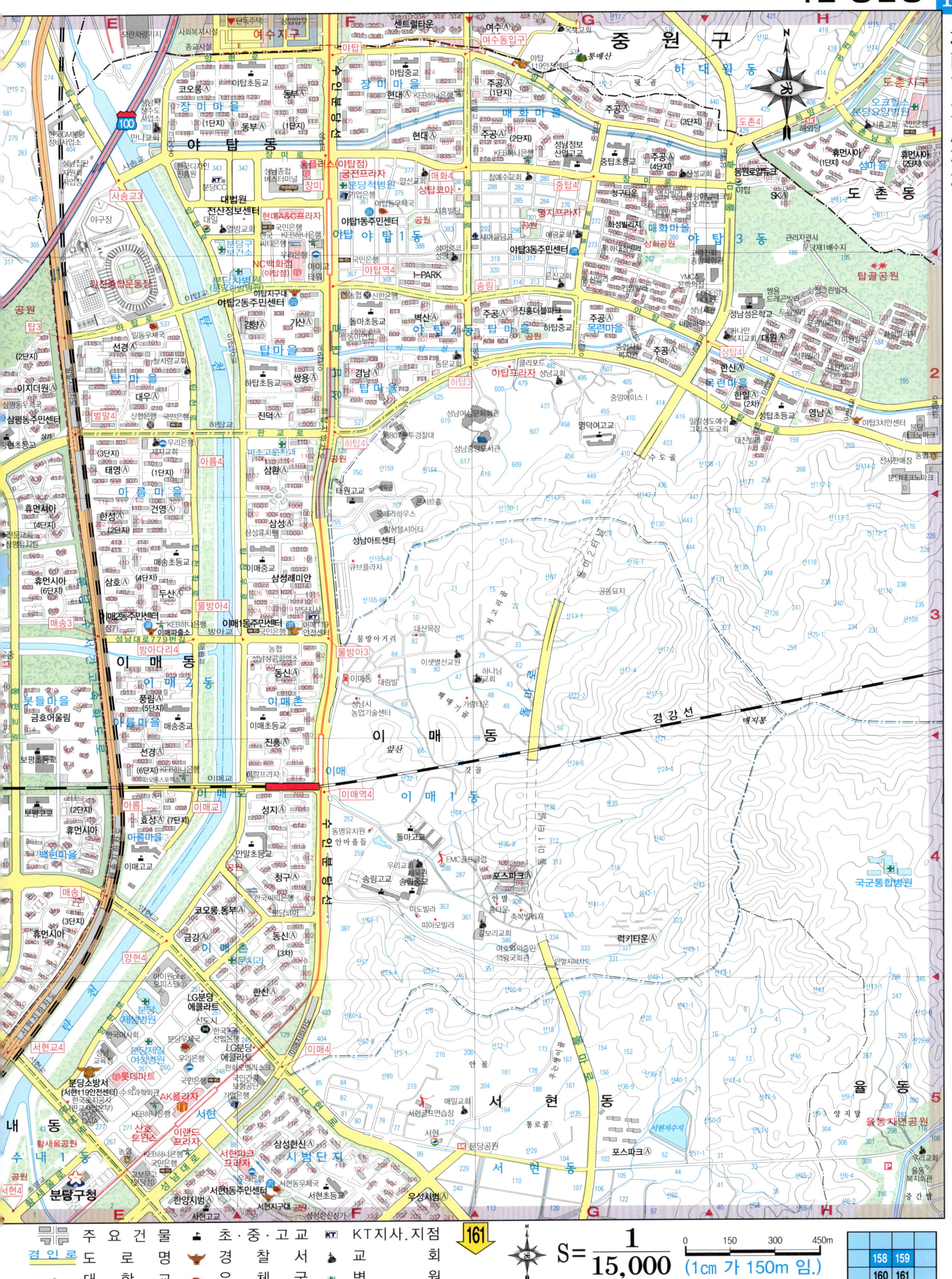

주요건물　초·중·고교　KT KT지사.지점
경인로　도로명　경찰서　교회
대학교　우체국　병원

$S = \dfrac{1}{15,000}$　(1cm 가 150m 임.)

158 159
160 161

城南市盆唐地域

158

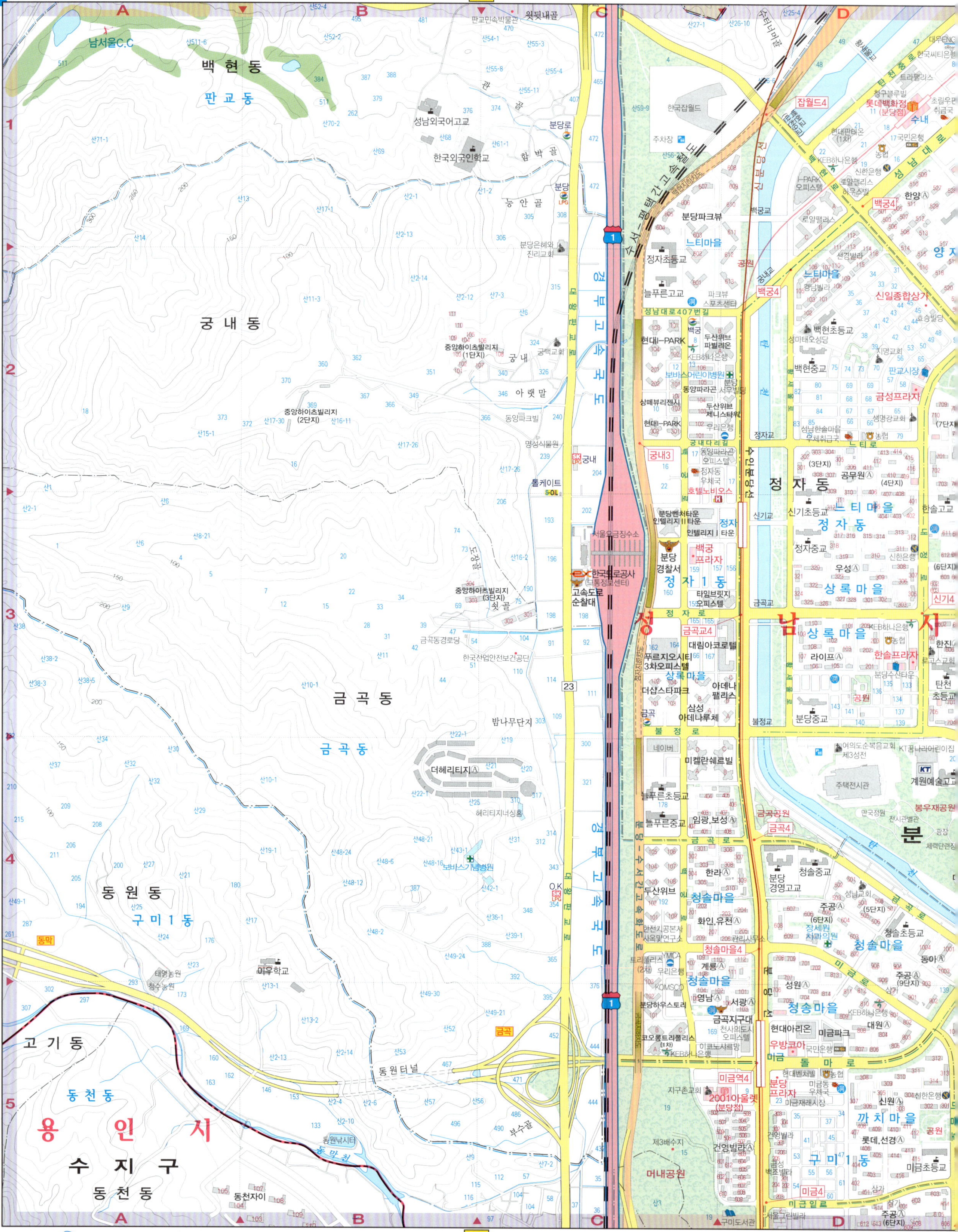

162

범례
고속국도
주요도로
일반도로
기타도로
철도
지하철
특별·광역시·도계
시·군·구계
법정동계
행정동계
구청
동주민센터

城南市盆唐地域
159
163
서현1동
율동
율동자연공원
분당지수지
분당
수내1동
양지마을
분당중앙공원
수내동
수내2동
서현동
효자촌
서현2동
서당동
장안타운
장안동
분당동
수내동
수내3동
정자2동
한솔마을
정자3동
정든마을
구미동
광주시
신현동
오포e-편한세상
신현중학교
오포극동
스타클래스
주요건물
초·중·고교
KT지사.지점
경인로
도로명
경찰서
교회
대학교
우체국
병원
S = 1/15,000
(1cm 가 150m 임.)
0   150   300   450m
158 159
160 161
162 163

龍仁市水枝區

범례

	고속국도		기타도로		특별·광역시·도계		행정동계
주요도로		철도		시·군·구계		구청
일반도로		지하철		법정동계		동주민센터

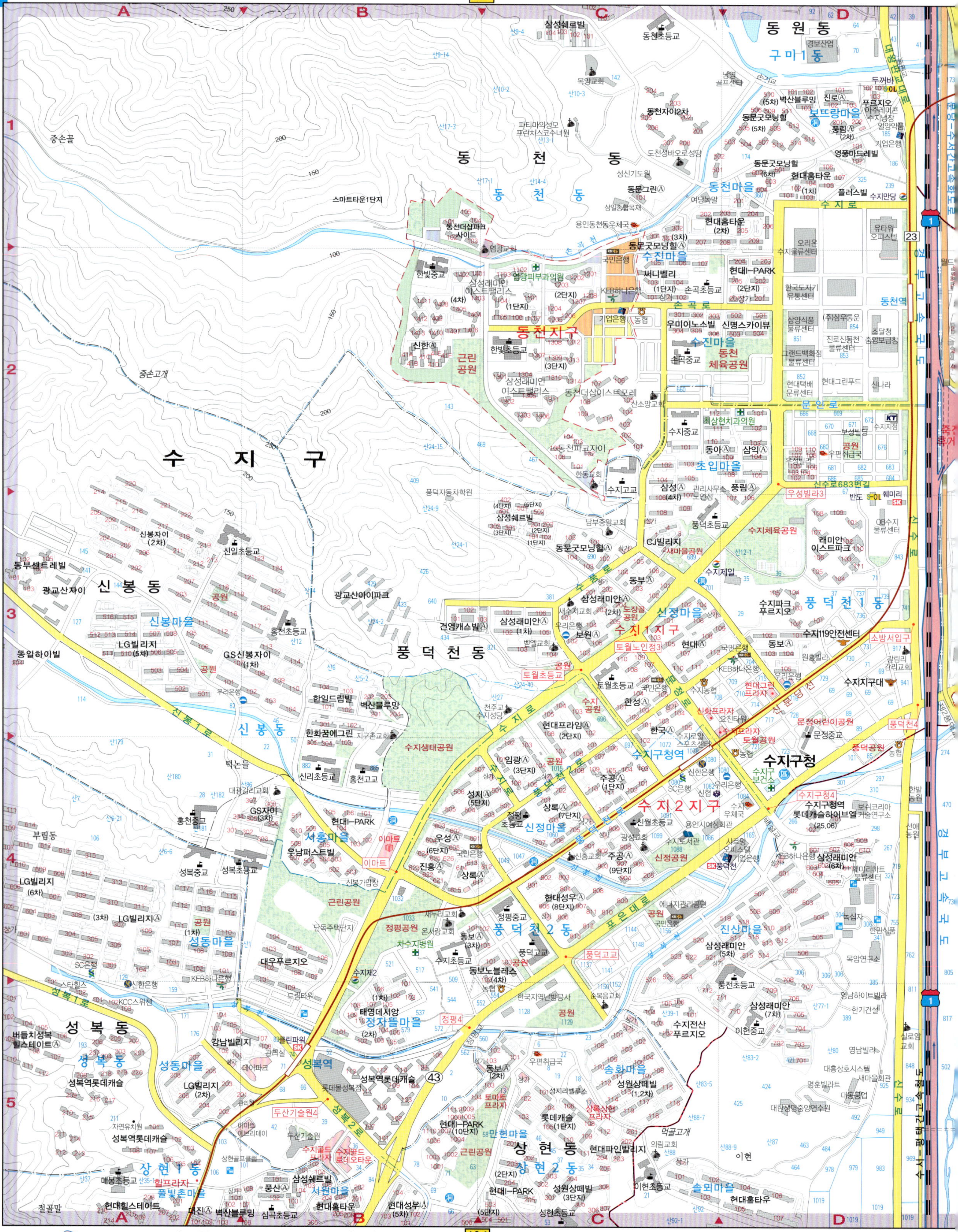

주요 지명:

동원동 · 구마1동 · 동천동 · 동천마을 · 수진마을 · 동천지구 · 수지마을 · 초입마을

수지구 · 신봉동 · 신봉마을 · 풍덕천동 · 신정마을 · 수지1지구 · 풍덕천1동

성복동 · 성동마을 · 서희마을 · 풍덕천2동 · 수지2지구 · 수지구청 · 진산마을

상현동 · 상현1동 · 상현2동 · 송화마을 · 현마을

龍仁市器興區

주요 지명/표기:
성 남 시 분 당 구 구미동
광 주 시
용 인 시 처 인 구
죽 전 동 죽 전 1동 죽 전 2동
보 정 동 마 북 동 기 흥 구
죽전지구 죽헌마을

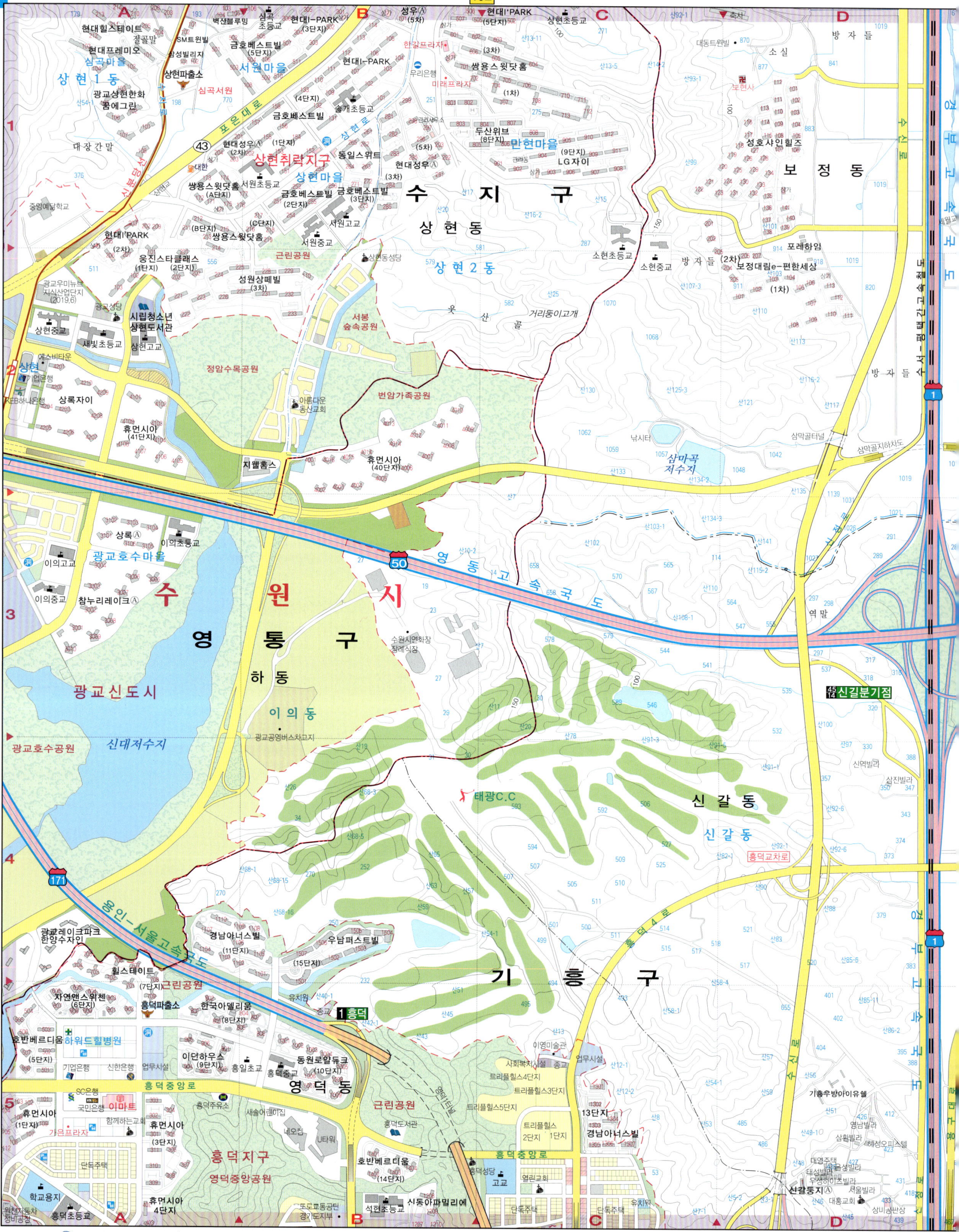

龍仁市器興區

수 지 구
상현동
상현1동
상현2동

보 정 동

수 원 시
영 통 구
하동
이의동
광교신도시

신 갈 동
신갈분기점

기 흥 구
영 덕 동
흥덕지구

주요 지명·시설

현대힐스테이트
현대프레미오
심곡마을
상현1동
광교상현한화
꿈에그린
서원마을
현대I'PARK (3단지)
금호베스트빌
심곡서원
현대I'PARK
현대I'PARK (5단지)
상현초등교
한샘프라자
성우
쌍용스윗닷홈
현대I'PARK (1차)
우리은행
미래프라자
두산위브 (8단지)
만현마을 (9단지)
LG자이
대동특원빌
보현사
성호샤인힐즈
포레하임
현대성우 (1단지)
동일스위트
현대성우 (5차)
상현취락지구
상현마을
현대성우 (3차)
쌍용스윗닷홈 (A단지)
서원초등교
금호베스트빌 (2단지)
금호베스트빌 (5단지)
서원고교
서원중교
소현초등교
소현중교
보정대림e-편한세상 (2차)
보정대림e-편한세상 (1차)
방자들
현대I'PARK (2차)
웅진스타클래스 (1단지)
성원상떼빌 (3차)
근린공원
상현동성당
서봉숲속공원
광교우미뉴브지식산업단지 (2019.6)
광교성당
상현중교
새빛초등교
상현고교
시립청소년
상현도서관
예스비타운
상현
IBK기업은행
KEB하나은행
상록자이
정암수목공원
아름다운동산교회
휴먼시아 (41단지)
번암가족공원
지웰홈스
휴먼시아 (40단지)
삼막곡저수지
낙시터
상록
이의초등교
광교호수마을
이의고교
이의중교
참누리레이크
수원시연화장장례식장
광교신도시
신대저수지
광교호수공원
광교공영버스차고지
태광C.C
신갈동
홍덕교차로
용인-서울고속국도
광교레이크파크한양수자인
경남아너스빌 (11단지)
우남퍼스트빌 (15단지)
힐스테이트 (7단지)
근린공원
유치원
자연앤스위첸 (6단지)
흥덕파출소
한국아델리움 (8단지)
호반베르디움 (5단지)
기업은행
신한은행
업무시설
이던하우스 (9단지)
흥일초교
동원로얄듀크 (10단지)
흥덕중앙로
이영미술관
업무시설
사회복지시설
트리플힐스4단지
트리플힐스3단지
트리플힐스5단지
13단지
경남아너스빌
기흥우방아이유쉘
영남빌라
SC은행
국민은행
이마트
함께하는교회
휴먼시아 (3단지)
가은프라자
흥덕주유소
새솔어린이집
흥덕도서관
네오집
U타워
흥덕지구
영덕중앙공원
호반베르디움 (14단지)
흥덕중앙로
석현초등교
시동아파밀리에
휴먼시아 (4단지)
또도교통공단
경기도지부
흥덕초등교
학교용지
영덕동
근린공원
태광그린빌
태성e-편한세상빌라
우성하이모트빌라
서울빌라
신갈동지
대동교회

龍仁市器興區

죽전지구
한성C.C
마북동
용인시
교동마을
운정마을
신창
칼빈대학교
경기남부경찰청 용인체력단련장
언남동
구성동
법무연수원용인분원
법무연수원
청덕동
마북동
연원마을
충청마을
북동
용화마을
구성파출소
장미마을
하마비마을
언동마을
신갈지구
새천년기념공원
신갈지구
녹원마을
어린이공원
녹원마을
근린공원
인성마을
풍림
인성마을
도현마을
근린공원
양현마을
가현마을
구갈2지구
칼현마을
현대홈타운
고현마을
구갈1지구
기흥구청
관곡마을
기흥구
구갈동
구갈동
수원C.C
상하동
상하동
강남대학교
강남마을
구갈3지구
기흥

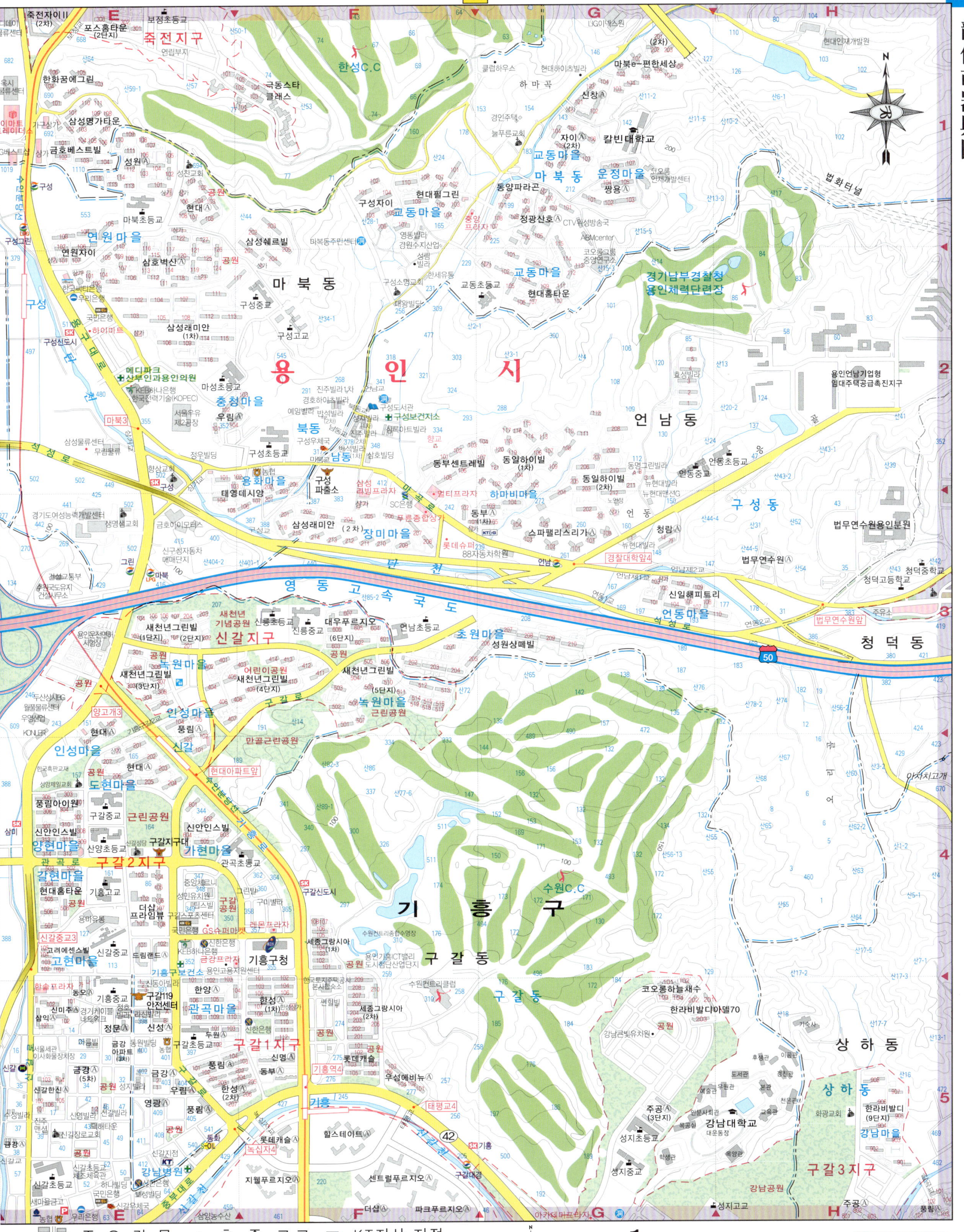

平澤市

평택시
S=1:25,000

장당동

모곡동

칠괴동
칠괴산업단지
쌍용자동차공장
우림필유
동문굿모닝힐맘시티
신촌지구
(A1BL) (A2BL) (A4BL)

청룡동

지제동
더샵센트럴시티
지제초등학교
힐스테이트지제역
이마트(평택점)
영신지구
센토피아모산
센토피아
삼익사이버
자이더익스프레스
동삭지구
모산지구
칠원동
동삭2지구

지제세교지구
한국폴리우레탄
대림정밀공업
온편환생상자제역
상진정공
한강
경성정일
평택일반산업단지
세문실업
세미진화학
세원기원
범양
동명통상
삼원금속정공
산양전기
평택센트럴자이(1단지)(2단지)
동삭중학교
서재초등교
통복천
상서재
동삭동
가내
원죽백
산채정식
모산저수지

세교중교
평택여교교
수원지방검찰청평택지청
수원지방법원평택지원
자이
죽백동
가내초등교

세교동
힐스테이트평택2차
힐스테이트평택3차
세아초등교
뜨레휴7단지
유보라아이비파크
중흥S클래스
소사벌푸르지오
이곡마을6단지
비전중교
LH라더스하임
센트럴파크
호반베르디움

세교지구
동삭세교지구
소사벌지구

태영청솔
원양
부영
세청
휴먼시아(1단지)(2단지)(3단지)
자란초등교
이화초등교
평택세무서

은실교회
은실연립
태임빌라
꿈그린우성
세교초등교
보성
중앙초등교
현대
개나라
세방
세교동우체국
보람
동아국화
통복
비전초등교
비전제일교회
시교육지원청
평택중교
롯데케슬
LH배꽃마을(4단지)
합성
은행
신세계타운
태산그린
럭키덕쌍
동아통백
시대한우리
비전고교
효성백년가약
비전동
소사벌지구

평택지구대
성공회소회소
재원
평택기계공고교
평택성당
평택도서관
한광여중고교
한광중고교
신일유토빌
진성
한강
현충탑
명법사
신그린
비전파출소
비전파크
현대이화
경남선경
신대동

평택중앙병원
농협
통복시장
각산로
평택우체국
성동초등교
평택경찰서(비전치안센터)
우암빌라
평택
KT평택지청
진우(4차)
충혼탑
한주빌딩
비전2동주민센터
시대코아
동아모란
신명나리
함아름
동남
현대
소사벌초등교

평택역SK뷰
국민은행
서울병원
CINUS
신한은행
현대백화점
삼성생명
바우빌라
가든빌라
신안
대성빌리지
평택여중교
신한고교
현대
경남아너스빌
평택중교
평택여고교
평일초등교
효성
동아
백합
태영문화
예술회관
벽산
통일공고교
늘푸른교

하수종말처리장
화촌
삼성
성내치안센터
롯데리아
KEB하나은행
평택관광호텔
AK플라자
평택역
성동
진흥빌라
종합자동
SK뷰
농협
평일
동아목련
대옥한미
경제병원
한정
평택시청
SK뷰
문화
평택고교
평택소방서
비전2
SK합정
참이슬
하이브리드

통복동
평택동
평택초등교
군문초등교
성내치안센터
고속버스터미널
신내치안센터
신평119안전센터
롯데인빵스
합정주공(4단지)(3단지)
합정동우체국(2단지)
신평(1단지)
주공
합정초등교
합정동
청소년육성관
청소년문화센터
소사벌레포츠타운
합정교회
이화
소사동
마을회관
서재

신궁리
원군문
사랑의
신궁3

군문동
신평동
오토캐슬자동차매매단지

두리
신궁
서동대로
신궁교차로
안성천
안성천2교
본유천
영광산업
유천동
안성유천
급수탑

팽성읍
번개들
내원
샤미코합섬
성두
팽궁리
농악전수회관
신대
영광교회
황룡동
삼공물산
신동
천안시

용이동

지도찾아보기

高陽市─山西區

고양생태공원

고양스포츠타운
고양국가대표
야구훈련장
서부경찰서
성저파크골프장
송포동
쓰레기처리장
자연학습공원
자연학습장
고양농수산물종합유통센터
농수산물물류센터
CJE&M
일산스튜디오
양곡집배송장
전시광장 및 이벤트장
화훼동

휴게공원

보조경기장
건영빌라 (7단지)
레이니웨딩
영우상사
건영빌라 (8단지)
성지로
일산
주경기장
고양종합운동장
일산서구청
고양대로
건영빌라 (6단지)
대화동룡동당
하이비전
토성어린이집
아이아이교회
예수룬교회
실내체육관
삼익A
성저마을
대화동
풍림 (3단지)
장성중교
왕산공원
인현궁
대화지구대
대화동주민센터
성저초등교
건영빌라 (9단지)
건영빌라 (10단지)
새말공원

대화교차로
암촌공원
동익 (1단지)
대진고교
일산총신교회
대화도서관
성저공원
낙원교회
우리들의교회
새말공원

일산트튼병원
일산대화하이모토오피스텔
대화역
상가
대화주차장
대진고교4
일산서구
건영빌라 (13단지)
킨텍스4
대화프라자
이마킹프라자
세경 (2단지)
장성초등교
다산스카이빌
언약교회
예수중심교회
성저마을
미스타오토키센터
건영빌라 (14단지)
신일
비즈니스교

동부 (1단지)
대화교
대명 (4단지)
대화교회
빅토리아모텔
우리은행
대화역4
대화동
대집빌딩
농협
옥토교회
건영빌라 (15단지)
건영 (6단지)
후곡마을

김서어린이공원
생명길교회
장성마을
킨텍스파크 (2단지)
삼온트루아
동남아트월드빌딩
주연테크
중앙프라자
초양교회
좋은교회
동성A (7단지)
영풍A
한진 (5단지)

건영킨텍스A (3단지)
섬정빌딩
창촌공원앞
장촌초등교
일산백병원
KT일산전지점
서일교회
순복음교회
행복이가득한집
메안유치원
장성공원
성덕교회센터
주엽고교
문촌마을
우성A (1단지)
동신A (8단지)
KEB하나은행
후곡마을

킨텍스
(한국국제전시장)
흔나무교회
영성교회
장촌공원
흥풍한의원
하이디어린이집
대화공원
주엽고교
쌍용A (6단지)
기산A
상가
라이프A (2단지)
오마중교
평화프라자

일산성저교회
예능력교회
러시아워PC존
주엽2동
건영 (1단지)
문촌공원
쌍용A (5단지)
한일A
롯데
뉴시티프라자

대방디엠시티
주차장
태양 (401)
어린이집
세경임대 (14단지)
에비뉴프라자
유승그린 (12단지)
롯데마트 (주엽점)
서울산부인과
KEB하나은행
오마초등교
후곡마을 (9단지)
럭키A (3단지)
제일프라자

현대백화점
신우A (19단지)
관리실
신부 (13단지)
동부A (10단지)
대우A
롯데백석프라자
동야A (8단지)
주엽2동주민센터
문촌초등교
삼익A (4단지)
한신은행
우성A (3단지)
후동공원
은혜화평강교회
동아코오롱 (16단지)

홈플러스
문촌마을
부영A (15단지)
일산주엽교회
주엽역
자유프라자
주공A
유화프라자
벽산A (1단지)
문화공원

포레나킨텍스
대원A (18단지)
한수중교
신한빌딩
서현프라자
국민은행
주공A (9단지)
하나프라자
강재공원

박마켓
대화동
문촌18단지3
한수초등교
주엽119안전센터
롯데프라자
강재공원
한양 (6단지)
한국씨티은행
강선마을 (1단지)

송포동
일산 아쿠아플라넷
문촌마을
뉴삼익A (16단지)
KEB하나은행
그랜드백화점
롯데일산점
주엽역
KEB하나은행
유원A (7단지)
금호A
문화초등교

한류월드우보라
러스마트
신안A (17단지)
상업시설
주엽어린이도서관
현대프라자
일산문화센터
우리주민센터
강선마을
삼환A
강선초등교
경남 (2단지)
대우A

원마운트
판매시설
고양문화센터
아쿠아플라넷
주엽공원
강선마을 두산 (14단지)
우성A (19단지)
스타프라자
CITY7오피스텔
제일프라자
주엽1동
경남
건영 (5단지)
동부A
한신A (3단지)
우리들교회

장항1동
관광비지니스
장항2동
장항동
노래하는분수대
일산노인종합복지회관
경기영상과학고교
보성A
두진 (12단지)
롯데 (8단지)
동신A (4단지)
궁골공원
화성A

범례
고속국도　　기타도로
주요도로　　전철
일반도로　　지하철
특별·광역시·도계　　행정동계
시·군·구계　　구청
법정동계　　동주민센터

덕이동
송산동
탄현역
일산1동
탄현동
일산재정비촉진지구
일산동
일산2동
일산3동
산들마을
일산4동
후곡마을
밤가시마을
중산마을
코오롱
한뫼공원
중산중앙공원
중산동
일산2지구
일산동구
하늘마을
일산2동
연세대학교
(삼애캠퍼스)
안곡습지공원
중산동
탄현로
일산로
탄현마을
S = 1/10,000 (1cm 가 100m 임.)
0 100 200 300m
168 169
170

高陽市一山東區

정발산동
밤가마을
정발마을
건영빌라
일산로
경의선
경의로
마두1동
마 두 동
정발산중앙공원
능안공원
정발중교
정발초등교
일산서구
양지마을
강촌마을
코오롱
저동초등교
발산중교
강선마을
한양
경찰기동대
일산동부경찰서
지하철 일산선(3호선)
현대 I SPACE
중앙로
일산MBC
드림센터
주엽1동
강선마을
무궁화로
롯데백화점(일산점)
정발산역
일산동구청
일산구청
뉴코아아울렛
서구
주 엽 동
로데오거리
장 항 동
장항2동
웨스텀돔
의정부지법(고양지원)
의정부지검(고양지청)
낙민공원
일산호수공원
팔작정
고양600년 기념전시관
고양꽃전시관

범례
고속국도 ━━━ 기타도로
주요도로 ━◻━ 철   도
일반도로 ━◻━ 지 하 철
특별·광역시·도계
시·군·구계
법정동계
행정동계
구   청
동주민센터

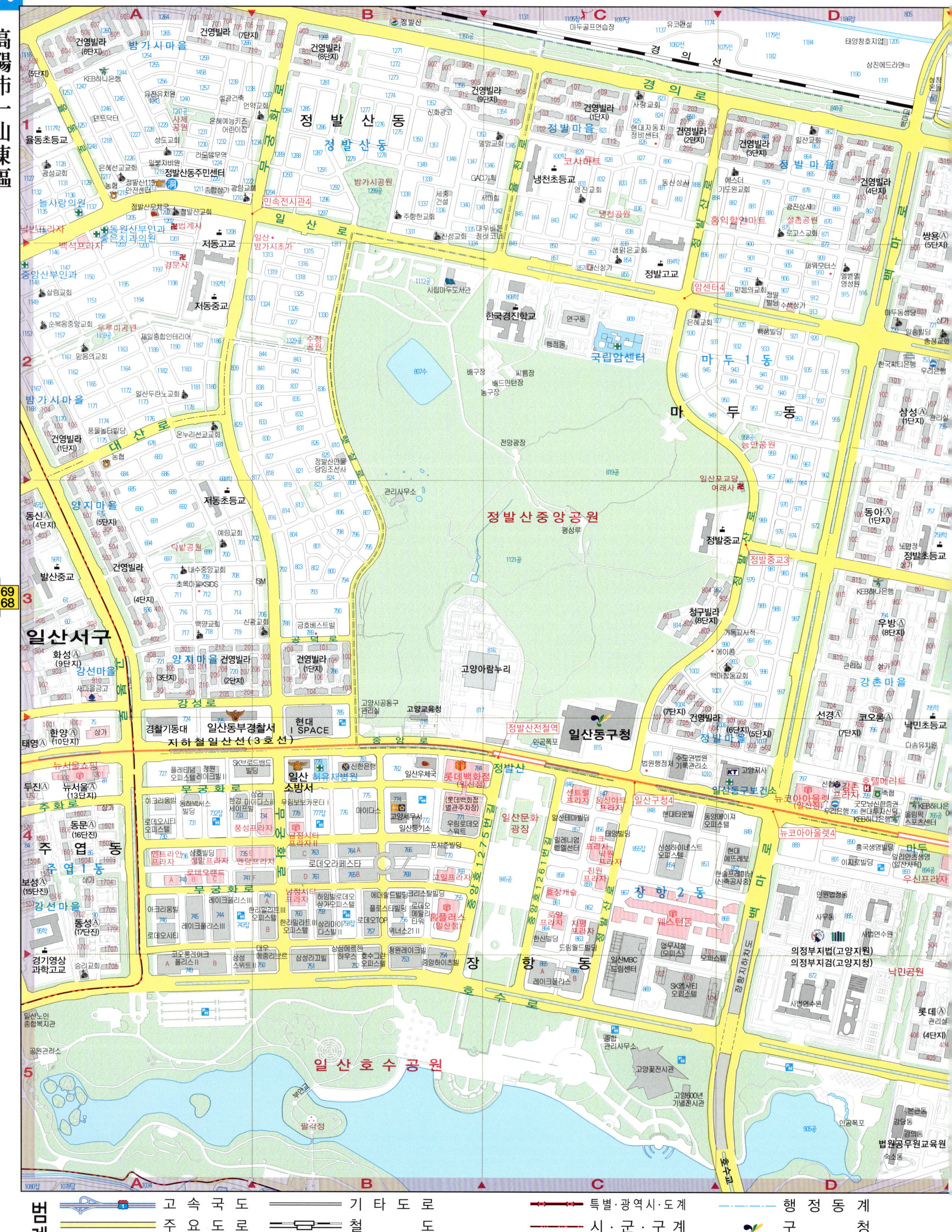

高陽市 一山東區

高陽市 一山東區
풍 동
신 황 동
풍 산 동
백마골프장
수양건재
아름다운교회
삼광판넬
백마역3 백마역
경 의 선
곡산
신도시
경 의 로
백석~신사간도로(예정)
한성A
관리소
백마마을
청구A (4단지)
관리실
상가
한양A (4단지)
백마중교
대우벽산A (6단지)
임광A (7단지)
상가
KT인천마케팅단 사업지원센터
백석동상살물공판장
보물섬낚시터
백마공원
백마초등교
백마마을
백송마을
장천공원
백마고교
중소기업 진흥공단
일산 테크노타운
벽산A (6단지)
금호A (3단지)
한양A (3단지)
두산A (9단지)
허블유치원
관리실
백석동주민센터
백석동
유니테크빌
덕 양 구
삼성프라자
국민은행
일산로
굿모닝마트
LG베스트샵
신현대쇼핑
KEB하나은행
센터21
마두1동주민센터
한국씨티은행
코오롱A (8단지)
정혜사
한국가스공사 (일산관리소)
내 곡 동
마두공원
삼환A
백마마을
삼부A (1단지)
대림A (2단지)
백석동주민센터
미석빌딩
백석도서관
건영빌라
백석근린공원
능 곡 동
백마마을 (2단지)
백마마을
극동A
백석초등교
환경관리공단 (일산소각처리사업소)
모범공원
한샘유치원
백송마을
일 산 동 구
마두공원
은지유치원
백석고교
우성A (3단지)
주의교회
동안교회
일산병원
어린이교통공원
고양백석 재활센터
백마프라자
현대 프라자
한신A
마두2동주민센터
삼호A (5단지)
한신A
윈스톤파크
101동
102동
103동
어린이교통광장4
강 송 로
강 송 로
일산 한주 은행빌딩
프라자마두 치안센터
춘왕프라자
백석 농협
영도철물
조선일보
두산위브 센터움
대방사인빌리
104동
요진와이시티주상복합
106동
105동
휘미리A (3단지)
건영빌라 (7단지)
유채꼭 코아
하나약스프레스
백 석 동
오토도무미
1241
강촌공원
백신중교
금계초등교
한마음교회
일산음대교회
백 석 1 동
명성프라자
고양종합터미널
마 두 2 동
강촌마을
흰돌라이프빌라 (6단지)
예안교회
백석동장터
삼성디지털프라자
패밀리마트
홈플러스
백석역4
강촌라이프 (5단지)
이마트 (일산점)
금호타운A
안산공원
대우이안
롯데메가예뜨 프라자
호텔미라벨 프라자
현대 밀라트II
현대 밀라트I
신도시화훼단지
한양A
올리브
지하철일산선 (3호선)
백석
중 앙 로
백석동오피스텔
한국전력 (고양지점)
코스트코
동문굿모닝힐I
동아오치아
르느삼성 자동차
그랜드프로젝트 프라자
마두복합빌딩
연도상가
그레이스병원
예일교회
백석2동주민센터
백석119안전센터
신성교회
비잔티움 (2단지)
현대 밀라트I
현대퓨라제트 프라자
제일KEB
하나은행
장항2동주민센터
대우 (1단지)
청구코아 주상복합A
광명한의원
지구촌교회
고양YMCA
한진국제타운
주공A
백석동오피스텔
디아뜨크리스탈 오피스텔
동문굿모닝힐II
청구A (5단지)
대화교회
청구A (2단지)
청훈주택
한국종이문화원
밀라델미아교회
스파드레이서
흰돌마을
흰돌유아학교
용천공원
동문타워II
디어뜨크리스탈 오피스텔
브라운스톤 오피스텔
청지 밀레니엄림센스
호수마을
호수초등교
백신초등교
애솔유치원
백신문고
백 석 2 동
서안A
고양우편집중국
럭키A
유원A (3단지)
삼환A
오직예수교회
라엘락교회
백신중교
백신고교
관리실
수도권광역급행철도(GTX-A)
장 항 1 동
S-OIL
신세계
모닝글로리

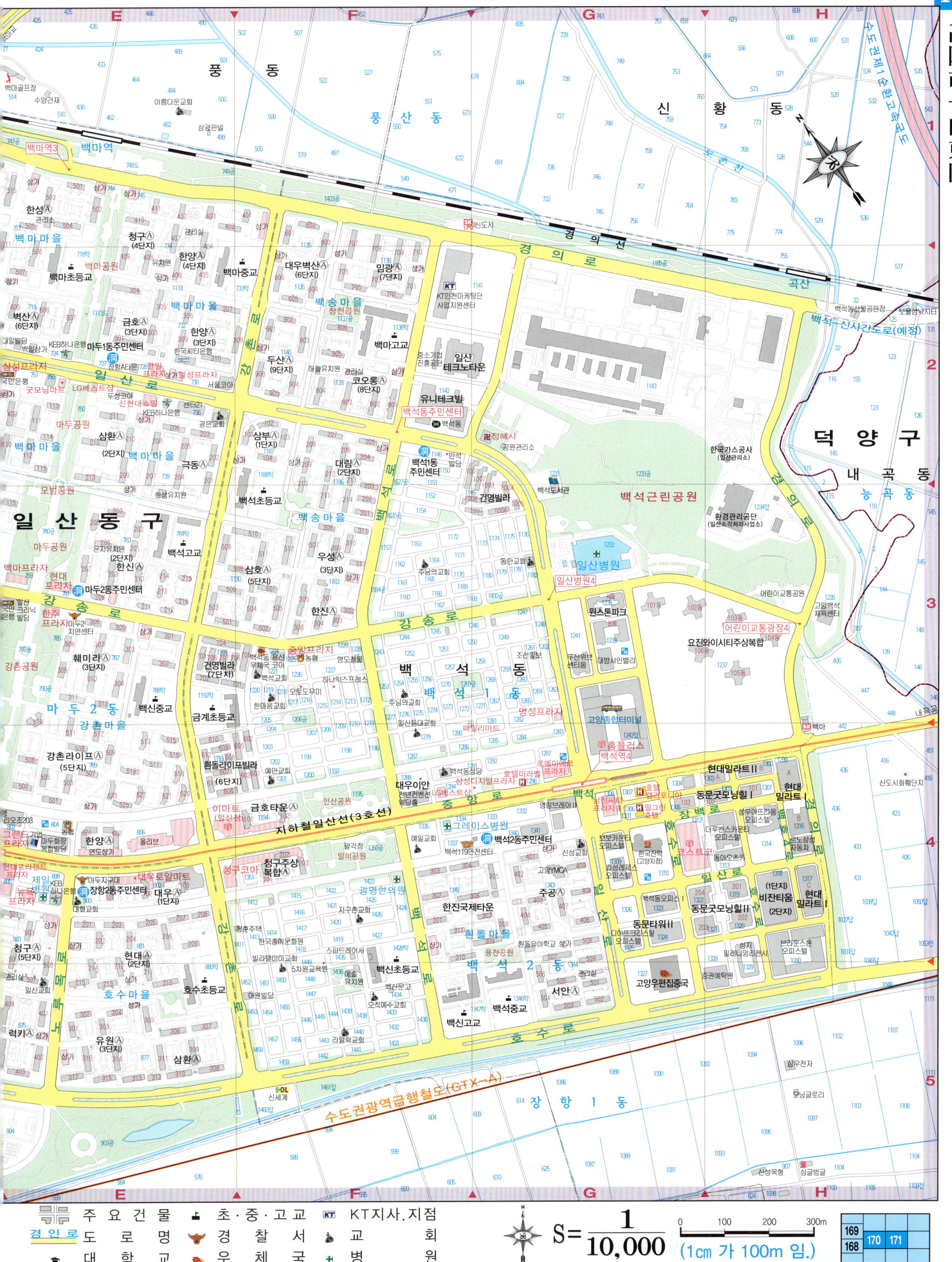

高陽市德陽區

덕양구청
내곡동
대장동
서울외곽선
대곡 대곡
영주교
지하철일산선(3호선)
중앙로
능곡동
호국로
호수로
토당동
덕 양 구
능곡재정비촉진지구
행주외동
행주동
행주내동
화정고교
화정중교
화정초교
별빛마을
별빛공원
성광교회
화정1동
은빛마을
현대청구(7단지)
부영(8단지)
별빛마을
한일(9단지)
건영(10단지)
밀레니엄호텔
화정
고양어린이박물관
부영아파트(14단지)
고양경찰서
꽃우물공원
제일여성의원
봉여성병원
고양YMCA
주공(16단지)
샘터마을
주공(3단지)
지도공원
신능초등교
덕양구
고양시청소년수련관
테니스장
다목적운동장
고양시교통정보센터
장미(7차)
동문
무궁화
윤창(6차)
SK 뷰
무원마을
무원중교 무원초등교
어린이3호공원
번데미공원
기산
신우(7단지)
신안(8단지)
행신2동주민센터
무원마을
토당제1근린공원
능곡고교
능곡중교
토당초등교
진주류씨세묘역
충장근린체육공원
행주동주민센터
능곡역프라자
능곡시장
한사랑교회
능곡119안전센터
서울성락교회
호산정형외과
고양일산병원
능곡동주민센터
능곡초등교
한라비발디리버
현대홈타운
성원상떼빌
양우내안에
금강
대림(2차)
금호프라자
토당교회
허스맨션
풍림아이원(2단지)
GS슈퍼마켓
오직주님교회
능곡교회
신진연립
화정SK

범례
고속국도
주요도로
일반도로
기타도로
전철
지하철
특별·광역시·도계
시·군·구계
법정동계
행정동계
구청
동주민센터

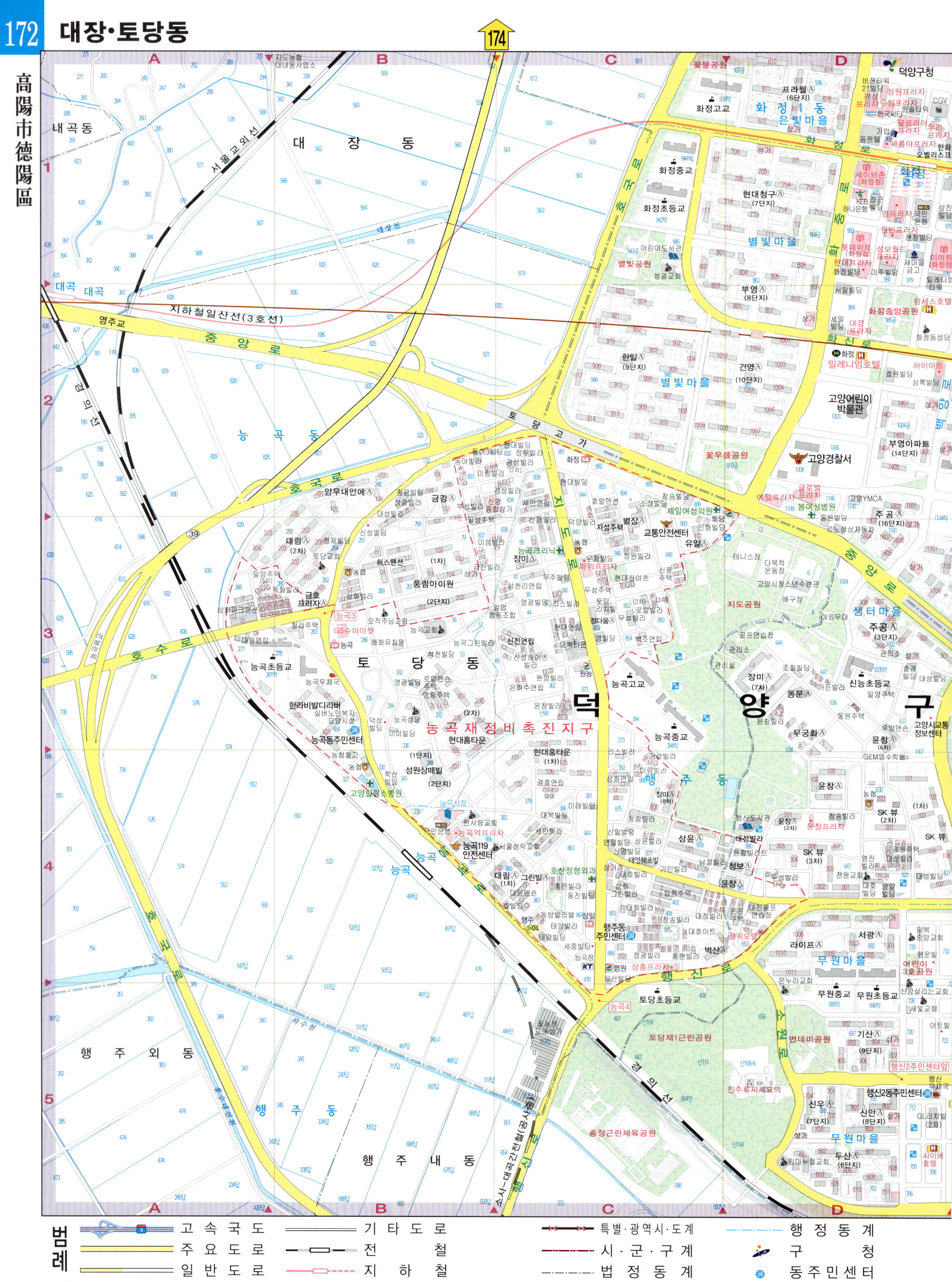

高陽市德陽區

174
172 173

화 정 동
화 정 2 동
성 사 동
3기신도시 창릉지구
고양휴게소 고양휴게소
은지양어장
흥 도 동
흥도IC
도 내 동
3기신도시 창릉지구
행신3동
가라산공원
행신2지구
행신1동
샘터마을
행 신 동
서정마을
행신2동
무원마을
소만마을
서두물공원
서정공원
운빛마을
옥빛마을
햇빛마을
성신로
행신로

주요건물 초·중·고교 KT지사.지점
경인로 도로명 경찰서 교회
대학교 우체국 병원

S = 1/10,000 (1cm 가 100m 임.)
0 100 200 300m

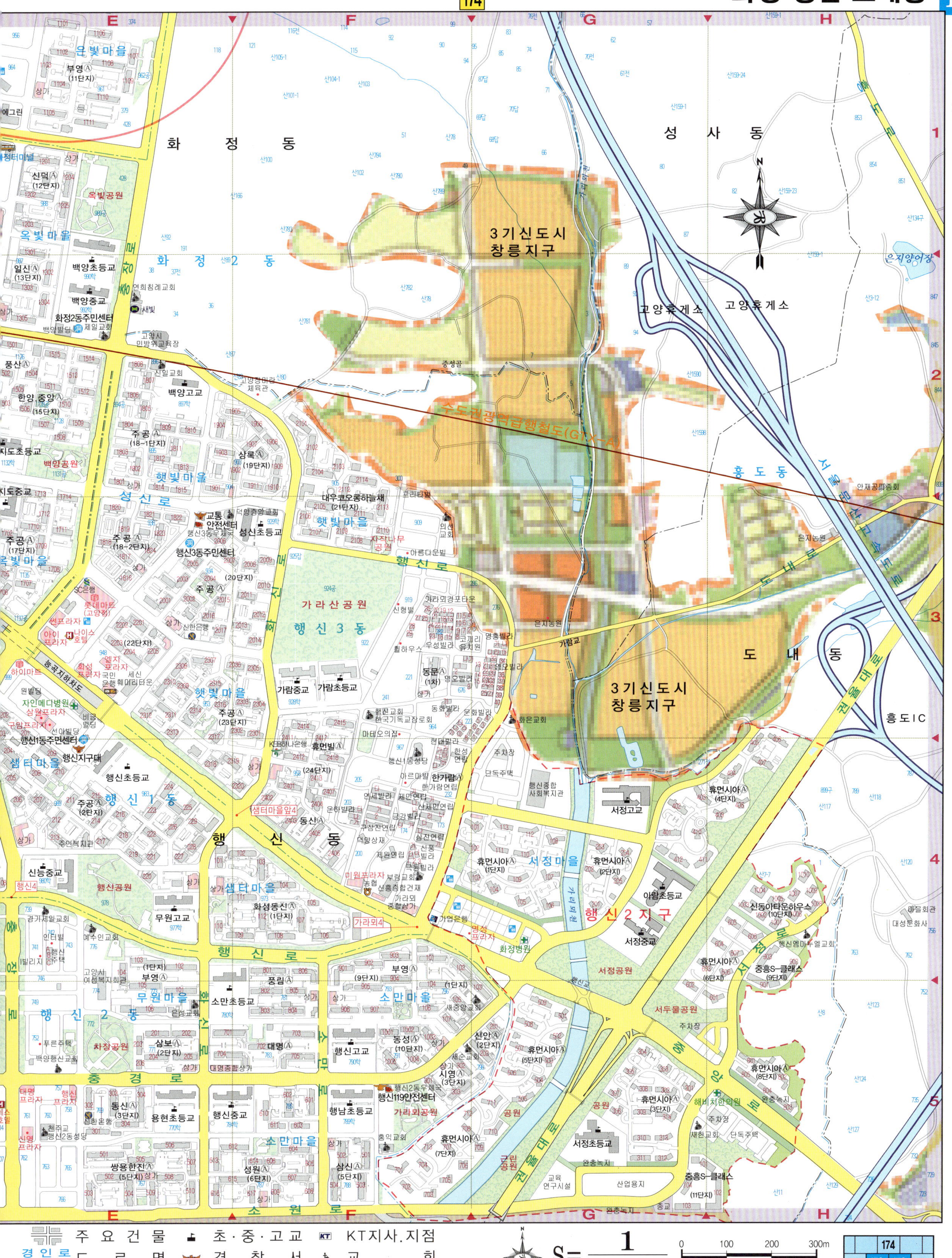

高陽市德陽區

고양사
주교동
주교동
대장동
능곡동
고양시청
원당재정비
촉진지구
성사1동
성사동
성사2동
어울림마을
고양어울림누리
덕 양 구
달빛마을
화정1동
화정동
화정2동
성사동
흥도동
성라공원
성리산
(국사봉)
범례
고속국도
주요도로
일반도로
기타도로
철도
지하철
S = 1/10,000
(1cm 가 100m 임.)
172.173

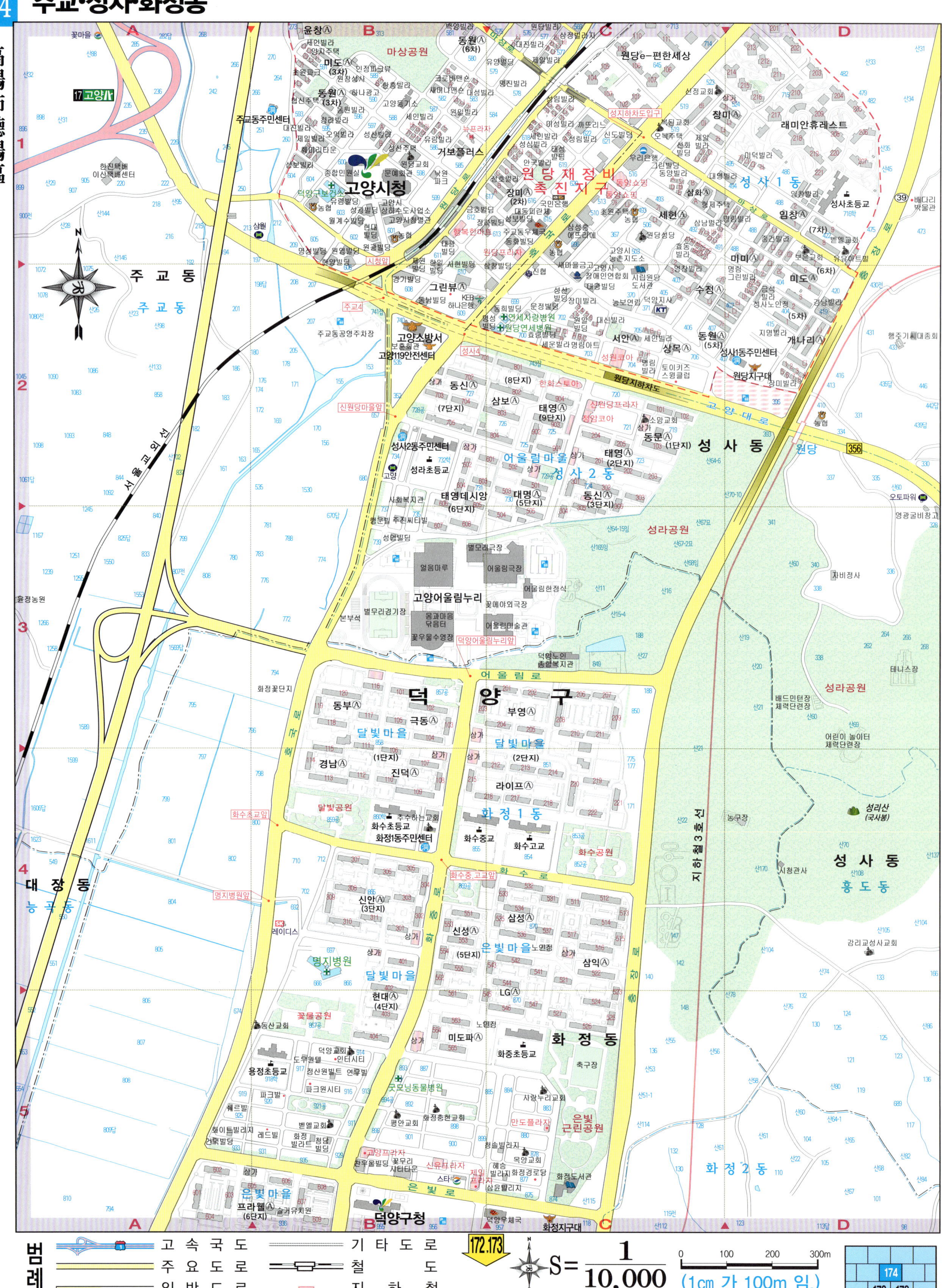

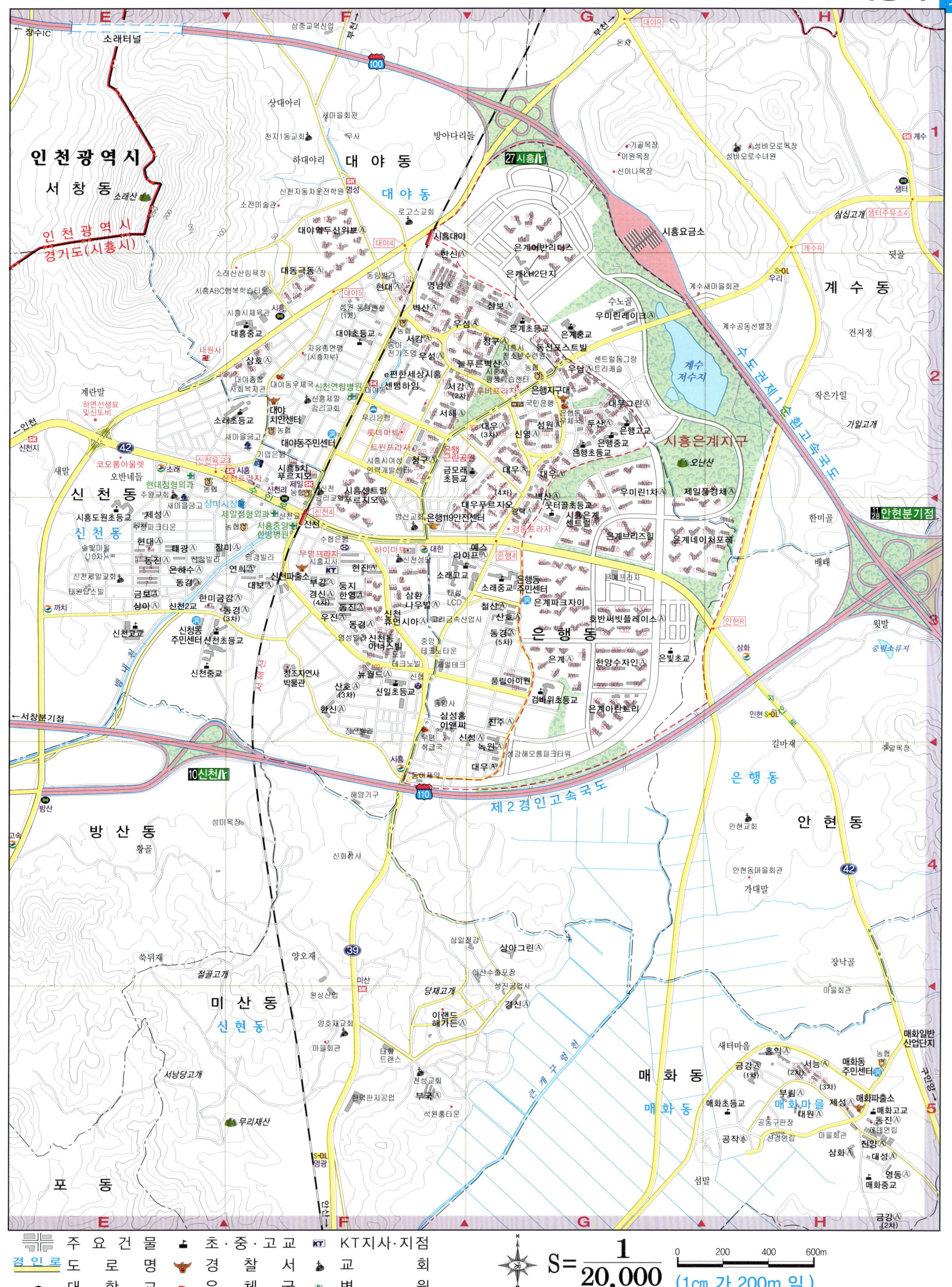
인천광역시
서창동
소래산
인천광역시
경기도(시흥시)
대야동
대야동
계수동
신천동
은행동
방산동
미산동
신현동
매화동
매화동
안현동
포동
시흥은계지구
제2경인고속국도
S= 1/20,000
(1cm 가 200m 임.)
0 200 400 600m
주요건물 초·중·고교 KT지사·지점
경인로 도로명 경찰서 교회
대학교 우체국 병원

九里

삼육대학교
공릉동
공릉2동
태릉C.C
갈매동
신내동
신내1동
망우동
양원역
중랑구
망우3동
면목동
면목38동
사노동
진건읍
남양주진관일반산업단지
동구동
다산신도시
남양주시
다산1동
인창동
수택·인창 재정비촉진지구
구리시청
교문동
교문1동
도농동
지금·도농 재정비촉진지구
지금2동
다산2동
가운지구
수택동
수택1동
수택2동
수택3동
토평동
수석동
동구릉
(사적193호)
축 척
1:25,000
0 250 500 750m
(1cm 가 250m 임.)

범례
고속국도
주요도로
일반도로
기타도로
철도
지하철
특별·광역시·도계
시·군·구계
법정동계
행정동계
시청
동주민센터

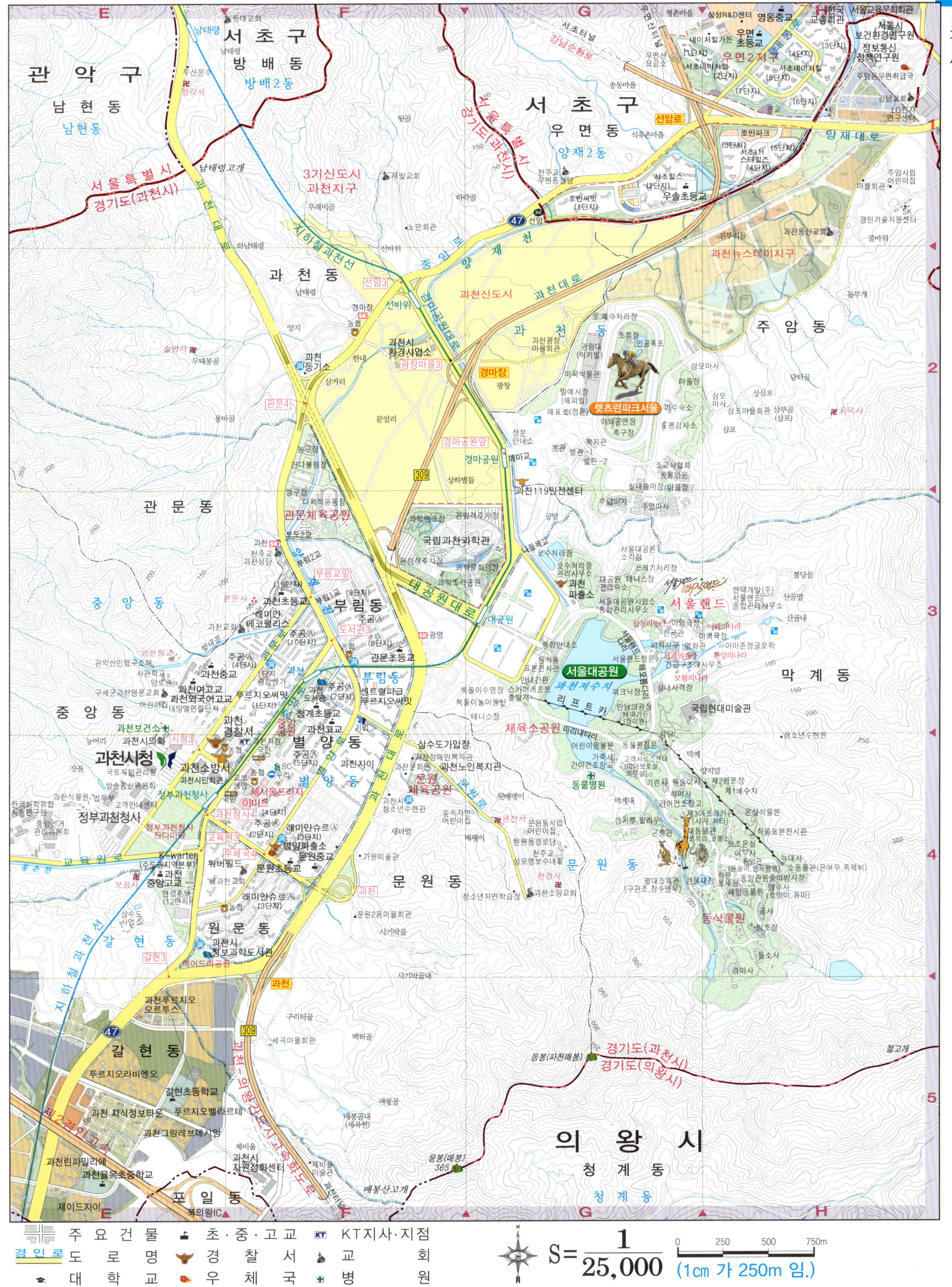
관악구
남현동
남현동
서울특별시
경기도(과천시)
서초구
방배동
방배2동
남태령
남태령고개
통대교회
청계사
우신운수
3기신도시
과천지구
서초구
우면동
양재2동
뒷골
하락골
노인회관
신바위
서초터널
강남순환로
형촌마을
삼성R&D센터
영동중교
우면
요금소
우면2지구
서초IC
서초네이처힐
송동마을
호반써밋
우솔초등교
선암로
양재대로
한국
서울교육문화회관
교육회관
서울시
보건환경연구원
서울시
정책통신
정책연구원
주암동우편취급국
어린이집
마을회관
LG전자
연구센터
강남포원
과천뉴스테이지구
과천동산교회
돌무개
과천동
남태령
경마장
선바위
과천서
환경사업소
광장마을3
한내
과천
등기소
삼거리
관문4
용마골
문얼리
과천신도시
과천대로
과천동
주암동
삼모마사
마필장
삼모
마사
삼포마을회관
유역사
오수처리장
초류장
인공폭포
관람대
(허키빌)
마사박물관
말에지장
(해미빌)
매표소(정문)
렛츠런파크서울
아외공연장
축구장
정문
안내소
복지관
별관-1
별관-2
조교사협회
통합방송실
실내승마장
미필장
주암자연
휴양지
주암마사
관문동
경마공원앞
경마공원
매마교
상하벌들
309
정구장
전다볼링장
과천시민운동장
과천119민센터
궁말
과천과학관
관문체육공원
과학캠프장
관람객휴게센터
국립과천과학관
과학조각공원
서울대공원
소각장
오수처리장
관리사무소
쓰레기처리장
대공원 테마랜드
서울대공원사업소
종합관리사무소
서울랜드
한덕개발(주)
서울랜드
종합관리사무소
불당골
산골데
중앙동
천주교
과천성당
과천성당
부림2교
일단지
(9단지)
온온사
대공원대로
부림교앞
과천교회
래미안
에코팰리스
주공A
(10단지)
도서관3
주공B
(8단지)
SK광명
관문초등교
대공원
파출소
통합안내소
동식물원
서울대공원
본관사무실
안내표지판
복돌이수영장
스카이리프트
출발자
테니스장
이형극장
삼천리동산
삼천리동산
바지선나루
이용화장
아마존정글오락
환상의나라
모험의나라
막계동
서울대공원
서울랜드정문
코끼리열차주차장
피크닉장A
국립현대미술관
부림동
부림동
과천중교
과천여고
과천외국어고교
푸르지오써밋
(4단지)
센트럴파크
푸르지오써밋
(5단지)
청계초등교
서울대공원
서울저수지
과천저수지
리프트 키
중앙동
능어리
과천시의회
과천경찰서
KT과천지점
시장3
기린
별양동
상수도가압장
체육소공원 미리내터리
어린이동물원
동물병원
과천시청
국토재밀관리청
방송통신위원회
과천소방서
과천시민회관
SC제일
우리
주공
(5단지)
과천자이
상수도가압장
과천문화원
과천노인복지관
문원
체육공원
과천식물원(법무부)
정보과천청사
고객안내센터
정부과천청사
잔디마당
서세울프라자
이마트
(4단지)
과천지사4
주공A
(3단지)
청소년수련관
숲속마을
어린이집
새뜸말
문원천
구인초·장수행자
매택랑이
양털말
기린나루
하마나
물놀이제2수문
제1배수지
온실
한국식물원(법무부)
중앙선거
관리위원회
교육원3
우체국4
K-water
워터필드
(수도권지역본부)
신일파출소
문원중교
문원초등교
가원미술관
어린이집
어린이집
문원동경로당
성모명호부녀회
과천소방교회
청소년자연학습장
문원동
서울대공원
열대조류관
(구관조·장수행자)
중앙광장숲여방사장
매향홍관(호랑이,퓨마)
과천
중앙고교
앰립주택
과천교회
래미안슈르A
(3단지)
문원2동마을회관
사기막골
사기막골내
동식물원
왕조실
원문동
과천시
정보과학도서관
갈현3
래어드리공원
과천
갈현동
푸르지오오라비엔오
갈현초등학교
푸르지오벨라르테
과천푸르지오
오픈투스
구리터골
세곡마을회관
백터골
매봉골
과천
과천지식정보타운
과천그림레브데시앙
제이드자이
제비골
(세곡)
과천린파밀라에
과천율목초중학교
제이드자이
과천시
지원정화센터
응봉(파천매봉)
매봉산고개
응봉(매봉)
365
경기도(과천시)
경기도(의왕시)
절고개
의왕시
청계동
청계동
포일동
포일IC
47
309
47
S = 1/25,000
(1cm 가 250m 임.)
0 250 500 750m
주요건물
경인로
도로명
대학교
초·중·고교
경찰서
우체국
KT지사·지점
교회
병원

安山

시흥시
정왕1지구
정왕2지구
정왕본동
죽율동
군자동
거모동
시흥거모지구
4 서안산IC
정왕동
한국공학대학교
경기과학기술대학교
정왕1동
정왕2동
신길온천
신길지구
안산시
서안산시
선부2동
선부동
원곡동
신길동
원곡본동
원곡1동
4 남안산IC
단 원 구
성 곡 동
목내동
초지동
원시동
안산신도시
(2단계)
시화국가산업단지
시화멀티테크노밸리
안산시
화 성 시
시화호
송산면 고정리
생태공원
음섬
철새서식지
송산그린시티
(계획)
공룡알화석지
화 성 시
골프장
유보지

범례
고속국도
주요도로
일반도로
기타도로
전철
지하철
특별·광역시·도계
시·군·구계
법정동계
행정동계
구 청
동주민센터

수암동

화 정 동
선부3동
양 상 동
장 하 동
장 상 동
수암동

5안산시
월 피 동
안산 장상지구
서울요금소

E   F   G   H

1

선부3동
화정동

와 동
성 포 동

광덕고교
부 곡 동
속 달 동

서울예술대학교
월 피 동
대야동

군 포 시
둔대동

2

단원구청
안산와스타디움

안산
시청

성 포 동

제일C.C

초 지 동
상 록 구
일 동
팔곡일동

이 동

안산대학교

상록구청
사 1 동
본 오 3 동

사 3 동
본 오 2 동
본 오 동

팔곡이동

양 읍
사 동

사 2 동
본 오 1 동

신 외 리
화 성 시
매송면

원리

E   F   G   H

주 요 건 물   초·중·고교   KT지사.지점
경인로   도 로 명   경 찰 서   교 회
대 학 교   우 체 국   병 원

S = 1/35,000   (1cm 가 350m 임.)
0   350   700   1050m

색인지도

지도찾아보기
축척: 385,000
황해북도
황해남도
강원특별자치도
평강군
연천군
철원군
화천군
화천호
춘천호
춘천시
개성시
개풍군
동두천시
포천시
가평군
양주시
의정부시
남양주시
구리시
하남시
양평군
홍천군
강화군
김포시
고양시
서울특별시
경기도
인천광역시
부천시
광명시
인천
시흥시
안양시
과천시
성남시
광주시
여주시
이천시
안산시
수원시
의왕시
군포시
용인시
화성시
오산시
평택시
안성시
음성군
당진시
충청남도
충청북도
아산시
천안시
진천군
괴산군
증평군
서산시
태안군
범례

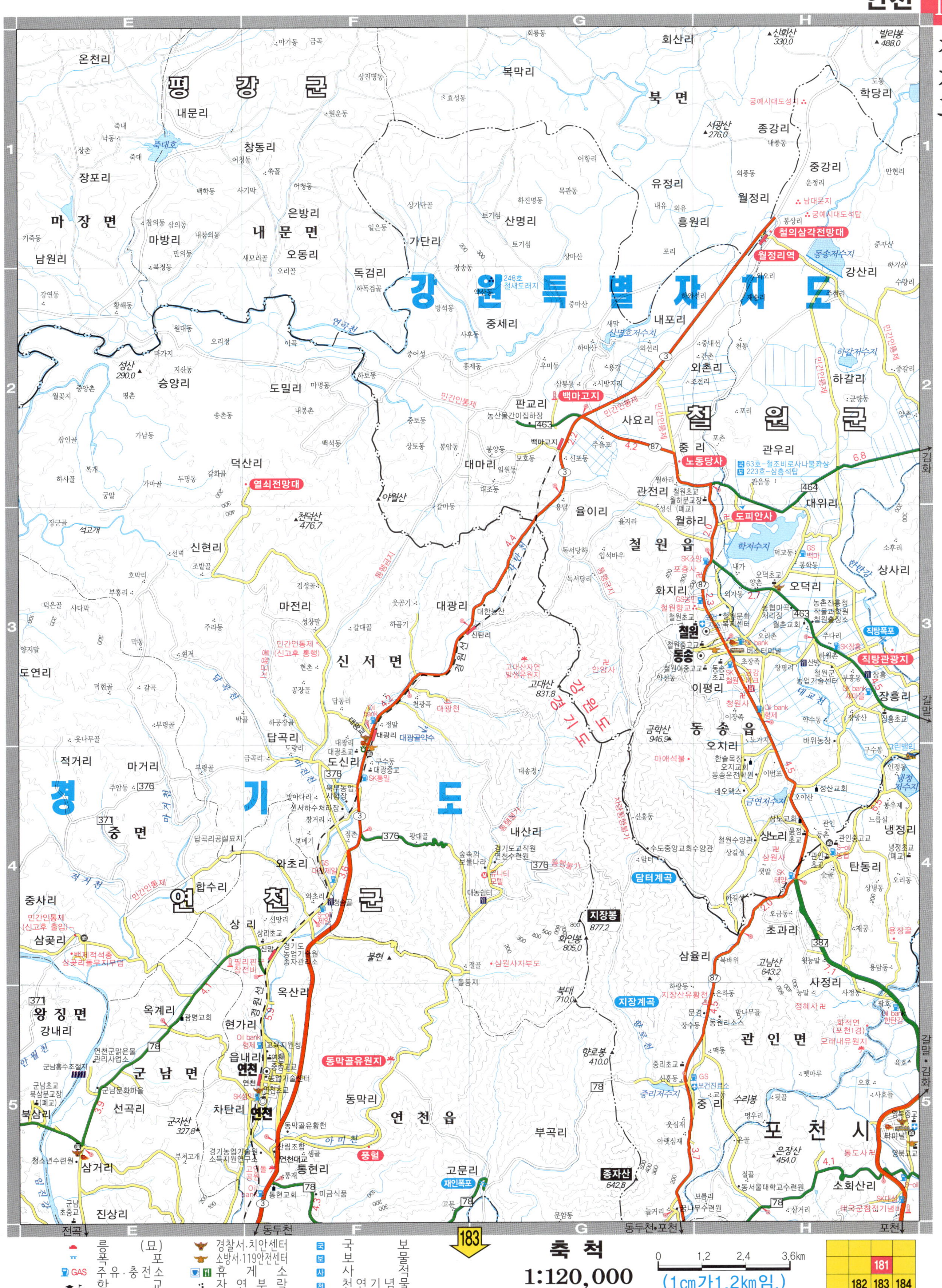

축척
1:120,000
(1cm가1.2km임.)

경기도

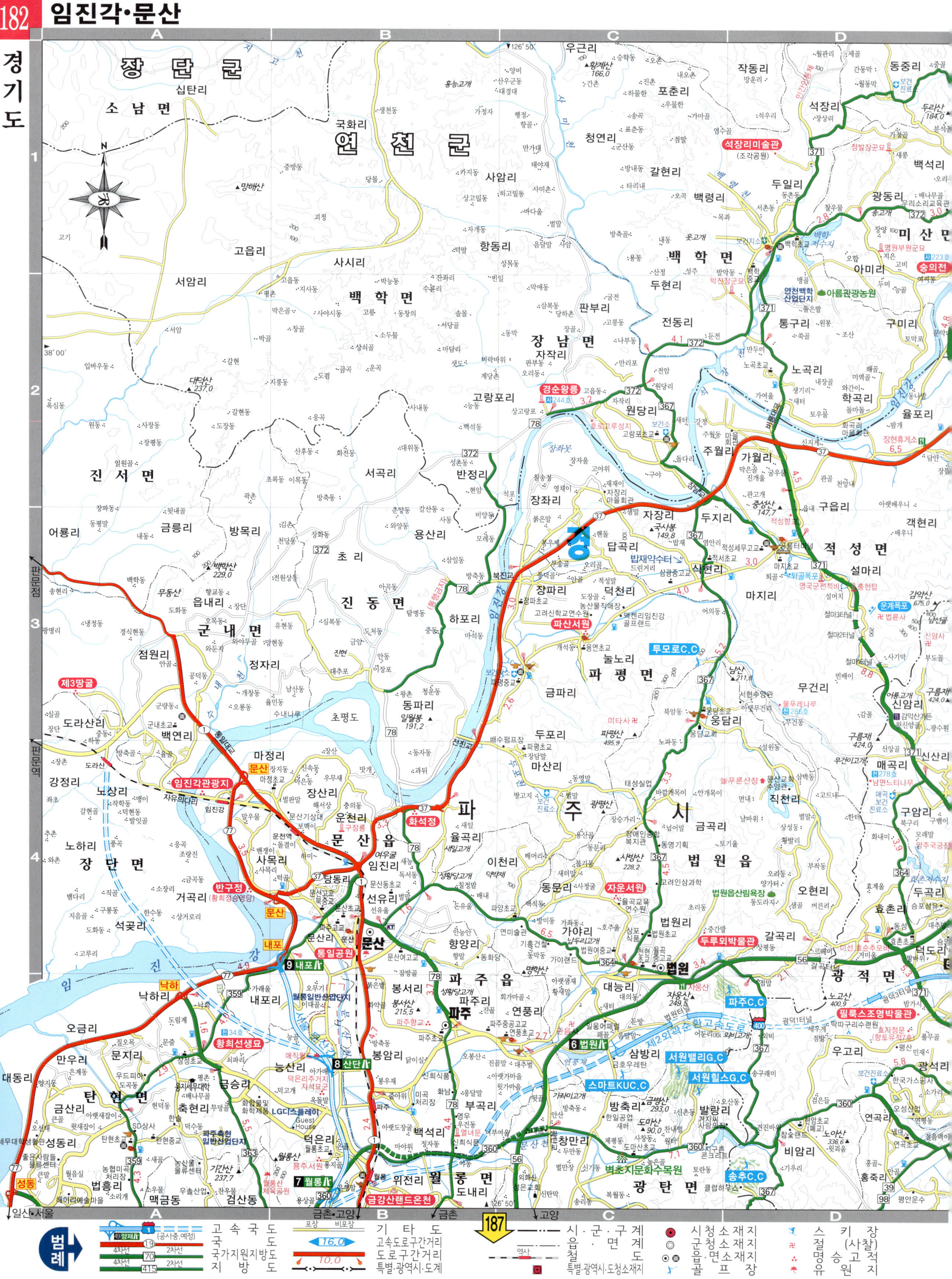

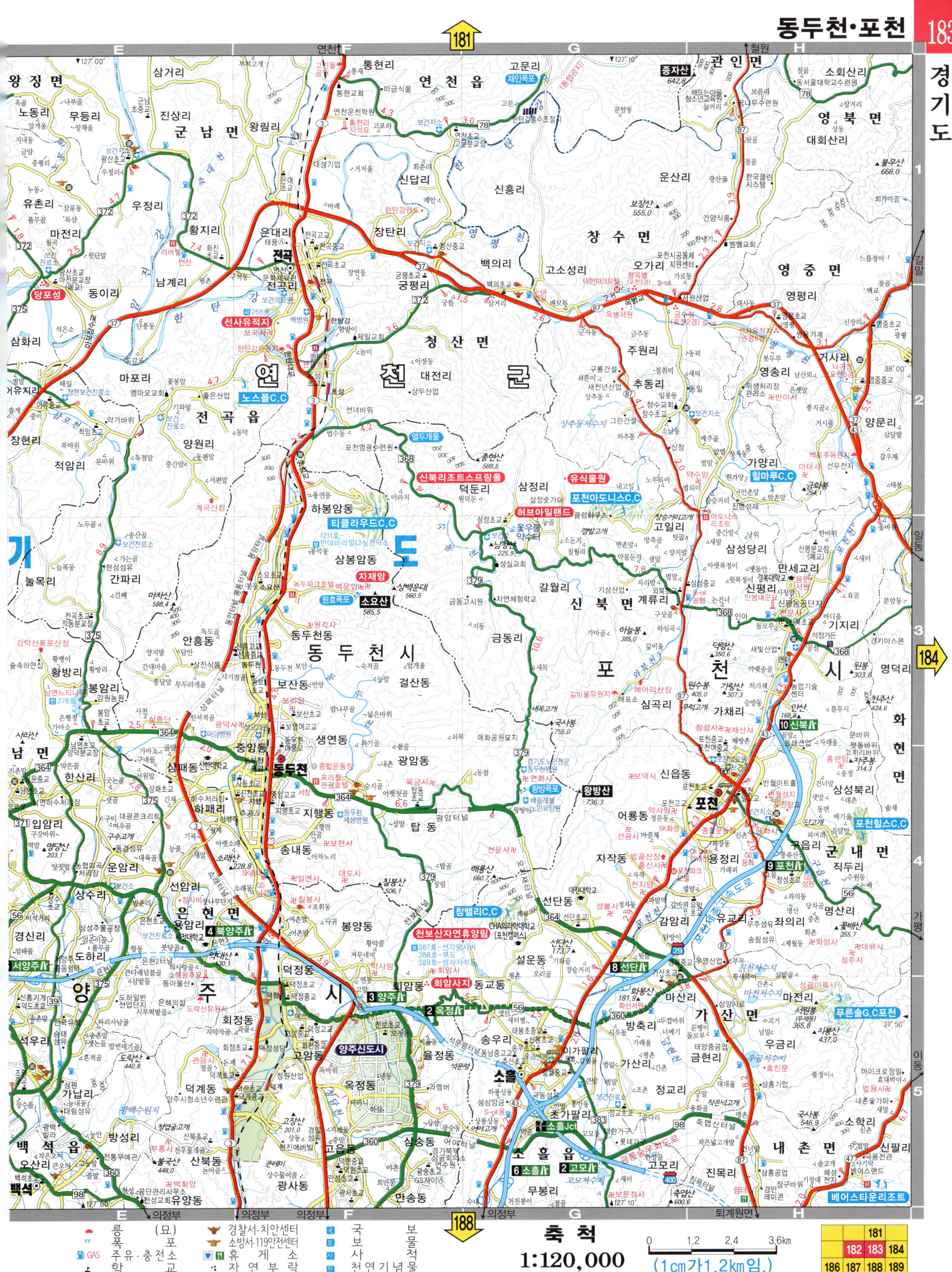
181
184
188
왕징면
군남면
당포성
선사유적지
연천읍
청산면
연천군
창수면
영북면
영중면
양문리
거사리
영송리
관인면
종자산
연천읍
전곡
전곡읍
노스폴C.C
도
열두개울
신북리조트스프링풀
티클라우드C.C
자재암
소요산
유식물원
포천아도니스C.C
허브아일랜드
일동
힐마루C.C
신북면
포천시
동두천시
남면
양주시
은현면
봉양주
서양주
옥정
양주
4
봉양주
천보산자연휴양림
소홀읍
가산면
내촌면
평화
군내면
포천
포천힐스C.C
푸른솔G.C포천
포천
신읍동
왕방산
선단
소흘Jct
고모
베어스타운리조트
축 척
1:120,000
(1cm가1.2km임.)
0 1.2 2.4 3.6km

능·묘 (묘)
GAS 주유·충전소
학·교
경찰서·치안센터
소방서·119안전센터
휴·게·소
자연부락
국·교
보·사
천연기념물
보물적
보·사

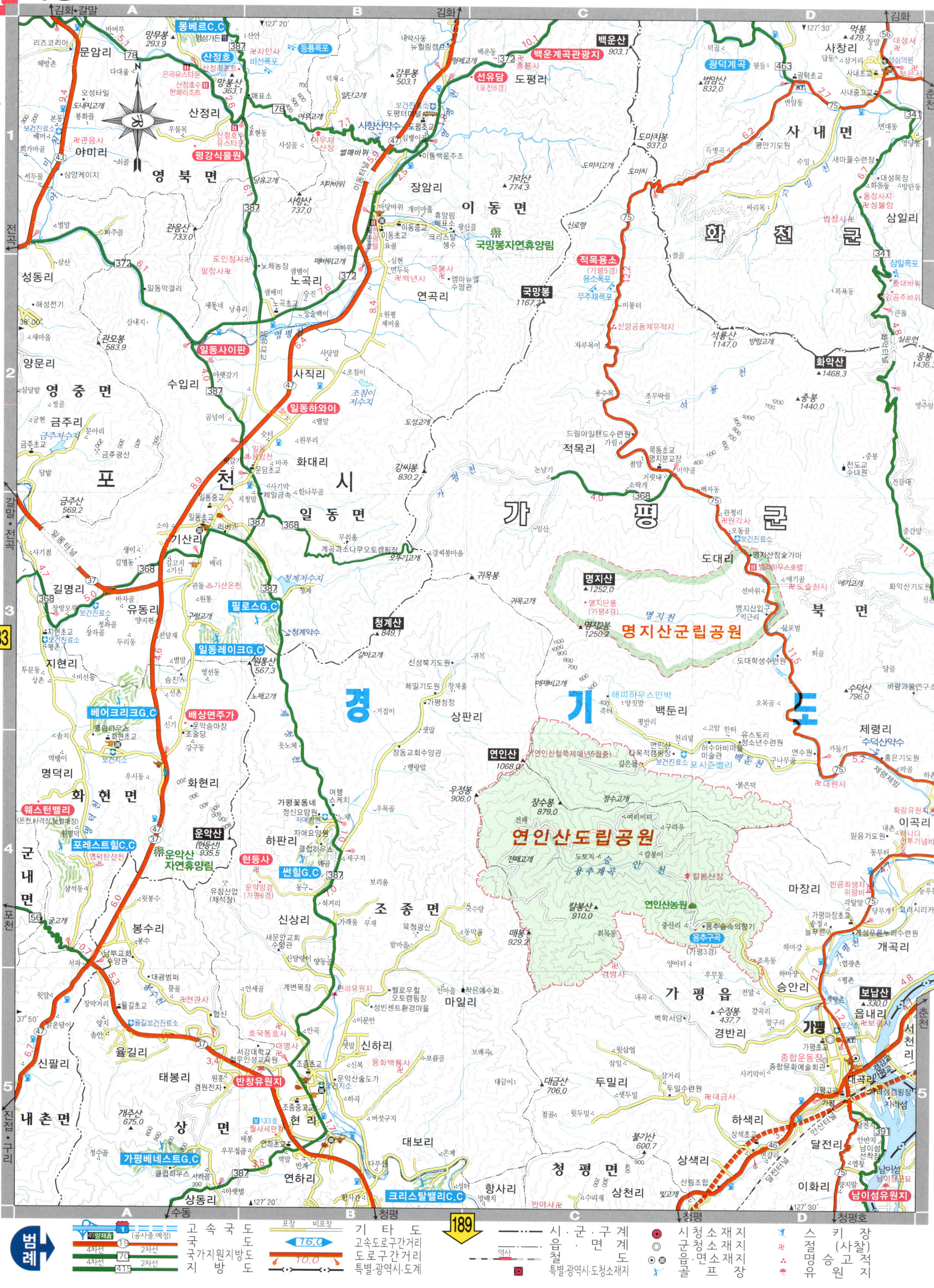

경기도

경기도

영북면
영중면
포천시
일동면
화현면
군내면
내촌면
상면
조종면
청평면
가평읍
북면
사내면
화천군

가평군
경기도

명지산군립공원
연인산도립공원

주요 지명·산:
망무봉 293.9
망봉산 363.3
관음산 733.0
관모봉 583.9
금주산 569.2
원통산 567.3
청계산 849.1
운악산 935.5
개주산 675.0
가리산 774.3
국망봉 1167.2
백운산 903.1
화악산 1468.3
명지산 1252.0
명지2봉 1250.2
수덕산 796.0
연인산 1068.0
우정봉 906.0
장수봉 879.0
칼봉산 910.0
매봉 929.2
수정봉 437.7
보납산 330.0
불기산 600.7
대금산 706.0
사창리
감투봉 503.1
충봉 1440.0
석룡산 1147.0
사향산 737.0

개풍군

대성면

한강

양사면
북성리 · 덕하리 · 교산리 · 인화리 · 송산

강화평화전망대 · 강화은암자연사박물관

송해면
양오리 · 숭뢰리 · 당산리 · 상도리 · 장정리 · 신당리 · 솔정리 · 대산리

부근리고인돌군

하점면
이강리 · 삼거리 · 부근리 · 창후리 · 신봉리 · 별립산 · 망월리 · 신삼리

강화읍
고려궁지 · 청련사 · 강화산성 · 국화리 · 남산리 · 관청리 · 옥림리 · 용정리

강화

세계테마전시관 · 선원사지 · 강화영상단지

내가면
황청리 · 고천리 · 오상리 · 구하리

낙조대

선원면
창리 · 신정리 · 지산리 · 냉정리 · 금월리 · 연리 · 두운리

불은면
삼성리 · 삼흥리 · 넙성리 · 오두리 · 신현리 · 덕성리 · 길직리

강화광성보

양도면
건평리 · 하일리 · 능내리 · 도장리 · 문산리 · 조산리 · 길정리

마니산관광지

화도면
내리 · 상방리 · 여차리 · 흥왕리 · 동막리 · 사기리 · 덕포리 · 선두리

참성단 · 정수사 · 마니산 · 일몰조망지

길상면
온수리 · 초지리 · 선두리 · 장흥리

전등사 · 덕진진 · 초지진

대곶면
대명리 · 석정리 · 쇄암리 · 신안리

덕포진 · 대명포구

월곶면
보구곶리 · 성동리 · 용강리 · 고막리 · 포내리

문수산성 · 문수산림욕장 · 김포조각공원 · 김포대학

김포시

김포시사이드C.C

삼산면
매음리 · 석모리 · 석포리

석모도자연휴양림 · 보문사

교동면
고구리 · 상룡리 · 대룡리 · 읍내리

교동대교

봉소리

강화만

인 천 광 역 시

장봉도 · 진촌해수욕장 · 수기해수욕장 · 동막해수욕장

경기도·인천광역시

주요 지명

강화읍 송해면 하점면 내가면 불은면 양도면 화도면 삼산면 선원면 강화군
김포시 통진읍 하성면 월곶면 대곶면 양촌읍 검단신도시 김포한강신도시
인천광역시 강화만 옹진군 북도면 영종도 중산동 청라지구

개풍군 한강 통일전망대 애기봉전망대 문수산성 다도박물관 고려궁지
청련사 전등사 정수사 보문사 마니산 참성단 동막해수욕장 수기해수욕장

범례

1 (파랑)	고속국도		─·─·─	시·군·구계
19	국도		───	읍·면계
70	국가지원지방도		철도	철도
415	지방도 (4차선/2차선)		▣	특별·광역시·도청소재지
포장/비포장	기타도		◉	시청소재지
16.0	고속도로구간거리		◎	군청소재지
10.0	도로구간거리		⊙	읍·면소재지
─◇─◇─	특별·광역시·도계		🏌	골프장
			⛷	스키장
			卍	절(사찰)
			∴	명승고적
			✿	유원지

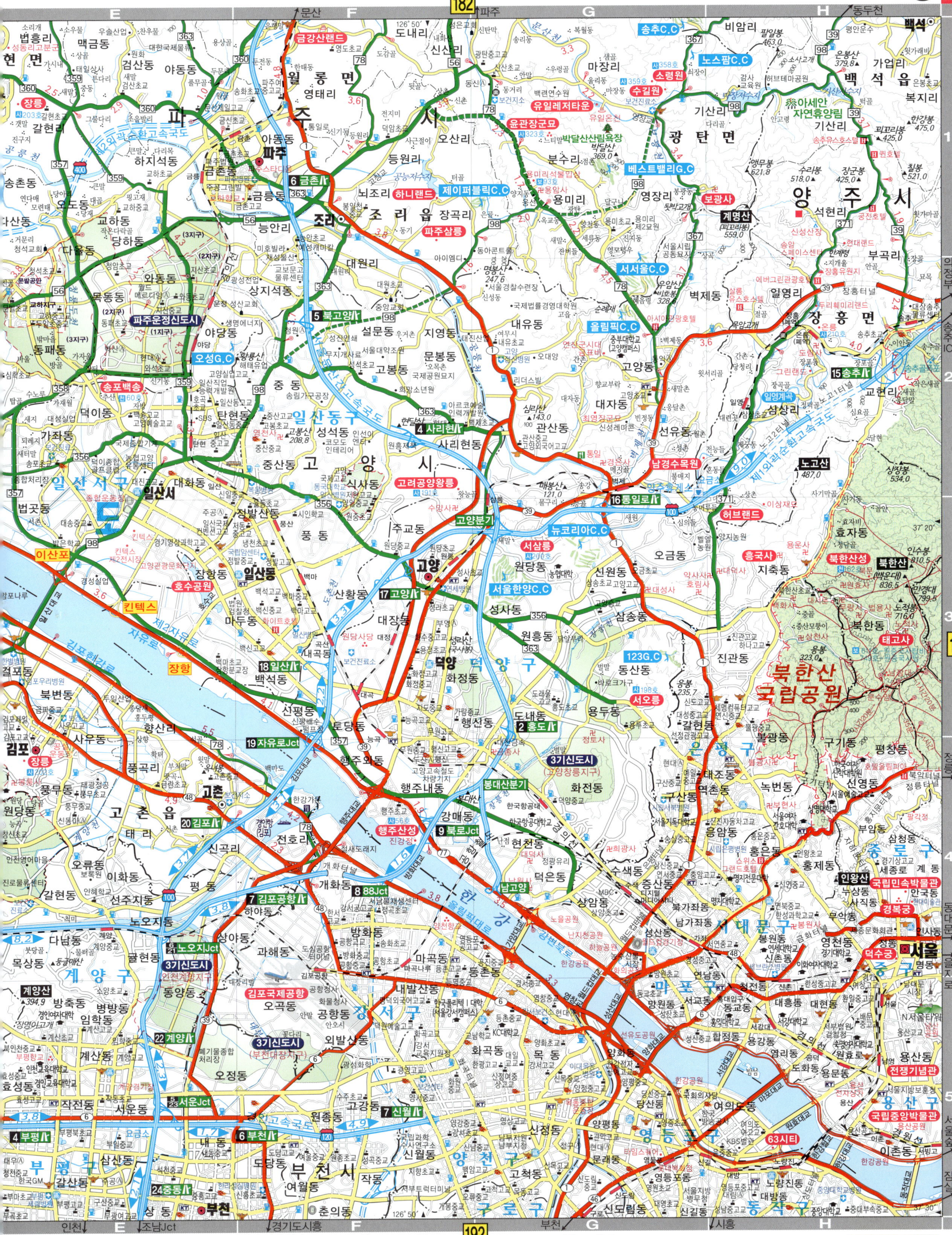

축 척
1:120,000
(1cm가1.2km임.)

0 1.2 2.4 3.6km

	182	183
185	186	187	188
	191	192	193

서울동북부·경기도

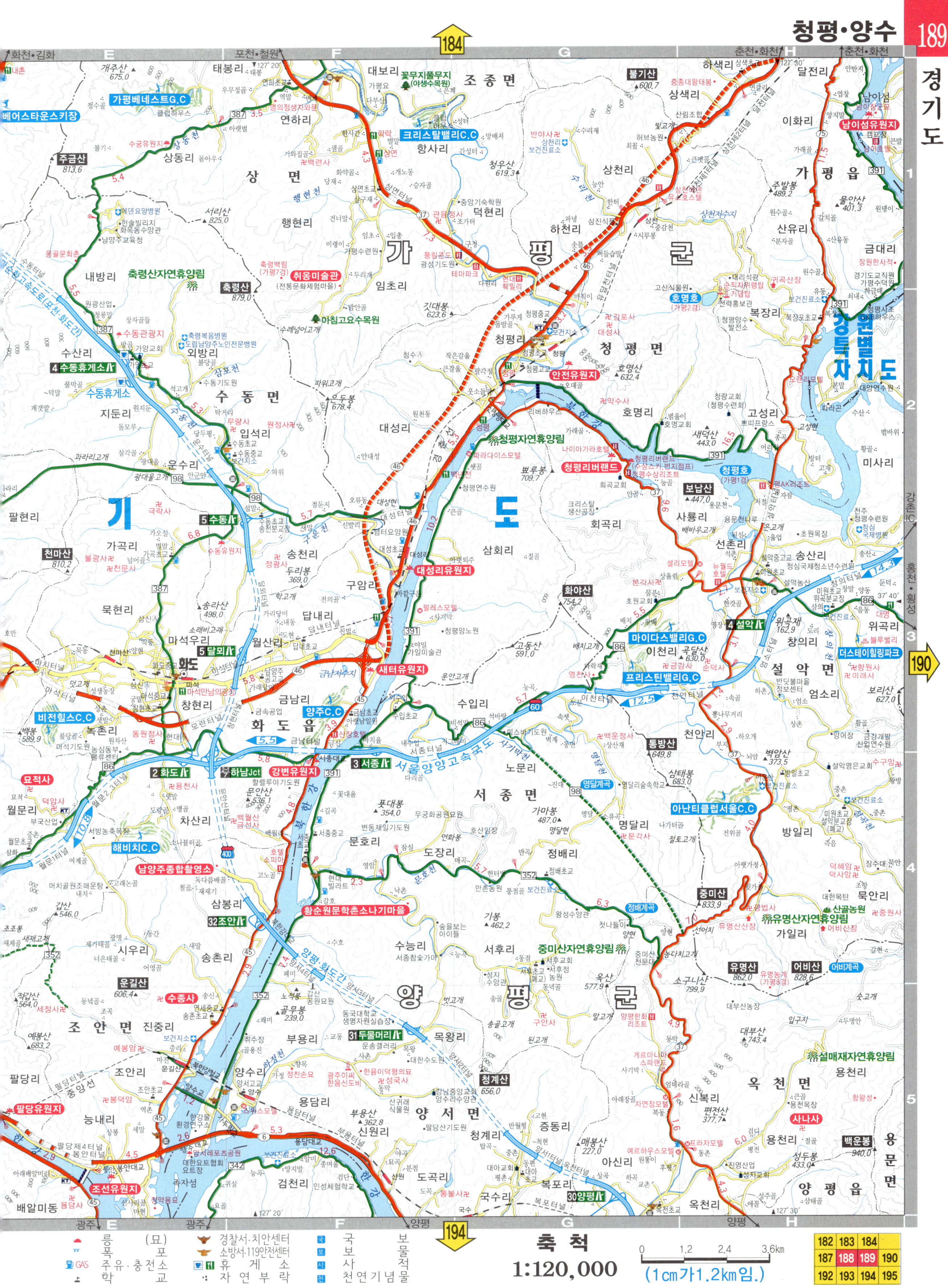
경기도
강원특별자치도

경기도·강원도

춘천·가평
남이섬유원지
백양리
강촌리
방곡리
팔미리
중리
원창리
동산면
봉명리
남산면
신동면
혈동리
조양
남춘천C.C
더플레이어스G.C
신도C.C
6 남춘천
춘천Jct
춘천숲자연휴양림
라비에벨C.C
로드힐스G.C&리조트
파가니카C.C
남면
춘천시
5 강촌
서울양양고속도로
반곡유원지
팔봉산관광지
개야유원지
클럽모우C.C
강원특별자치도
반곡리
팔봉산
장항리
모곡리
샤인데일골프&리조트
더스테이힐링파크
설악면
위곡리
동막리
서면
소노펠리체C.C
홍천군
용수리
종자산
비발디파크
석산리
대곡리
홍천
가평군
산음리
명성리
화전리
양덕원리
단월면
갈기산
힐드로사이C.C
강원도
경기도
옥천면
향소리
부안리
양평군
경기도
용문산
중원산
부래이산
용문면
보룡리
덕수리
청운면
갈운리
백운봉
용문사
은행나무
신점리
중원리
망릉리
봉상리
비룡리
가현리
양평읍
오촌리
광탄리
연수리
덕촌리
금곡
양평
여주·원주

범례
고속국도
국도
국가지원지방도
지방도
고속도로구간거리
도로구간거리
특별·광역시·도계
기타도
포장 비포장
시·군·구계
읍·면계
역사
철도
특별·광역시·도청소재지
시청소재지
군청소재지
읍·면소재지
골프장
스키장
절(사찰)
명승고적
유원지

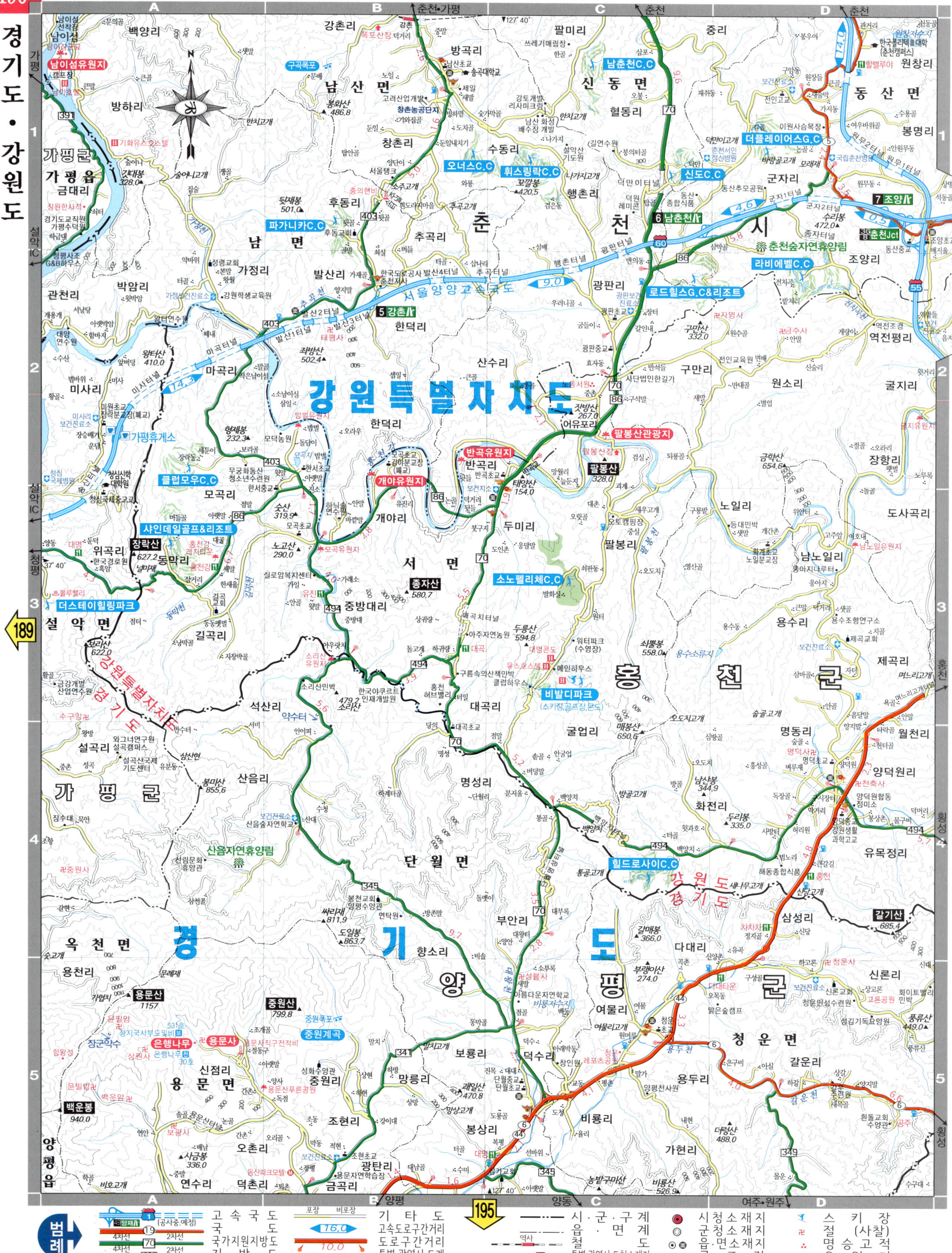

인천광역시
경기만
황 해
옹 진 군
경 기 도
안 산 시
화 성 시
시 흥 시
중 구
동 구
서 구
연수구
남 동
인천국제공항
인천대교
영종도
월미도
인천항
축 척
1:120,000
(1cm가 1.2km임.)

서울서남부·경기도
인천광역시
부천
광명시
시흥시
안산시
군포시
안양시
의왕시
화성시
인천
남동구
연수구
동작구
관악구
금천구
구로구
양천구
영등포구
단원구
상록구
만안구
동안구
범례

서울동남부 · 경기도

주요 지명

서울특별시 · 서초구 · 강남구 · 송파구 · 강동구 · 수정구 · 중원구 · 성남시 · 과천시 · 의왕시 · 분당구 · 수지구 · 용인시 · 처인구 · 기흥구 · 광주시 · 하남시 · 남한산성면 · 장안구 · 권선구 · 영통구 · 수원시 · 팔달구

남한산성도립공원

나들목·분기점

21 초이Ic · 42 초이Ic · 4 서하남Ic · 3 송파Ic · 49 양재Ic · 7 헌릉Ic · 41 산곡Ic · 2 성남Ic · 6 고등Ic · 18 동판교Ic · 48 대원교Ic · 47 판교Jct · 16 북의왕Ic · 17 북청계Ic · 32 학의Jct · 5 서판교Ic · 19 광남Ic · 18 오포Ic · 4 서분당(고기)Ic · 3 서수지Ic · 17 북용인Ic · 12 동수원Ic · 2 광교상현Ic · 88C.C · 14 마성Ic · 1 흥덕Ic · 9 포곡Ic · 17 용인Ic · 44 수원신갈Ic · 7 서용인Ic

경기도

지도 (광주·이천 지역)

경기도

강원특별자치도

축 척
1:120,000
(1cm가 1.2km임.)

0　1.2　2.4　3.6km

	(묘)		경찰서·치안센터		국		보물
릉	폭 포		소방서·119안전센터		보사		보물자료
GAS 주유·충전소			휴 게 소		사		
학 교	:: 자연부락						천연기념물

189 190
193 194 195
197 198 199

경기도

릉 (묘)	경찰서·치안센터	국보	
폭포	소방서·119안전센터	보물	
GAS 주유·충전소	휴게소	사적	
학교	자연부락	천연기념물	

축척 1:120,000

0 1.2 2.4 3.6km (1cm가1.2km임.)

191	192	193	194
	196	197	198

경기도

범례

고속국도	기 타 도	시 · 군 · 계	시청소재지	스 키 장
국 도	고속도로구간거리	읍 · 면 · 계	군청소재지	절 사 (사찰)
국가지원지방도	도로구간거리	철 도	읍 · 면소재지	명승고적
지 방 도	특별 · 광역시 · 도계	역사	특별광역시 · 도청소재지	골프장	유원지

경기도

축 척

1:120,000

(1cm가 1.2km임.)

0　1.2　2.4　3.6km

범 례		
릉·묘(묘)	경찰서·치안센터	국보
GAS 주유·충전소	소방서·119안전센터	보물
학교	휴게소	사적
	자연부락	천연기념물

193	194	195
197	198	199

강변북로.올림픽대로 회전방향도(나들목)

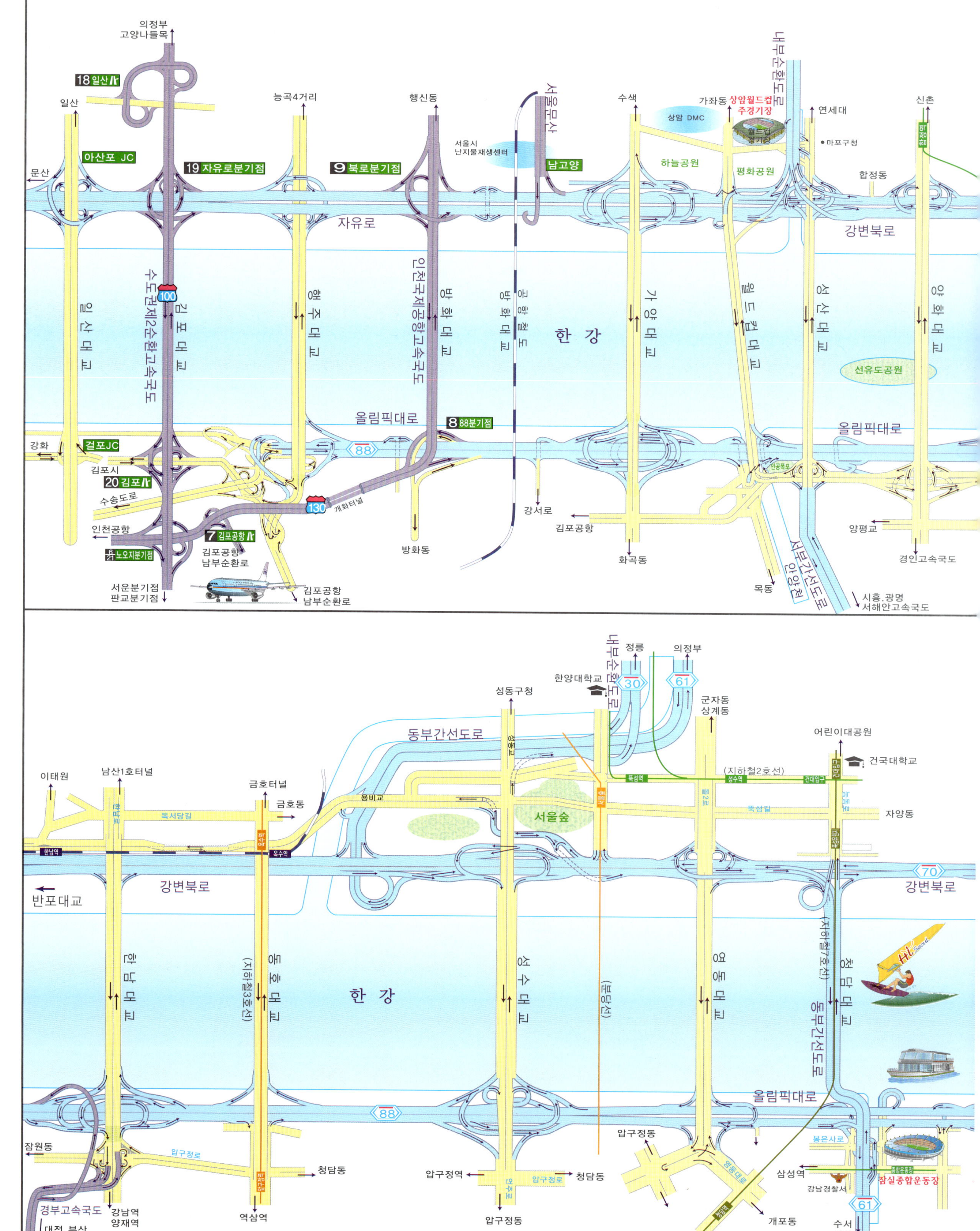

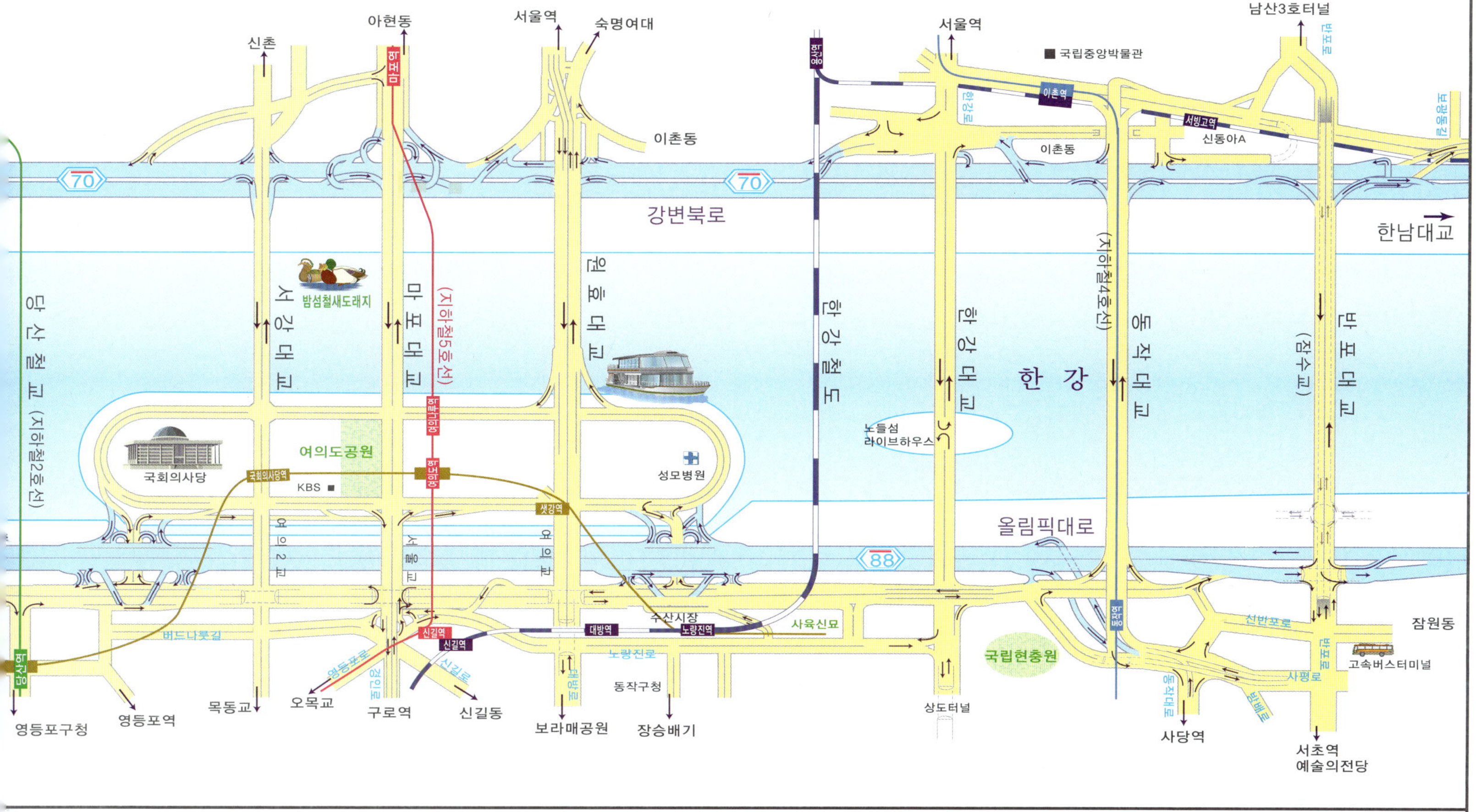

신촌
아현동
서울역
숙명여대
이촌동
서울역
국립중앙박물관
이촌역
서빙고역
신동아A
이촌동
남산3호터널
반포로
보광동길
한남대교
70
강변북로
당산철교 (지하철2호선)
서강대교
밤섬철새도래지
마포대교
(지하철5호선)
원효대교
한강철도
한강대교
한 강
노들섬
라이브하우스
동작대교
(지하철4호선)
반포대교
(잠수교)
여의도공원
국회의사당
KBS
국회의사당역
여의나루역
성모병원
샛강역
여의2교
서울교
여의교
올림픽대로
88
버드나루길
영등포구청
영등포역
목동교
오목교
구로역
신길동
신길역
대방역
노량진역
수산시장
사육신묘
노량진로
동작구청
보라매공원
장승배기
국립현충원
상도터널
사당역
서초역
예술의전당
잠원동
고속버스터미널
신반포로
사평로

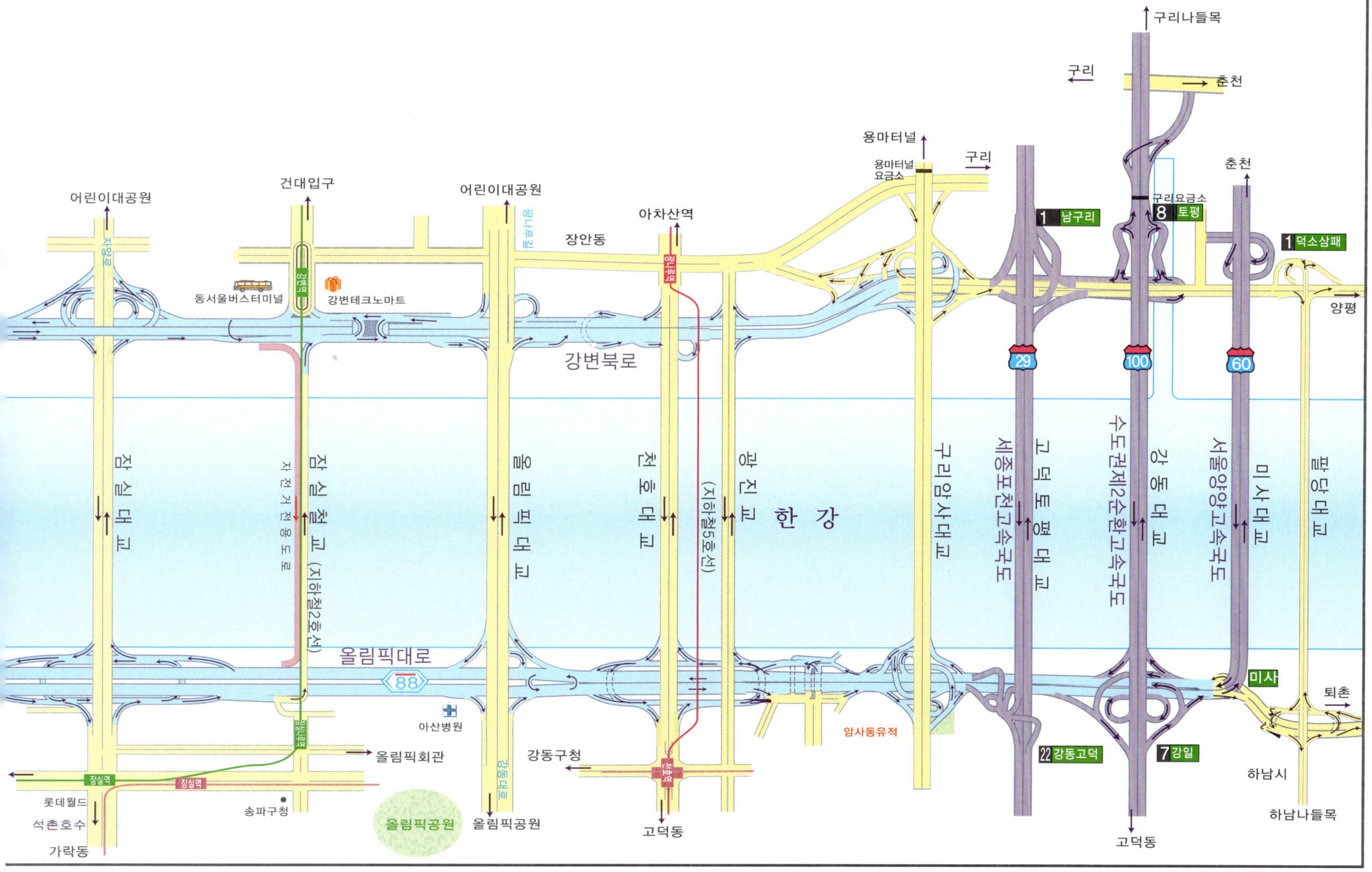

구리나들목
구리
춘천
용마터널
용마터널 요금소
구리
춘천
어린이대공원
건대입구
어린이대공원
아차산역
장안동
동서울버스터미널
강변테크노마트
1 남구리
구리요금소
8 토평
1 덕소삼패
양평
강변북로
29
100
60
잠실대교
잠실철교 (지하철2호선)
자전거전용도로
올림픽대교
천호대교
(지하철5호선)
광진교
한 강
구리암사대교
세종포천고속국도
고덕토평대교
수도권제2순환고속국도
강동대교
서울양양고속국도
미사대교
팔당대교
올림픽대로
88
아산병원
암사동유적
미사
퇴촌
올림픽회관
강동구청
22 강동고덕
7 강일
하남시
하남나들목
잠실역
롯데월드
석촌호수
가락동
송파구청
올림픽공원
올림픽공원
고덕동
고덕동

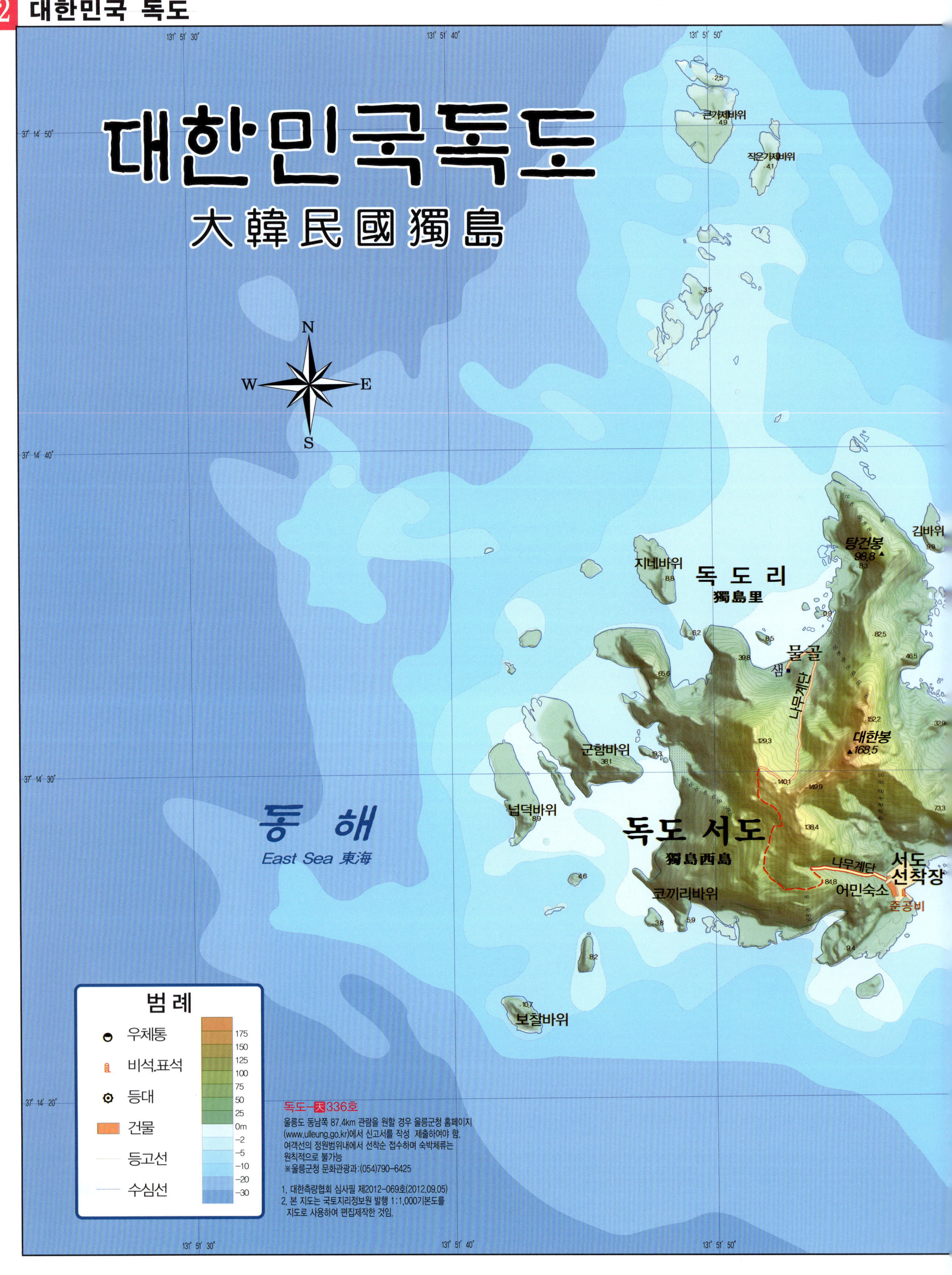
대한민국독도
大韓民國獨島
N
W E
S
동 해
East Sea 東海
큰가제바위
작은가제바위
지네바위
독 도 리
獨島里
탕건봉
98.8
김바위
군함바위
넙덕바위
독 도 서 도
獨島西島
대한봉
168.5
물골
샘
나무계단
서도
선착장
어민숙소
준공비
코끼리바위
보찰바위
범 례
우체통
비석.표석
등대
건물
등고선
수심선
175
150
125
100
75
50
25
0m
-2
-5
-10
-20
-30
독도-天336호
울릉도 동남쪽 87.4km 관람을 원할 경우 울릉군청 홈페이지
(www.ulleung.go.kr)에서 신고서를 작성 제출하여야 함.
여객선의 정원범위내에서 선착순 접수하며 숙박체류는
원칙적으로 불가능
※울릉군청 문화관광과 : (054)790-6425
1. 대한측량협회 심사필 제2012-069호(2012.09.05)
2. 본 지도는 국토지리정보원 발행 1:1,000기본도를
지도로 사용하여 편집제작한 것임.

중국
러시아
백두산
※국가 경계선은 양국간
도서등의 소속을 인지할
수 있도록 표시한 선임.
동 해
대한민국
울릉도
독도
서울
죽변
130.3km
87.4km
216.8km
157.5km
오키섬
황 해
포항
부산
일 본
남 해
한라산
태평양
0 100 200km

대 한 민 국
大韓民國

경 상 북 도
慶尙北道

울 릉 군
鬱陵郡

울 릉 읍
鬱陵邑

동 해
East Sea 東海

삼형제굴바위
439
미역바위
촛대바위
닭바위
우산봉
▲98.6
한반도바위
(지형)
구선착장
韓國
철다리
천장굴
(분화구)
독도영토표석
독도조난어민위령비
몽돌해변
독도
선착장
영토표석
(대한민국독도 평균)
숫돌바위
태극기
韓國領
우체통
위령비
독도등대
독도 동도
獨島東島
얼굴바위
독도 리
獨島里
물오리바위
독립문바위
韓國
나무계단
부채바위
해녀바위
전차바위
망양대
촛발바위

축척=1:4,000
0 80 120m
(1cm가 40m 임)

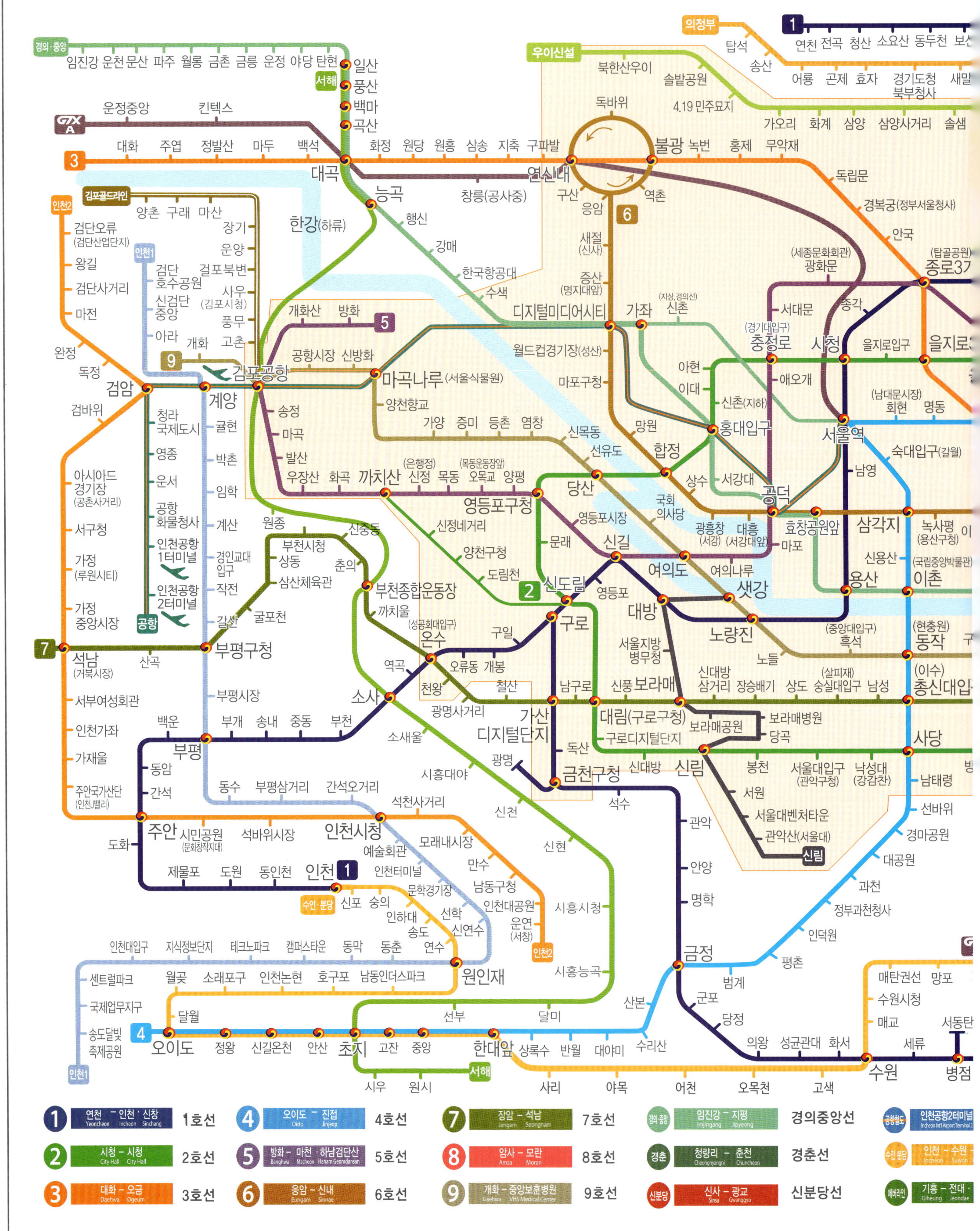

경의·중앙
임진강 운천 문산 파주 월롱 금촌 금릉 운정 야당 탄현 일산 풍산 백마 곡산
서해
GTX A
운정중앙 킨텍스
대화 주엽 정발산 마두 백석 화정 원당 원흥 삼송 지축 구파발
3
대곡 능곡 창릉(공사중) 행신 강매 한국항공대 수색
의정부
우이신설
북한산우이 독바위 솔밭공원 4.19 민주묘지 북한산보국문
불광 녹번 홍제 무악재
연신내 구산 응암 역촌
6
새절(신사) 증산(명지대앞)
1
연천 전곡 청산 소요산 동두천 보산
탑석 송산 어룡 곤제 효자 경기도청 북부청사 가오리 화계 삼양 삼양사거리 솔샘
독립문 경복궁(정부서울청사) 안국
디지털미디어시티 가좌 신촌 홍대입구 합정 망원 마포구청 월드컵경기장(성산)
종로3가
충정로 시청 을지로입구 을지로
서대문 종각
아현 이대 신촌(지하) 애오개
인천2
검단오류(검단산업단지) 왕길 검단사거리 마전 완정 독정 검암 검바위
김포골드라인
양촌 구래 마산 장기 운양 걸포북변 사우(김포시청) 풍무 고촌
인천1
검단 호수공원 신검단중앙 아라 개화
9
김포공항
개화산 방화 공항시장 신방화 마곡나루(서울식물원) 양천향교 가양 증미 등촌 염창
5
5
신목동 선유도 당산 상수 서강대 공덕
계양 청라국제도시 영종 운서 공항화물청사 인천공항1터미널 인천공항2터미널
공항
귤현 박촌 임학 계산 원종 신중동 부천시청 상동 춘의 부천종합운동장 까치울
송정 마곡 발산 우장산 화곡 까치산 신정 목동 오목교 양평 영등포구청
아시아드경기장(공촌사거리) 서구청 가정(루원시티) 가정중앙시장
7
석남(거북시장) 산곡 부평구청
서부여성회관 인천가좌 가재울 주안국가산단(인천 I밸리)
백운 부평시장 부평 동암 간석 주안 도화 제물포 도원 동인천 인천
부개 송내 중동 부천 소사 역곡 온수 오류동 개봉 구일 구로
동수 부평삼거리 간석오거리 석천사거리 소새울
시민공원(문화창작지대) 석바위시장 인천시청 예술회관 인천터미널
1
신정네거리 양천구청 도림천 신도림 영등포 구로 가산디지털단지 독산 금천구청
문래 신길 대방 신대방 구로디지털단지 신대방 신림
2
영등포시장 여의도 샛강 노량진 대방 보라매 신풍
국회의사당 여의나루
광흥창(서강) 대흥(서강대앞) 마포 효창공원앞 삼각지 녹사평(용산구청) 신용산 용산 이촌
남영 숙대입구(갈월) 서울역 회현(남대문시장) 명동
종로3가 을지로
노들 흑석 동작(현충원) 이수(총신대입구)
서울지방병무청 장승배기 상도 숭실대입구 남성 사당
보라매병원 당곡 봉천 서울대입구(관악구청) 낙성대(강감찬) 남태령
서원 서울대벤처타운 관악산(서울대) 신림
관악 안양 명학 금정 범계 평촌 산본 군포 당정 의왕 성균관대 화서 수원
모래내시장 만수 남동구청 문학경기장 인천대공원 운연(서창)
수인·분당
신포 숭의 인하대 선학 신연수 송도 연수 원인재
인천2
시흥시청 시흥능곡
신천 신현 도창 시흥대야 광명사거리 철산 소새울
석수 관악 안양
매탄권선 망포 수원시청 매교 서동탄
인천대입구 지식정보지 테크노파크 캠퍼스타운 동막 동춘 센트럴파크 국제업무지구 송도달빛축제공원
월곶 소래포구 인천논현 호구포 남동인더스파크
달월 선부 달미 서동탄
4
오이도 정왕 신길온천 안산 초지 고잔 중앙 한대앞 상록수 반월 대야미 수리산
시우 원시
서해
사리 야목 어천 오목천 고색 수원 병점
인천1

1 연천 - 인천·신창 Yeoncheon Incheon Sinchang 1호선
2 시청 - 시청 City Hall City Hall 2호선
3 대화 - 오금 Daehwa Ogeum 3호선
4 오이도 - 진접 Oido Jinjeop 4호선
5 방화 - 마천·하남검단산 Banghwa Macheon Hanam Geomdansan 5호선
6 응암 - 신내 Eungam Sinnae 6호선
7 장암 - 석남 Jangam Seongnam 7호선
8 암사 - 모란 Amsa Moran 8호선
9 개화 - 중앙보훈병원 Gaehwa VHS Medical Center 9호선
경의·중앙 임진강 - 지평 Imjingang Jipyeong 경의중앙선
경춘 청량리 - 춘천 Cheongnyangni Chuncheon 경춘선
신분당 신사 - 광교 Sinsa Gwanggyo 신분당선
공항철도 인천공항2터미널 Incheon Int'l Airport Terminal2
수인·분당 인천 - 수원 Incheon Suwon
에버라인 기흥 - 전대 Giheung Jeondae

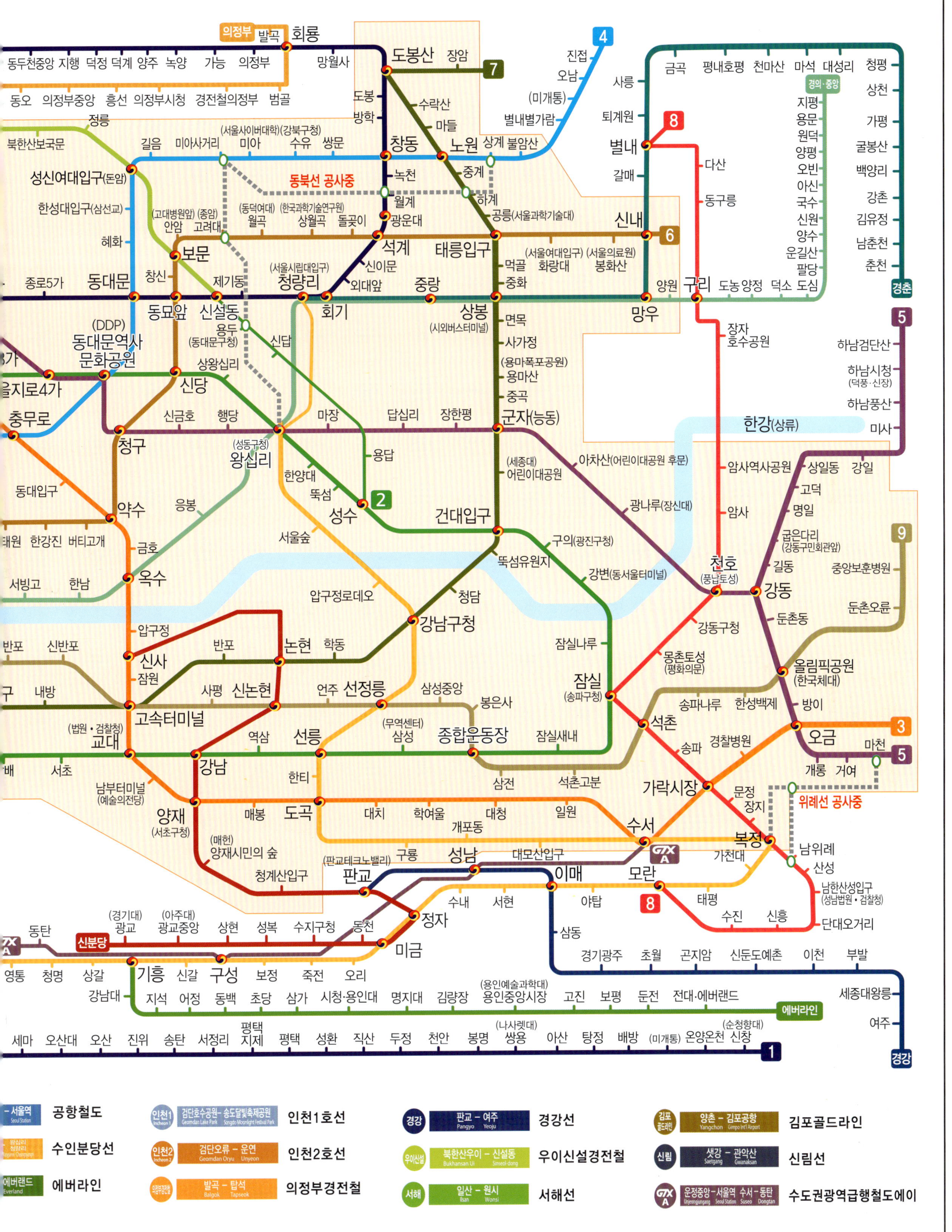

동두천중앙 지행 덕정 덕계 양주 녹양 가능 의정부
동오 의정부중앙 흥선 의정부시청 경전철의정부 범골
의정부 발곡 회룡
도봉산 장암
진접
오남
(미개통)
별내별가람
금곡 평내호평 천마산 마석 대성리 청평
경의·중앙
상천
사릉
퇴계원
지평 가평
용문 굴봉산
원덕 백양리
양평 강촌
오빈 김유정
아신 남춘천
국수 춘천
신원
양수
운길산
팔당
경춘
7
정릉
북한산보국문
길음 미아사거리 미아 (서울사이버대학) (강북구청) 수유 쌍문
성신여대입구(돈암)
동봉
방학
수락산
마들
창동 노원 상계 불암산
중계
도봉
하계
월계 녹천
광운대
별내
갈매
다산
동구릉
신내
8
한성대입구(삼선교)
혜화
(고대병원앞) (종암)
안암 고려대
월곡 상월곡 돌곶이
(동덕여대) (한국과학기술연구원)
보문
(서울시립대입구)
신이문
석계 태릉입구
(서울여대입구) (서울의료원)
먹골 화랑대 봉화산
중화
공릉(서울과학기술대)
6
종로5가
동대문
창신
제기동
청량리
외대앞 중랑
양원 구리 도농 양정 덕소 도심
회기
상봉
(시외버스터미널)
면목
동묘앞 신설동
(DDP)
동대문역사
문화공원
용두
(동대문구청)
신답
상왕십리
신당
신금호 행당
마장
답십리 장한평
군자(능동)
망우
장자
호수공원
5
하남검단산
하남시청
(덕풍·신장)
하남풍산
미사
청구
왕십리
(성동구청)
용답
한양대
사가정
(용마폭포공원)
용마산
중곡
한강(상류)
암사역사공원 상일동 강일
고덕
명일
굽은다리
(강동구민회관앞)
길동
9
동대입구
약수
금호
응봉
뚝섬
2
성수
건대입구
구의(광진구청)
아차산(어린이대공원 후문)
(세종대)
어린이대공원
광나루(장신대)
암사
천호
(풍납토성)
중앙보훈병원
둔촌오륜
서빙고 한남
옥수
서울숲
뚝섬유원지
강변(동서울터미널)
강동
강동구청 둔촌동
반포 신반포
압구정
압구정로데오
청담
강남구청
잠실나루
몽촌토성
(평화의문)
올림픽공원
(한국체대)
신사
잠원
논현 학동
잠실
(송파구청)
송파나루 한성백제 방이
내방
사평 신논현
연주 선정릉
삼성중앙
봉은사
잠실새내
석촌
송파 경찰병원
오금
3
마천
고속터미널
(법원·검찰청)
교대
역삼 선릉
(무역센터)
삼성 종합운동장
삼전 석촌고분
가락시장
문정
장지
5
개롱 거여
위례선 공사중
서초
남부터미널
(예술의전당)
강남
한티
양재
(서초구청)
매봉 도곡
대치 학여울 대청 일원
개포동
수서
복정
남위례
산성
남한산성입구
(성남법원·검찰청)
(매헌)
양재시민의 숲
청계산입구
(판교테크노밸리)
구룡 성남
대모산입구
이매
모란
가천대
8
태평
수진 신흥
단대오거리
동탄
신분당
판교
정자
내수 서현
야탑
삼동
(경기대)
광교
(아주대)
광교중앙 상현 성복 수지구청 동천
미금
경기광주 초월 곤지암 신둔도예촌 이천 부발
영통 청명 상갈
기흥 신갈 구성 보정 죽전 오리
(용인예술과학대)
세종대왕릉
여주
강남대
지석 어정 동백 초당 삼가 시청·용인대 명지대 김량장 용인중앙시장 고진 보평 둔전 전대·에버랜드
에버라인
세마 오산대 오산 진위 송탄 서정리
평택
지제
평택 성환 직산 두정 천안 봉명 쌍용 아산 탕정 배방
(나사렛대)
(순천향대)
(미개통) 온양온천 신창
1
경강

서울역
Seoul Station
공항철도
수인분당선
에버랜드
Everland
에버라인
인천1
Incheon1
검단호수공원~송도달빛축제공원
Geomdan Lake Park / Songdo Moonlight Festival Park
인천1호선
인천2
Incheon2
검단오류~운연
Geomdan Oryu / Unyeon
인천2호선
발곡~탑석
Balgok / Tapseok
의정부경전철
경강
판교~여주
Pangyo / Yeoju
경강선
우이신설
북한산우이~신설동
Bukhansan Ui / Sinseol-dong
우이신설경전철
서해
일산~원시
Ilsan / Wonsi
서해선
김포
골드라인
양촌~김포공항
Yangchon / Gimpo Int'l Airport
김포골드라인
신림
샛강~관악산
Saetgang / Gwanaksan
신림선
GTX A
운정중앙~서울역~수서~동탄
Unjeongjungang / Seoul Station / Suseo / Dongtan
수도권광역급행철도에이

한국도로관광지도
강원특별자치도
황 해 도
충 청 북 도
충 청 남 도
경 기 도
경 상 북 도
인천광역시 옹진군
경상북도 울릉군
황 해
동 해
중국
일본

전라남도
신안군
경상남도
전북특별자치도
제주특별자치도
전라남도
제주시
남 해
대 한 해 협
태 평 양
제 주 해 협
제주특별자치도
제주시
서귀포시
범 례
축척=1:1,300,000

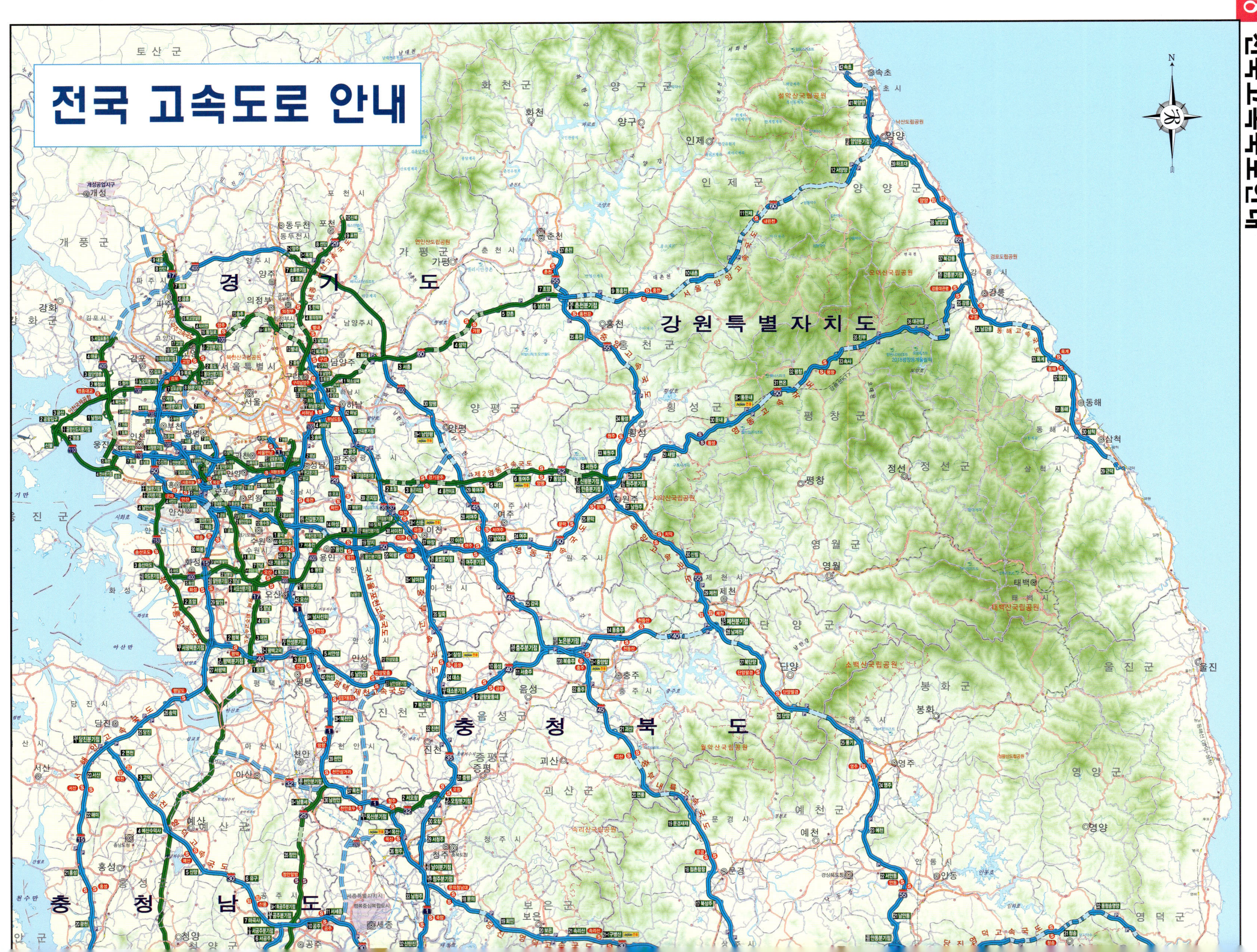
전국 고속도로 안내
경 기 도
강 원 특 별 자 치 도
충 청 북 도
충 청 남 도

범 례
특별시 · 광역시 · 도계
시 · 군 · 구계
읍 · 면 계
특별시 · 광역시 · 도청
고 속 국 도
고 속 국 도 (민 자)
개 통 예 정 구 간
고 속 화 도 로
국 도
국 가 지 원 지 방 도
지 방 도
일반
행복드림쉼터
고속버스환승가능
임시
좋음쉼터
휴 게 소
경 상 북 도
경 상 남 도
전 북 특 별 자 치 도
전 라 남 도
남 해
제 주 해 협

서울도로명·지번안내도 판매가격:150,000원
축척 = 1:3,350 / 규격 : 39×53
서울 도로명 지번 도시계획 지구단위 우편번호

영진5만지도(전국편) 판매가격:60,000원
축척 = 1:50,000 / 규격 : 26.5×37.5(B4)
전국 차선별 도로지도

영진7만5천지도 판매가격:40,000원
축척 = 1:75,000 / 규격 : 22.8×30.5(A4)
전국 차선별 도로지도

정밀도로지도 판매가격:30,000원
축척 = 1:120,000 / 규격 : 22.8×30.5(A4)
서울,6대 광역시 전국 주요 시가지 42곳

서울수도권정밀지도 판매가격:35,000원
축척 = 1:10,000 / 규격 : 22.8×30.5(A4)
수도권 13개 시가도, 경기도 지도(1:120,000)

新한국정밀지도 판매가격:20,000원
축척 = 1:250,000 / 규격 : 22.8×30.5(A4)
서울·수도권, 전국광역시, 전국지방시가도

전국여행가이드 판매가격:18,000원
축척 = 1:250,000 / 규격 : 18.8×25.7(B5)
서울·수도권, 전국광역시, 주요지방시가지

yjmap.co.kr

낱 장 지 도

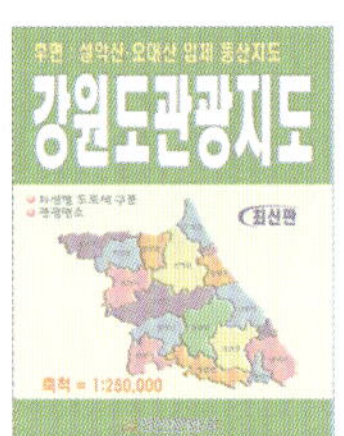

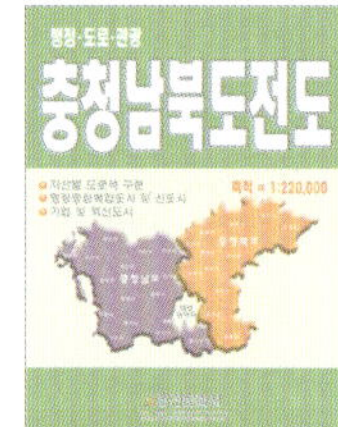

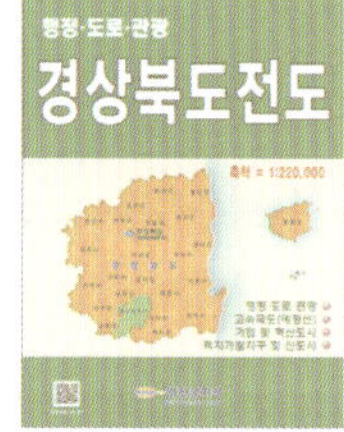

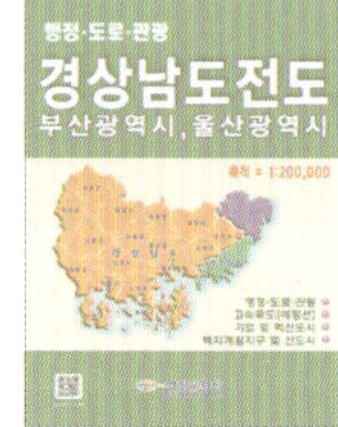

강원도관광지도
축척 = 1:250,000 / 낱장 92cm×62cm
후면–설악산, 오대산 입체 등산지도
판매가격 : 4,000원

경기도지도
축척 = 1:200,000
낱장 107cm×78cm
판매가격 : 7,000원

충청남북도전도
축척 = 1:250,000
낱장 107cm×78cm
판매가격 : 7,000원

전라남도전도
축척 = 1:250,000
낱장 107cm×78cm
판매가격 : 7,000원

경상북도전도
축척 = 1:220,000
낱장 107cm×78cm
판매가격 : 7,000원

경상남도전도
축척 = 1:200,000
낱장 107cm×78cm
판매가격 : 7,000원

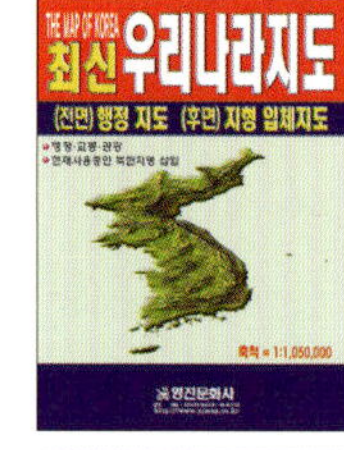

서울특별시전도
전면축척 = 1:40,000 / 낱장 107cm×78cm
후면–수도권 입체형 도로지도
후면축척 = 1:80,000
판매가격 : 7,000원

부산광역시전도
축척 = 1:50,000 / 낱장 107cm×78cm
후면–부산중심부 축척 = 1:25,000
판매가격 : 7,000원

서울·수도권광역전철노선도
축척 = 1:70,000
낱장 107cm×78cm
판매가격 : 10,000원

최신우리나라지도
축척 = 1:1,050,000 / 낱장 78cm×107cm
전면–행정지도, 후면–지형 입체지도
판매가격 : 7,000원

표준세계지도
축척 = 1:40,000,000 / 낱장 107cm×78cm
전면–행정지도, 후면–지형 입체지도
판매가격 : 7,000원

전국행정교통도
축척 = 1:500,000
낱장 78cm×107cm
판매가격 : 7,000원

한국도로관광지도
축척 = 1:600,000 / 낱장 62cm×92cm
후면–입체형 전국 고속도로 안내도
판매가격 : 4,000원

괘 도 / 코 팅

품 명	규 격(가로×세로)	축 척	비 고	판매가
최신우리나라지도(大)	115×155	1:700,000	벽걸이용 괘도(코팅)	45,000
세계지도(大)	155×115	1:34,000,000	벽걸이용 괘도(코팅)	55,000
전국도로망도(大)	115×155	1:360,000	벽걸이용 괘도(코팅)	50,000
서울시교통·행정구역도(大)	155×115	1:28,000	벽걸이용 괘도(코팅)	55,000
제4차국토종합계획수정계획도(大)입체형	115×155	1:360,000	벽걸이용 괘도(코팅)	50,000
제4차국토종합계획수정계획도(大)	115×155	1:360,000	벽걸이용 괘도(코팅)	45,000
전국행정교통도(小)	80×115	1:500,000	벽걸이용 괘도(코팅)	30,000
최신우리나라지도(小) (전면)행정지도 (후면)지형입체지도	80×115	1:1,050,000	벽걸이용 괘도(코팅)	30,000
표준세계지도(小) (전면)행정지도 (후면)지형입체지도	115×80	1:40,000,000	벽걸이용 괘도(코팅)	30,000
서울·수도권광역전철노선도	110×80	1:70,000	양면 코팅 낱장	20,000
최신우리나라지도(小) (전면)행정지도 (후면)지형입체지도	80×110	1:1,050,000	양면 코팅 낱장	12,000
제4차국토종합계획수정계획도(小) (입체형)	80×110	1:500,000	양면 코팅 낱장	12,000
표준세계지도(小) (전면)행정지도 (후면)지형입체지도	110×80	1:40,000,000	양면 코팅 낱장	12,000
서울특별시전도(小) (전면)서울특별시전도 (후면)수도권입체형도로지도	110×80	(전면) 1:40,000 (후면) 1:80,000	양면 코팅 낱장	12,000
서울시 개발계획 총괄도	150×110	1:28,000	벽걸이용 괘도(코팅)	60,000

서울·수도권정밀지도

발 행 일 : 2025년 1월
발   행 : 영 진 문 화 사
출판신고번호 : 25100-1978-000007 (1978. 7. 25)
발 행 인 : 이 관 호
현 지 조 사 : 영진문화사 (조사부)
주   소 : 서울특별시 동대문구 천호대로13길 36 (용두동 234-51)
전   화 : (02)923-8472
                (02)929-0070 (편집부)
F   A   X : (02)929-4433
메   일 : yjmap@chol.com

인   쇄 : (주)문덕인쇄 TEL:(02) 462-8980

복제불허

1. 대한측량협회 심사필 제2008-006호(2008.01.04)
2. 본 지도는 국토지리정보원 발행 1:5,000 , 1:25,000 , 1:50,000 ,
   1:250,000 기본도를 지도로 사용하여 편집제작한 것임.
3. 국토지리정보원장이 발간한 기본도상에 표기된 지형.지물 등 이외의
   자료(예:도로계획선)는 제작자가 수집 또는 조사 표기한 것임.

※ 본지도에서 예정선으로 표기된 도로.철도선은 변경 또는 취소될수
   있슴에 정확을 요하는 측량 또는 증명용으로 사용할 수 없습니다.
※ 본 책자의 내용을 무단전제나 무단복제 행위는 저작권법 제98조에
   의거 3년 이하의 징역 또는 3,000만원 이하의 벌금에 처하게 됨.

ISBN 978-89-6901-037-7   정가:35,000원